大學用書

微積分

姚任之　著

三民書局　印行

國家圖書館出版品預行編目資料

微積分／姚任之著.－－修訂二版七刷.－－臺北市：
三民，2008
面；　公分
含索引
ISBN 978-957-14-2341-8　(平裝)

1.微積分

314.1

© 微　積　分

著作人　姚任之
發行人　劉振強
著作財產權人　三民書局股份有限公司
臺北市復興北路386號
發行所　三民書局股份有限公司
地址／臺北市復興北路386號
電話／(02)25006600
郵撥／0009998-5
印刷所　三民書局股份有限公司
門市部　復北店／臺北市復興北路386號
重南店／臺北市重慶南路一段61號
初版一刷　1995年9月
修訂二版七刷　2008年6月
編　號　S 311890
定　價　新臺幣380元
行政院新聞局登記證局版臺業字第〇二〇〇號

ISBN　978-957-14-2341-8　(平裝)

序　言

本書編者之目的是提供商科的學生一本適當的微積分中文教本。著者嘗試以深入淺出之方式來引領學生進入微積分的領域，其中對於極限之概念，導數與微分之間的關連，不定積分與定積分之間的關係等等，都做了非常詳實的介紹與討論，再者，書中也加了許多微積分在商業上之應用。

本書的另外一個特色是書中每個章節內包含有非常多的例子，用來幫助學生了解基本之理論及學習計算之技巧。另外，每一章節之後，我們也列了許多之習題，同學們只要熟練章節之內的例子就一定可以輕鬆地解出這些習題。

本書之內容除了適合當做教科書之用外，也很適合個人自修。

雖然著者利用閒暇之餘竭力編著此書，然而由於才疏學淺，謬誤之處在所難免，尚請國內外專家學者不吝指正。

姚任之
謹識於中山大學應用數學系
八十四年七月

微積分

目　次

第一章　函　數

第二章　極限與連續

第三章　微　分

第四章　微分的應用

第五章　積分與應用

第六章　積分的技巧

第七章　多變數函數之微分與積分

第八章 無窮級數

第一章　函　數

1–1　函數的圖形結合

1–2　一對一函數與反函數

1-1　函數的圖形結合

函數爲微積分的主體，而且也是我們用數學語言來描述自然界一些現象與關係的主要工具。本章的目的即是要複習函數及函數圖形的概念。

設 A 與 B 均爲非空的集合，如果 f 爲某一規則使得對每一個 $x \in A$，都有唯一的 $f(x) \in B$ 來對應它，那我們就說此規則 f 爲從 A 映至 B 的**函數**或是從 A 到 B 的**映射**，並以 $f: A \longrightarrow B$ 記之。通常我們也用 $f: x \rightarrow f(x)$ 來表示 f 爲從 A 映至 B 的函數。集合 A 稱爲函數 f 的**定義域**，而集合 B 則稱爲函數 f 的**對應域**。對任意 $x \in A$，我們說 $f(x)$ 爲函數 f 在 x 的**值**。函數 f 所有的值所成的集合稱爲 f 的**值域**，亦即函數 f 的值域爲下列集合

$$f(A) = \{f(x) | x \in A\}$$

通常來說，一個函數的對應域與值域並不會相同，但是宜注意值域一定是對應域的部分集合。

例 1　設 $A = \{1, 2, 3\}$，$B = \{a, b, c\}$，若 $f: A \longrightarrow B$ 使得 $f(1) =$

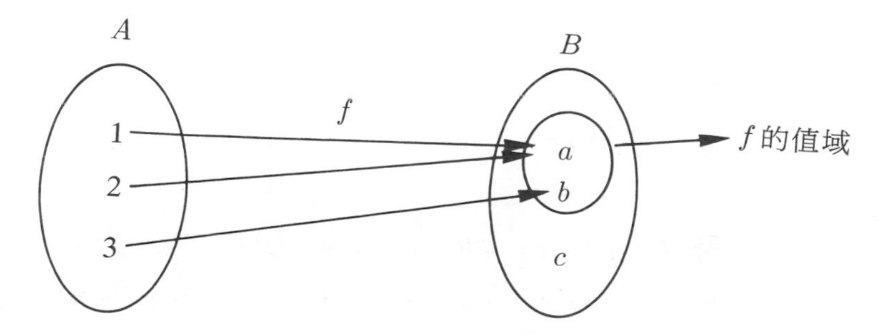

a，$f(2) = a$，且 $f(3) = b$，則函數 f 的值域爲 $\{a, b\}$，明顯地不等於 f 的對應域，見上圖。 ■

另外在函數的定義裡頭，「唯一的對應」也是一個非常重要的規定，如果 f 爲從 A 到 B 的一個對應規則，而且存在一個 $x \in A$ 使得 x 在 B 中有兩個（含）以上的對應時，那我們則不稱此對應規則爲一函數。例如下列的對應規則即不爲一函數。

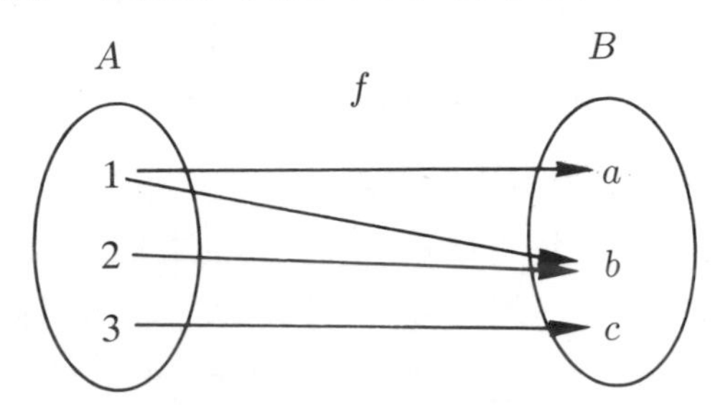

設 $f: A \longrightarrow B$ 爲一函數，若 A 與 B 均是實數系 $\mathbb{R}$ 的部分集合時，我們稱 f 爲一個**實變數的實值函數**，或簡稱爲**實函數**；如果 $B \subseteq \mathbb{R}$，則我們說 f 爲**實值函數**。一般說來，若一個函數的對應規則已知，但是其定義域並沒有明說，那麼此函數仍然沒有明確地表達出來。不過，對於可以用數學式子表示出來的實函數，若其定義域沒有明說，那麼我們通常規定其定義域爲使得此式子有意義的所有實數所成的集合。

例 2　函數 $f(x) = \dfrac{x^3}{1+x}$ 的定義域爲 $\{x \in \mathbb{R} | x \neq -1\}$。 ■

例 3　設 $f(x) = \sqrt{x - x^3}$。因爲 $\sqrt{x - x^3}$ 只有在 $x - x^3 \geq 0$ 時才有意義，而 $x - x^3 \geq 0$ 之解集合爲 $0 \leq x \leq 1$ 或 $x \leq -1$，故函數 f 的定義域爲 $\{x \in \mathbb{R} | 0 \leq x \leq 1 \text{或} x \leq -1\}$。 ■

例 4　設 $f(x) = \log(x+1) + \log(x-1)$，其中 $\log x$ 爲 x 的常用對數。因爲 $\log(x+1)$ 在 $x+1 > 0$ 時方有意義，而且 $\log(x-1)$ 在 $x-1 > 0$ 時才有意義，所以當 $x+1 > 0$ 且 $x-1 > 0$ 時，亦即 $x > 1$ 時，$f(x)$ 才有意義，所以函數 f 的定義域爲 $\{x \in \mathbb{R} | x > 1\}$。 ■

設 $f: A \longrightarrow B$, $g: C \longrightarrow D$ 爲兩個實函數且設 $A \cap C \neq \phi$。對每一個 $x \in A \cap C$ 而言，$f(x)$ 及 $g(x)$ 都是實數，因此對於 $f(x)$ 及 $g(x)$ 我們可以做加、減、乘、除的運算而分別得到 $f(x)+g(x)$, $f(x)-g(x)$, $f(x)\cdot g(x)$ 及 $\dfrac{f(x)}{g(x)}$ （當 $g(x) \neq 0$ 時）。故從函數 f 及 g 我們得出四個新函數 $f+g$, $f-g$, $f\cdot g$ 及 $\dfrac{f}{g}$。它們的定義域都是 $A \cap C$ 而且它們對每一個 $x \in A \cap C$ 的定義式子分別如下:

$$(f+g)(x) = f(x) + g(x)$$

$$(f-g)(x) = f(x) - g(x)$$

$$(f\cdot g)(x) = f(x)\cdot g(x)$$

$$\left(\frac{f}{g}\right)(x) = \frac{f(x)}{g(x)} \quad (g(x) \neq 0)$$

上述的四種結合可以看成是函數的加、減、乘、除。

例 5 $f(x) = \dfrac{1}{x-1}$ 且 $g(x) = x+1$。試求 $f+g, f-g, f\cdot g$ 及 $\dfrac{f}{g}$。

解 首先我們注意到函數 f 的定義域爲 $\{x \in \mathbb{R} | x \neq 1\}$ 且函數 g 的定義域爲 $\mathbb{R}$，所以 $f+g$, $f-g$ 及 $f\cdot g$ 三函數的定義域都是 $\{x \in \mathbb{R} | x \neq 1\}$； 而且其定義的式子分別如下:

$$(f+g)(x) = f(x) + g(x) = \frac{1}{x-1} + x + 1 = \frac{x^2}{x-1}$$

$$(f-g)(x) = f(x) - g(x) = \frac{1}{x-1} - (x+1) = \frac{2-x^2}{x-1}$$

$$(f\cdot g)(x) = f(x)\cdot g(x) = \frac{x+1}{x-1}$$

最後注意 $g(x) \neq 0$ 的解爲 $\{x \in \mathbb{R} | x \neq -1\}$，因此函數 $\dfrac{f}{g}$ 的定義域爲

$$\{x \in \mathbb{R} | x \neq 1\} \cap \mathbb{R} \cap \{x \in \mathbb{R} | x \neq -1\}$$

$= \{x \in \mathbb{R} | x \neq \pm 1\}$

在此定義域之中，我們有

$$\left(\frac{f}{g}\right)(x) = \frac{f(x)}{g(x)} = \frac{1}{(x-1)(x+1)} = \frac{1}{x^2-1},\ x \neq \pm 1 \quad ■$$

除了加、減、乘、除四種結合的方式之外，兩個函數 f 與 g 之間還有一種很重要的結合方式，稱爲**合成**。若 $g: A \longrightarrow B$ 且 $f: B \longrightarrow C$，我們以符號 $f \circ g: A \longrightarrow C$ 表示函數 f 與g 之合成，而 $f \circ g$ 把每一個 $x \in A$ 對應至 $f(g(x)) \in C$，亦即

$$(f \circ g)(x) = f(g(x)),\ x \in A$$

關於函數的合成，我們有 $(f \circ g) \circ h = f \circ (g \circ h)$，亦即所謂的結合律。

例 6　設 $f(x) = x + 1$ 且 $g(x) = x^2 + 1$。試求 $f \circ g$ 及 $g \circ f$。

解

$$(f \circ g)(x) = f(g(x)) = f(x^2+1) = (x^2+1)+1 = x^2+2$$

$$(g \circ f)(x) = g(f(x)) = g(x+1) = (x+1)^2+1 = x^2+2x+2 \quad ■$$

由上面的例子，我們可以明顯地看出，一般說來，$f \circ g$ 與 $g \circ f$ 兩個函數不一定完全相等。設 $f: A \longrightarrow B$, $g: C \longrightarrow D$ 爲兩個給定的實函數，我們說 f 與 g 相等，記爲 $f = g$ 意思是指 f的定義域與 g 的定義域相同，且對任一個 f 的定義域中的元素x, $f(x)$ 與 $g(x)$ 相等，亦即 $A = C$ 且 $f(x) = g(x)$ 對任一 $x \in A$ 均成立。在例 6 中，因爲

$$(f \circ g)(1) = 3 \neq 5 = (g \circ f)(1)$$

所以我們有 $f \circ g \neq g \circ f$。

設 $f: A \longrightarrow B$ 爲一函數，則集合 $\{(x, f(x)) | x \in A\}$ 稱爲函數 f 的**圖形**。當 f 爲一實函數時，f 之圖形爲平面上之曲線。一般

說來，我們可用描點法來做函數之圖形。

例 7　對任一個實數 x，令 $[x]$ 表示 x 的最大整數部分。例如 $[5.1] = 5$, $[-3.6] = -4$, $[\pi] = 3$。設 $f(x) = [x]$, $x \geq 0$，試描繪 f 之圖形。

解　　在下圖中，空心的小圓表示該函數的圖形不包含此點。所求之圖形如下:

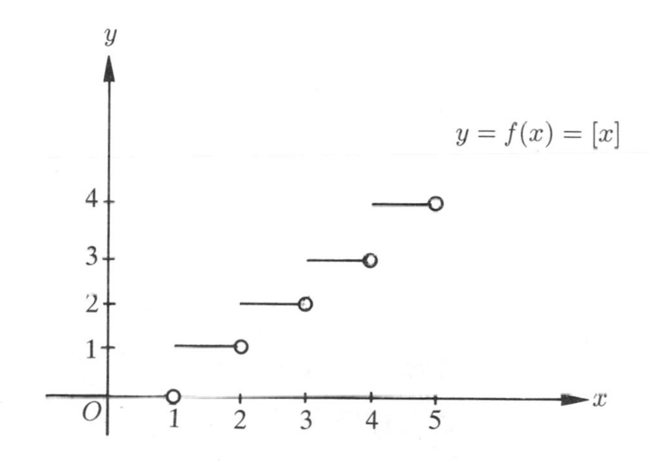

■

例 8　設 $f(x) = x^2 + 1$，試繪出 f 之圖形。

解　　利用描點法，我們得 f 之圖形如下:

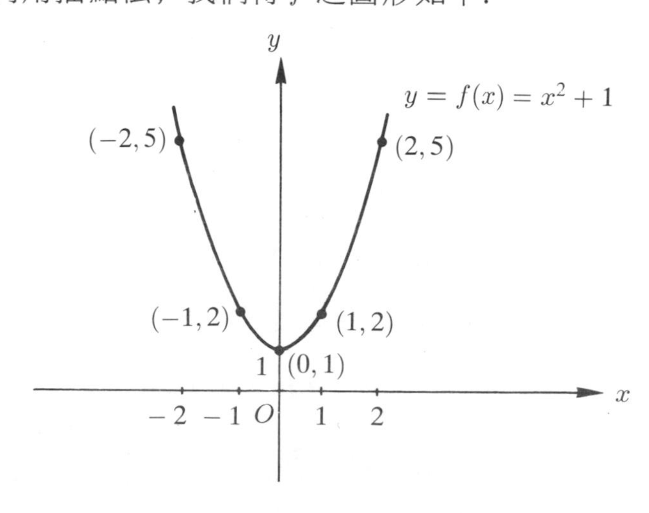

■

例 9 設 $f(x)=2,\ x\in\mathbb{R}$。試繪出 f 之圖形。

解 利用描點法，我們得 f 之圖形如下:

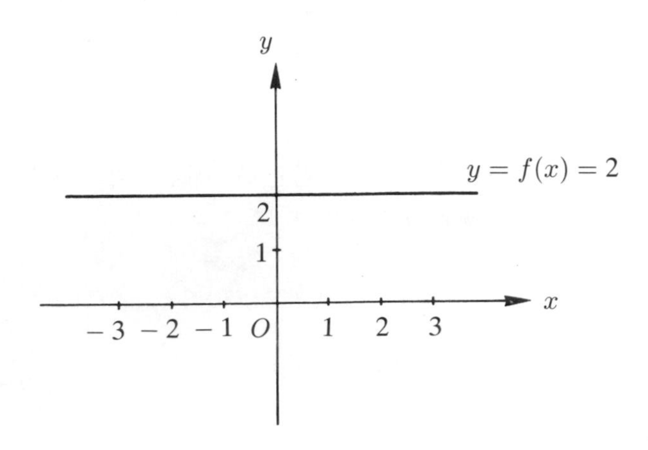

■

在本節的最後，我們再複習一下實數線上區間符號所代表的集合，這些符號將會在後續的內容中經常出現。設 $a<b$，則我們有下面九種區間符號:

$$[a,b]=\{x\in\mathbb{R}|a\leq x\leq b\}$$

$$(a,b]=\{x\in\mathbb{R}|a<x\leq b\}$$

$$[a,b)=\{x\in\mathbb{R}|a\leq x<b\}$$

$$(a,b)=\{x\in\mathbb{R}|a<x<b\}$$

$$[a,\infty)=\{x\in\mathbb{R}|x\geq a\}$$

$$(a,\infty)=\{x\in\mathbb{R}|x>a\}$$

$$(-\infty,a]=\{x\in\mathbb{R}|x\leq a\}$$

$$(-\infty,a)=\{x\in\mathbb{R}|x<a\}$$

$$(-\infty,\infty)=\mathbb{R}$$

習題 1–1

1.設 $f(x)=[x]+[-x]$，求 $f(2)$, $f(-3)$, $f(5.5)$ 及 $f(-3.2)$ 之值。

2.求下列各函數的定義域及值域。

(i) $f(x)=|x|$ (ii) $f(x)=\dfrac{|x|}{x}$

(iii) $f(x)=x^2+x+1$ (iv) $f(x)=\dfrac{1}{1+x^2}$

3.求下列各函數的定義域。

(i) $f(x)=\log(x^2-4)$ (ii) $f(x)=\dfrac{x}{1+x}$

(iii) $f(x)=(x+1)\sqrt{x^2-16}$ (iv) $f(x)=\log(x+3)+\log(x-3)$

(v) $f(x)=\sqrt[3]{x-x^2}$ (vi) $f(x)=\sqrt[3]{\sin x}$

(vii) $f(x)=\log(\cos x)^2$ (viii) $f(x)=\dfrac{1}{\sqrt{x(2-x)}}$

4.設 $f(x)=\dfrac{x+1}{x}$, $g(x)=2x+3$。求 $f+g$, $f-g$, $f\cdot g$ 及 $\dfrac{f}{g}$。

5.設 $f(x)=x+3$, $g(x)=x^2-7$，求

(i) $f(f(2))$ (ii) $f(g(3))$

(iii) $g(f(-1))$ (iv) $g(g(0))$

(v) $f(f(x))$ (vi) $f(g(x))$

(vii) $g(f(x))$ (viii) $g(g(x))$

6.設 $f(x)=\sqrt{x}$, $g(x)=\dfrac{x}{2}$, $h(x)=4x-3$，求

(i) $f(g(h(x)))$ (ii) $f(h(g(x)))$

(iii) $g(f(h(x)))$ (iv) $g(h(f(x)))$

(v) $h(f(g(x)))$ (vi) $h(g(f(x)))$

7.下列各題中，試決定二函數 f 與 g 是否相等。

(i) $f(x)=1,\ x\in\mathbb{R},\ g(x)=\dfrac{|x|}{x},\ x\neq 0$

(ii) $f(x)=x^2+1,\ x\in[0,1],\ g(x)=x^2+1,\ x\in(0,1)$

(iii) $f(x)=\sqrt{x^2},\ x\in\mathbb{R},\ g(x)=|x|,\ x\in\mathbb{R}$

(iv) $f(x)=\dfrac{x^3-1}{x-1},\ x\neq 1,\ g(x)=x^2+x+1,\ x\in\mathbb{R}$

(v) $f(x)=\begin{cases}x+1,\ x\geq 0\\ 1-x,\ x<0\end{cases},\quad g(x)=\begin{cases}x+1,\ x>0\\ 1-x,\ x\leq 0\end{cases}$

8.設 f 爲 Dirichlet 函數，亦即

$$f(x)=\begin{cases}1,\ \text{當 } x \text{ 爲有理數時}\\ 0,\ \text{當 } x \text{ 爲無理數時}\end{cases}$$

試求 $f\circ f$, $f\circ f\circ f$ 及 $f\circ f\circ f\circ f$。

9.設 $f(x)=\dfrac{ax+b}{cx+d}$，試求 $f(f(x))$。

10.設 $f(x)=\begin{cases}x,\ x\geq 0\\ 0,\ x<0\end{cases}$ 且 $g(x)=\begin{cases}-x^3,\ x\geq 0\\ 0,\quad x<0\end{cases}$, 求 $f\circ g$ 及 $g\circ f$。

11.設 $f:\mathbb{R}\longrightarrow\mathbb{R}$。我們說 f 爲一**偶函數**，如果對每一個 $x\in\mathbb{R}$，$f(x)=f(-x)$。若對每一個 $x\in\mathbb{R}$, $f(-x)=-f(x)$，則我們稱 f 爲**奇函數**，試決定下列函數是偶函數或是奇函數。

(i) $f(x)=x^2,\ x\in\mathbb{R}$　(ii) $f(x)=x^3,\ x\in\mathbb{R}$

(iii) $f(x)=|x|,\ x\in\mathbb{R}$　(iv) $f(x)=5,\ x\in\mathbb{R}$

12.試舉一函數使得其既不爲偶函數亦不爲奇函數。

13.試描繪下列函數之圖形。

(i) $f(x)=\begin{cases}\dfrac{|x|}{x},\ x\neq 0\\ 0,\quad x=0\end{cases}$　(ii) $f(x)=|x|,\ x\in\mathbb{R}$

(iii) $f(x)=x-[x],\ x\geq 0$　(iv) $f(x)=x+|x|,\ x\in\mathbb{R}$

14.設 f_1，f_2，f_3，f_4，f_5，f_6 六個函數，其定義方式分別如下:

$$f_1(x) = x, \qquad f_2(x) = 1 + x,$$

$$f_3(x) = 1 - x, \qquad f_4(x) = \frac{x}{x-1},$$

$$f_5(x) = \frac{x-1}{x}, \quad f_6(x) = \frac{1}{1-x}$$

今任取上面六個函數中之二者設爲 $f(x)$ 及 $g(x)$。求 $(f \circ g)(x)$。

15.設 $f: A \longrightarrow B$, $g: B \longrightarrow C$ 及 $h: C \longrightarrow D$ 爲三個函數，試證明函數的合成具有結合性，亦即證明

$$h \circ (g \circ f) = (h \circ g) \circ f$$

16.設 $f(x) = x^2 + x$, $g(x) = 2x - 1$, $h(x) = x + 1$，試分別求 $(h \circ (g \circ f))(x)$ 及 $((h \circ g) \circ f)(x)$，並加以比較之。

17.令 $f(x) = |x|$。求 $f(f(x))$ 及 $f(f(f(x)))$。

18.設 $f(x) = ax + b$, $g(x) = cx + d$。試決定 a, b, c, d 使得 $f \circ g = g \circ f$。

1–2 一對一函數與反函數

在上一節中我們介紹了函數的概念，函數的圖形與函數間的結合。在這一節裡，我們則要介紹一些特別的函數。設 A, B 爲非空集合且 $f: A \longrightarrow B$ 爲一函數。如果 $f(A)=B$，則我們稱函數f 爲**映成**（或稱之爲**蓋射**）。也就是說，如果對每一個 B 中的元素必存有 A 中之某一元素與之對應，則 f 爲映成。換句話說，如果函數 f 的對應域等於其值域，則 f 爲映成。如果 f 爲映成函數，那麼對每一個 $b \in B$，下列方程式必定有解

$$f(x)=b$$

值得注意的是上式的解雖存在但不一定唯一。

例 1　設 $f(x)=2x+1,\ x \in \mathbb{R}$。對每一個 $a \in \mathbb{R}$，方程式

$$f(x)=2x+1=a$$

的解存在。事實上，令 $x_0=\dfrac{a-1}{2}$，則 $f(x_0)=a$。因此$f: \mathbb{R} \longrightarrow \mathbb{R}$ 爲一映成函數。 ■

例 2　設 $f: \mathbb{R} \longrightarrow \mathbb{R}$ 定義爲 $f(x)=x^2$。今取 $a=-1 \in \mathbb{R}$，則方程式

$$f(x)=x^2=-1$$

沒有實數解，因此 f 不爲映成。值得注意的是如果我們把 f 的對應域縮小爲 $[0,\infty)$，亦即 $f: \mathbb{R} \longrightarrow [0,\infty)$，則此時 f爲映成函數。 ■

設 $f: A \longrightarrow B$ 爲一函數。如果 f 把定義域A 中的相異元素，都對應至不相同的值，則我們稱 f 爲**一對一函數**（或稱爲

嵌射）。也就是說，如果 x_1, $x_2 \in A$ 且 $x_1 \neq x_2$，必然 $f(x_1) \neq f(x_2)$，則我們說 f 爲一對一函數。換句話說，如果 $x_1, x_2 \in A$ 且 $f(x_1) = f(x_2)$，必然 $x_1 = x_2$，則我們說 f 爲一對一函數。如果用邏輯的符號，我們可以把一對一函數的性質表示如下:

$$f\text{是一對一函數} \Longleftrightarrow (x_1,\ x_2 \in A,\ x_1 \neq x_2 \Longrightarrow f(x_1) \neq f(x_2))$$

$$\Longleftrightarrow (x_1,\ x_2 \in A,\ f(x_1) = f(x_2) \Longrightarrow x_1 = x_2)$$

例 3　設 $f:\mathbb{R} \longrightarrow \mathbb{R}$ 定義爲 $f(x) = x^2$，則由於 $2 \neq -2$ 但 $f(2) = f(-2) = 4$。所以 f 不爲一對一函數。 ■

例 4　設 $f:\mathbb{R} \longrightarrow \mathbb{R}$ 定義爲 $f(x) = 5x + 7$，因爲

$$f(x_1) = f(x_2) \Longleftrightarrow 5x_1 + 7 = 5x_2 + 7$$

$$\Longleftrightarrow 5x_1 = 5x_2$$

$$\Longleftrightarrow x_1 = x_2$$

所以，f 爲一對一函數。 ■

如果 $f:A \longrightarrow B$ 既是一對一也是映成，那麼對每一個 $b \in B$，方程式 $f(x) = b$ 必定有解而且只有一個解。也就是說，對每一個 $b \in B$，唯一存在一個 $a \in A$ 使得 $f(a) = b$。因此我們可以考慮一個新函數 $f^{-1}:B \longrightarrow A$ 使得對每一個 $b \in B$，$f^{-1}(b) = a$，其中 $f(a) = b$。我們稱 f^{-1} 爲 f 之**反函數**，同時說函數 f 爲**可逆**。由上面的討論易知一函數 $f:A \longrightarrow B$ 有反函數的充分必要條件爲 f 是一對一且映成。今設 $f:A \longrightarrow B$ 爲可逆函數，亦即 $f^{-1}:B \longrightarrow A$ 存在，則由反函數之定義，我們知道對每一個 $x \in A$，$f^{-1}(f(x)) = x$，且對每一個 $y \in B$，$f(f^{-1}(y)) = y$；也就是說 f 及 f^{-1} 有如下的關係:

$$(f^{-1} \circ f)(x) = x, \quad x \in A$$

$$(f \circ f^{-1})(y) = y, \quad y \in B$$

如果 $f : A \longrightarrow B$ 爲可逆函數，那麼 f^{-1} 亦爲可逆函數，亦即 f^{-1} 爲一對一且映成，而且 $(f^{-1})^{-1} = f$。我們可以這樣看，令 y_1, $y_2 \in B$ 使得 $f^{-1}(y_1) = f^{-1}(y_2)$，由上面的式子，我們得

$$y_1 = (f \circ f^{-1})(y_1) = (f \circ f^{-1})(y_2) = y_2$$

因此，f^{-1} 爲一對一函數。再來，設 x_0 爲 A 中之任一元素，令 $y_0 = f(x_0) \in B$。則再由上面式子，我們有

$$f^{-1}(y_0) = f^{-1}(f(x_0)) = x_0$$

因此，f^{-1} 亦是映成。既然 f^{-1} 爲一對一且映成，f^{-1} 爲可逆函數，所以 $(f^{-1})^{-1}$ 存在。注意 $(f^{-1})^{-1}$ 的定義域爲 A 且值域爲 B。對每一個 $x \in A$，由上面式子，我們得

$$(f^{-1} \circ (f^{-1})^{-1})(x) = x = (f^{-1} \circ f)(x)$$

因爲 f^{-1} 是一對一，我們推得

$$(f^{-1})^{-1}(x) = f(x)$$

由於 $f : A \longrightarrow B$, $(f^{-1})^{-1} : A \longrightarrow B$ 且對每一個 $x \in A$,

$$(f^{-1})^{-1}(x) = f(x)$$

我們最後可以推出 $(f^{-1})^{-1} = f$。

事實上，兩函數 $f : A \longrightarrow B$ 與 $g : B \longrightarrow A$ 互爲反函數的充分必要條件爲:

$$(f \circ g)(y)=y, \ y \in B$$

$$(g \circ f)(x)=x, \ x \in A$$

例 5　設 $f : \{x \in \mathbb{R} | x \neq 1\} \longrightarrow \{x \in \mathbb{R} | x \neq 0\}$ 定義爲

$$f(x) = \frac{1}{1-x}$$

試證 f 爲可逆函數並求其 f^{-1}。

解　先證 f 爲一對一函數。爲此，設 $x_1, x_2 \in \mathbb{R}$, $x_1 \neq 1$, $x_2 \neq 1$ 且 $f(x_1) = f(x_2)$，則

$$\frac{1}{1-x_1} = \frac{1}{1-x_2}$$

故 $1 - x_2 = 1 - x_1$，由之得 $x_1 = x_2$，所以 f 爲一對一函數。

次證 f 爲映成。爲此，令 $y \in \mathbb{R}$, $y \neq 0$。若 $\dfrac{1}{1-x} = y$ 則 $1 - x = \dfrac{1}{y}$，$x = 1 - \dfrac{1}{y} = \dfrac{y-1}{y}$。因此，令 $x = \dfrac{y-1}{y}$，則

$$\begin{aligned} f(x) &= f\left(\frac{y-1}{y}\right) \\ &= \frac{1}{1 - \dfrac{y-1}{y}} \\ &= \frac{1}{\dfrac{1}{y}} \\ &= y \end{aligned}$$

故 f 爲映成函數。

由上可知，f 爲一對一且映成，所以 f 爲可逆。最後由可逆函數的充分必要條件，我們知道對每一個 $y \neq 0$，我們有

$$f(f^{-1}(y)) = y$$

但 $f\left(\dfrac{y-1}{y}\right) = y$，由一對一的性質就得

$$x = f^{-1}(y) = \frac{y-1}{y},\ y \neq 0 \qquad \blacksquare$$

例 6　設 $f : [0,2] \longrightarrow [0,4]$，定義爲 $f(x) = x^2$，試證 f 爲可逆函數並求其 f^{-1}。

解　先證 f 爲一對一函數。爲此，設 $x_1, x_2 \in [0,2]$ 使得 $f(x_1) = f(x_2)$，則 $x_1^2 = x_2^2$。兩端開根號，得 $x_1 = x_2$（注意 $x_1 \geq 0$ 且

$x_2 \geq 0$)，所以 f 爲一對一函數。

次證 f 爲映成。爲此，設 $y \in [0,4]$。令 $x = \sqrt{y}$，則 $x \in [0,2]$ 且

$$f(x) = f(\sqrt{y}) = (\sqrt{y})^2 = y$$

故 f 爲映成函數。

由上知 f 既爲一對一且爲映成，所以 f 爲可逆函數且 f^{-1} 存在。又對任一個 $y \in [0,4]$ 而言，

$$f(f^{-1}(y)) = y$$

故由一對一性質得

$$x = f^{-1}(y) = \sqrt{y}, \quad 0 \leq y \leq 4 \quad \blacksquare$$

例 7 設 $f : \{x \in \mathbb{R} | x \neq 1\} \longrightarrow \{x \in \mathbb{R} | x \neq 1\}$ 定義如下:

$$f(x) = \frac{x+1}{x-1}$$

試證 f 爲可逆函數並求其 f^{-1}。

解 同樣地我們先證 f 爲一對一函數。爲此，設 x_1, x_2 皆不等於 1，使得 $f(x_1) = f(x_2)$，則

$$\frac{x_1+1}{x_1-1} = \frac{x_2+1}{x_2-1}$$

交叉相乘上式並加以移項整理，可得 $x_1 = x_2$，所以 f 爲一對一。

次證 f 爲映成。設 $y \in \mathbb{R}$，$y \neq 1$。由 $\frac{x+1}{x-1} = y$ 可解出 $x = \frac{y+1}{y-1}$。因此令 $x = \frac{y+1}{y-1}$，則

$$f(x) = f\left(\frac{y+1}{y-1}\right)$$

$$= \frac{\frac{y+1}{y-1}+1}{\frac{y+1}{y-1}-1}$$

$$=\frac{\frac{2y}{y-1}}{\frac{2}{y-1}}$$

$$=y$$

故 f 爲映成函數。

由上得 f 爲可逆函數，所以 f^{-1} 存在。令 $y \in \mathbb{R}$, $y \neq 1$，我們有

$$f(f^{-1}(y)) = y$$

故由一對一性質得

$$x = f^{-1}(y) = \frac{y+1}{y-1}, \quad y \neq 1$$

注意在此例中，$f^{-1} = f$。 ■

最後，我們注意如果 $f : A \longrightarrow B$ 及 $g : B \longrightarrow C$ 皆是可逆函數，則 $g \circ f$ 也是可逆函數而且

$$(g \circ f)^{-1} = f^{-1} \circ g^{-1}$$

因此，如果 $g \circ f$ 有意義而且 g 及 f 都是可逆函數，那麼 $g \circ f$ 也是可逆函數。

習題 1–2

1.試證下列各函數爲映成函數。

(i) $f : [-1,1] \longrightarrow [0,1]$, $f(x) = |x|$

(ii) $f : [0,1] \longrightarrow [0,1]$, $f(x) = x^3$

(iii) $f : [0,1] \longrightarrow [1,2]$, $f(x) = x^2 + 1$

2.試證下列各函數爲一對一函數。

(i) $f : \mathbb{R} \longrightarrow \mathbb{R}$, $f(x) = 10x + 3$

(ii) $f:[0,1]\longrightarrow[0,1],\ f(x)=\sqrt[3]{x}$

(iii) $f:(0,\infty)\longrightarrow\mathbb{R},\ f(x)=\dfrac{x-1}{x}$

(iv) $f:[0,\infty)\longrightarrow[0,\infty),\ f(x)=x^2+2x+3$

3.試證下列各函數爲可逆並求出其反函數。

(i) $f:[0,\infty)\longrightarrow[1,\infty),\ f(x)=x^2+x+1$

(ii) $f:\{x\in\mathbb{R}|x\neq1\}\longrightarrow\{x\in\mathbb{R}|x\neq1\},\ f(x)=\dfrac{x}{x-1}$

(iii) $f:\mathbb{R}\longrightarrow\mathbb{R},\ f(x)=-2x+3$

(iv) $f:[0,\infty)\longrightarrow[0,\infty),\ f(x)=\sqrt[5]{x}$

(v) $f:[0,\infty)\longrightarrow[0,\infty),\ f(x)=x^4$

(vi) $f:\mathbb{R}\longrightarrow\mathbb{R},\ f(x)=3x-5$

4.設 $f:A\longrightarrow B$ 及 $g:B\longrightarrow C$ 皆爲可逆函數。試證$g\circ f:A\longrightarrow C$ 亦爲可逆函數且 $(g\circ f)^{-1}=f^{-1}\circ g^{-1}$。

5.設 $f:\mathbb{R}\longrightarrow\mathbb{R}$ 定義如 $f(x)=\sqrt{x^2+16}$

(i)試證明 f 不是一對一

(ii)試限制 f 之定義域，使之成爲一對一

(iii)設在(ii)中之定義域爲 A，求 $f(A)$

(iv)由(ii)及(iii)，我們知 $f:A\longrightarrow f(A)$ 爲可逆，試求出 f^{-1}

第二章　極限與連續

2–1　極限的定義
2–2　單邊極限
2–3　無窮極限
2–4　極限定理
2–5　函數的連續性

2–1　極限的定義

極限是微積分學中最基本的概念，微積分學中的許多理論及結果都是建立在極限之上的。底下，我們先看一些例子，直觀地來討論極限的概念，然後再給與精確的定義。

例 1　設一正三角形其邊長爲 x，令 f 表示此三角形的周長，則 f 是 x 的函數，亦即

$$f(x) = 3x$$

比如說，當 $x = 4$ 時，周長等於 12，而當 $x = 6$ 時，周長等於 18 等等。如果說當我們在造正三角形的時候，有些許的誤差以致於所造的邊長不會恰好等於 4，那麼所造出來的正三角形其周長是否仍然會接近 12 呢？爲此，我們列表如下：

x	3	3.4	3.9	3.99	3.999	4	4.001	4.01	4.5
$f(x)$	9	10.2	11.7	11.97	11.997	12	12.003	12.03	13.5

從上表我們可以很清楚地看出當 x 的值很接近 4 的時候，$f(x)$ 的確是接近於 12。因此，我們說當 x 趨近於 4 時，$f(x)$ 趨近於 12；或是我們可以說：當 x 趨近於 4 時，$f(x)$ 的極限值爲 12。若用數學的符號，我們可以把上面的事實，用以下的記號來表示：

$$\lim_{x \to 4} f(x) = 12 \quad \blacksquare$$

一般來說，對於一給定的函數 f，如果當 x 很接近於 a 的時候，$f(x)$ 的值會接近於 b 的話，我們就可以用下列符號來記之：

$$\lim_{x\to a} f(x) = b$$

我們再看一些直觀的例子。

例 2 設 $f(x) = \dfrac{x^2-1}{x-1}$，$x \neq 1$，試說明 $\lim_{x\to 1} f(x) = 2$。

解 我們須要證明當 x 接近1時，$f(x)$ 會接近於2。注意，由於 $x=1$ 並不在 $f(x)$ 的定義域裡，我們無法直接把1代入$f(x)$的式子。不過，利用因式分解的技巧，我們有

$$f(x) = \frac{x^2-1}{x-1} = \frac{(x-1)(x+1)}{x-1}$$

對 f 的定義域中任一個元素 x 而言，$x \neq 1$，即 $x-1 \neq 0$，所以將分子及分母同除非零的數 $x-1$，而得到

$$f(x) = x+1$$

我們可以明顯地看出來，當 x 接近1時，$x+1$ 接近於2，所以

$$\lim_{x\to 1} f(x) = 2 \quad \blacksquare$$

例 3 設 $f(y) = \dfrac{y-9}{\sqrt{y}-3}$，$y \geq 0$，$y \neq 9$，試說明 $\lim_{y\to 9} f(y) = 6$。

解 我們須要證明的是當 y 接近於9時，$f(y)$ 會接近於6，由於 $y=9$ 並不在 f 的定義域中，對 f 的定義域中的任意元素y而言，$\sqrt{y}-3$ 並不會等於零。利用因式分解的技巧，我們有

$$f(y) = \frac{(\sqrt{y}+3)(\sqrt{y}-3)}{\sqrt{y}-3}$$

將分子及分母同除以非零值的 $\sqrt{y}-3$，我們得

$$f(y) = \sqrt{y}+3$$

明顯地，當 y 接近9時，$\sqrt{y}$ 接近於3，因此 $\sqrt{y}+3$ 就接近於6，故我們得證 $\lim_{y\to 9} f(y) = 6$。 $\blacksquare$

例 4　設 $f(x)=\begin{cases}10, & x\neq 0\\ 0, & x=0\end{cases}$

試說明 $\lim\limits_{x\to 0} f(x)=10$。

解　我們注意到不論 x 是多麼地接近 0，對應的 $f(x)$ 的值永遠都是 10，也就是說對任意 $x\neq 0$，$f(x)-10=0$，因此 $\lim\limits_{x\to 0} f(x)=10$。 ■

在上面例子的討論中，我們是用直觀的方法來看極限的概念，現在，我們將對極限的概念給與精確的定義。

定義 2.1

設 a 及 L 爲兩數且 f 爲一實函數，如果說對每一個正數 ε 而言，存在一正數 δ，使得當 $0<|x-a|<\delta$ 時，$|f(x)-L|<\varepsilon$，那麼我們就說函數 f 在 a 點的極限是 L，並記爲

$$\lim_{x\to a} f(x)=L \tag{1}$$

亦可記爲

$$f(x)\longrightarrow L \quad 當 x\longrightarrow a$$

首先我們注意下列數點。

1.實數 a 不一定在函數 f 的定義域中。在例 2 中，$x=1$ 並不在 f 的定義域裡，但是 f 在 1 點仍然有極限 2。

2.如果 a 在 f 的定義域裡而且 f 在 a 點的極限存在，設此極限爲 L，則 $f(a)$ 與 L 也不一定相等。在例 4 中，我們知道 $\lim\limits_{x\to 0} f(x)=10$ 但 $10\neq f(0)=0$。

3.在定義 2.1 裡，正數 δ 的選取通常都與給定的正數 ε 有關，而且若正數 δ 一經取定，則任何比 δ 小的正數 δ' 也都會滿足定義 2.1 中的式子。

由定義 2.1 我們可以看出函數 f 在 a 點有極限 L 的意思是只要 x 與 a 足夠靠近，那麼 $f(x)$ 與 L 就能夠接近到爲所要求的程度。換句話說，不論你要求 $f(x)$ 與 L 是如何的接近，比方說要求 $f(x)$ 與 L 的誤差在 10^{-2} 或 10^{-5} 之間等等（亦即 $|f(x)-L| < \frac{1}{100}$ 或 $|f(x)-L| < \frac{1}{100000}$），我都有辦法應付你，只要取 x 足夠接近 a 即可。例如，設 $f(x) = 2x+3$ 並取 $a=0, L=3$。如果誤差爲 $10^{-2} = \frac{1}{100}$，則取 $x_0 = 0.0025$ 時，我們有 $|f(x_0)-L| = 0.005 < 10^{-2}$。又如果誤差爲 10^{-5}，那當取 $x_1 = 10^{-6}$ 時，我們有 $|f(x_1)-L| = 0.000002 < 10^{-5}$。

如果有一個數 L，使得

$$\lim_{x\to a} f(x) = L$$

成立，那我們就說 $\lim_{x\to a} f(x)$ 存在。如果極限存在，則此極限一定是唯一的，也就是說如果

$$\lim_{x\to a} f(x) = L_1$$

且

$$\lim_{x\to a} f(x) = L_2$$

則 $L_1 = L_2$。我們可以這樣看，如果 $L_1 \neq L_2$，則 $L_1 - L_2 \neq 0$，因此 $|L_1 - L_2| > 0$，令 $\varepsilon_0 = \frac{|L_1 - L_2|}{2}$，則 ε_0 爲一正數。由於 $\lim_{x\to a} f(x) = L_1$，我們知道存在一正數 δ_1，使得

$$\text{當} 0 < |x-a| < \delta_1 \text{時，} |f(x) - L_1| < \varepsilon_0 \tag{2}$$

另一方面，由於 $\lim_{x\to a} f(x) = L_2$，我們知道存在一正數 δ_2，使得

$$\text{當} 0 < |x-a| < \delta_2 \text{時，} |f(x) - L_2| < \varepsilon_0 \tag{3}$$

令 $\delta = \min\{\delta_1, \delta_2\}$，亦即 δ 爲 δ_1，δ_2 中之小者，則 $\delta \leq \delta_1$ 且 $\delta \leq \delta_2$，因此由(2)及(3)，我們有

$$當 0 < |x-a| < \delta 時，|f(x)-L_1| < \varepsilon_0 且 |f(x)-L_2| < \varepsilon_0 \tag{4}$$

今取 $x_0 = a + \dfrac{\delta}{2}$，則 $0 < |x_0 - a| = \dfrac{\delta}{2} < \delta$，而由(4)及三角不等式，我們有

$$\begin{aligned} 2\varepsilon_0 = |L_1 - L_2| &= |L_1 - f(x_0) + f(x_0) - L_2| \\ &\leq |f(x_0) - L_1| + |f(x_0) - L_2| \\ &< \varepsilon_0 + \varepsilon_0 \\ &= 2\varepsilon_0 \end{aligned}$$

亦即 $2\varepsilon_0 < 2\varepsilon_0$，此為不可能，因此我們一開始 $L_1 \neq L_2$ 的假設是不對的。所以 $L_1 = L_2$，即極限若存在必定唯一。

我們也可以從幾何的角度來討論極限的概念，極限 $\lim\limits_{x\to a} f(x) = L$ 的幾何意義如下：任給定一正數 ε，必可找到一正數 δ，使得函數 f 在區間 $(a-\delta,\ a+\delta)$ 的範圍內之圖形會落在由四條直線 $y = L+\varepsilon$，$y = L-\varepsilon$，$x = a-\delta$，及 $x = a+\delta$ 所圍成的矩形區域之內，見下圖：

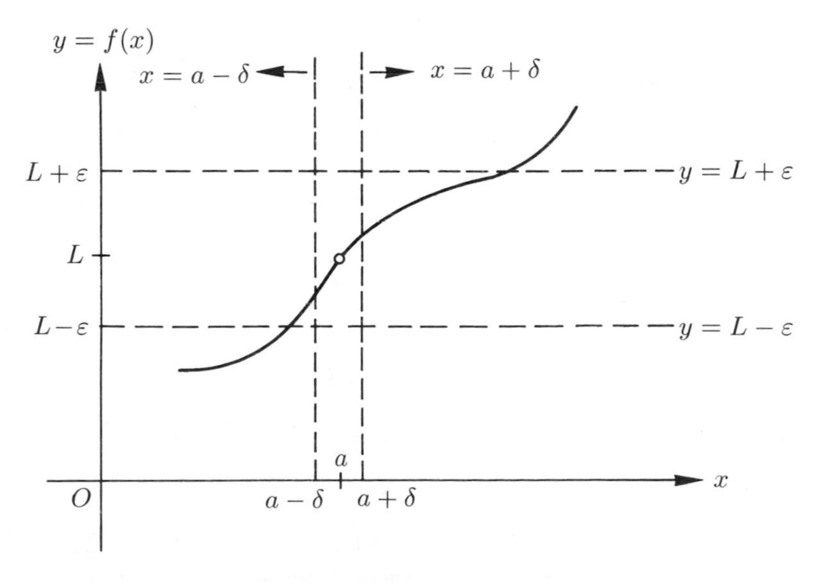

上圖中在點 (a, L) 處的空白點表示這一點不一定在 f 的圖形上，

亦即 f 在 a 點不一定有定義。

例 5 試證明 $\lim_{x\to 1}(2x+3)=5$。

解 我們有三種方法來處理這個問題。

(1)直觀法：由於當 x 接近於 1 時，顯然 $2x$ 接近於 2，因此當 x 接近於 1 時，$2x+3$ 接近於 5，故

$$\lim_{x\to 1}(2x+3)=5$$

(2)嚴格的數學證法：我們先分析一下證明的過程，然後再給予嚴格的證明。令 ε 爲給定的一正數，我們要證明：存在一個 δ，使得當 $0<|x-1|<\delta$ 時，$|(2x+3)-5|<\varepsilon$。由

$$|(2x+3)-5|<\varepsilon$$

我們得

$$|2(x-1)|<\varepsilon$$

亦即

$$|x-1|<\frac{\varepsilon}{2}$$

因此，只要我們令 $\delta=\frac{\varepsilon}{2}$，那麼當 $0<|x-1|<\delta$ 時，我們就有

$$|(2x+3)-5|<\varepsilon$$

由上面的分析，現在我們可以證明本題如下：任給一正數 ε，令 $\delta=\frac{\varepsilon}{2}$，則當 $0<|x-1|<\delta$ 時，

$$\begin{aligned}|(2x+3)-5|&=|2(x-1)|=2|x-1|\\&<2\delta\\&=\varepsilon\end{aligned}$$

故得證 $\lim_{x\to 1}(2x+3)=5$。

(3)幾何方法：設 $y=f(x)=2x+3$，則此函數的圖形爲一直線。對任給定之正數 ε，我們做直線 $y=5+\varepsilon$ 及 $y=5-\varepsilon$，並且

把 $y=2x+3$ 之圖形做出來，如下圖:

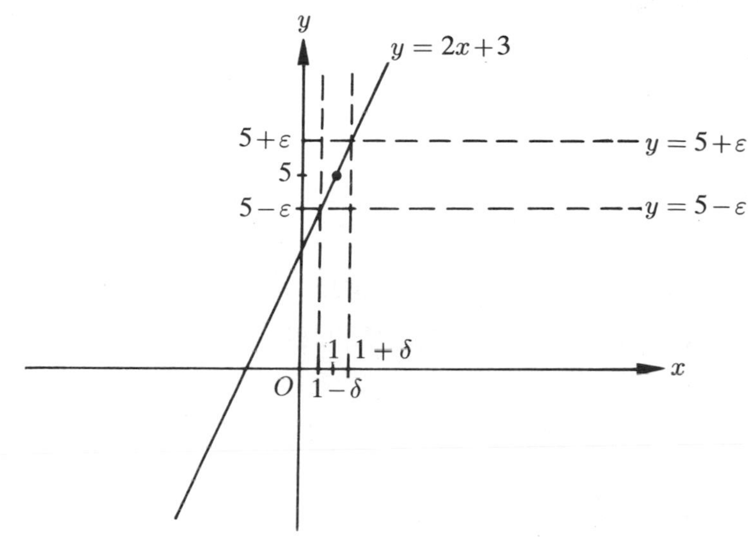

由上圖，我們可以看得出來，只要取正數 δ 夠小，那麼 $y=2x+3$ 在區間 $(1-\delta,\ 1+\delta)$ 上的圖形就會落在由四條直線 $y-5+\varepsilon$, $y=5-\varepsilon$, $x=1+\delta$, $x=1-\delta$ 所圍出來的矩形之中。因此

$$\lim_{x\to 1}(2x+3)=5 \quad \blacksquare$$

請同學們注意一下，在例 5 中，所求的極限值 5 其實就是函數 $f(x)=2x+3$ 在 $x=1$ 的函數值。對於一次函數 $f(x)=\alpha x+\beta$ 而言，我們可以仿照例 5 的方法來得到下列結果

定理 2.2

設 α, β 及 a 爲任意實數，則

$$\lim_{x\to a}(\alpha x+\beta)=\alpha a+\beta$$

設 $\alpha=0$，則由定理 2.2，我們有

定理 2.3

設 β 及 a 爲任意實數，則

$$\lim_{x\to a}\beta=\beta$$

定理 2.3 告訴我們一件事實，那就是一個常數函數（亦即，對每一個定義域中的元素 x，$f(x)=\beta$，其中 β 爲一固定之實數），它在任意一點的極限都存在而且極限值就等於其常數函數值。

設 $\alpha=1$ 且 $\beta=0$，則由定理 2.3，我們亦可得到

定理 2.4

$$\lim_{x\to a}x=a$$

例 6 證明 $\lim\limits_{x\to 2}\dfrac{1}{x}=\dfrac{1}{2}$。

解 對於任意的正數 $\varepsilon<\dfrac{1}{2}$，不等式

$$\left|\frac{1}{x}-\frac{1}{2}\right|<\varepsilon$$

等價於

$$\frac{1}{2}-\varepsilon<\frac{1}{x}<\frac{1}{2}+\varepsilon$$

亦即

$$\frac{1-2\varepsilon}{2}<\frac{1}{x}<\frac{1+2\varepsilon}{2}$$

取其倒數，則上式不等式等價於

$$\frac{2}{1+2\varepsilon}<x<\frac{2}{1-2\varepsilon}$$

而上式不等式又等價於

$$\frac{-4\varepsilon}{1+2\varepsilon} < x-2 < \frac{4\varepsilon}{1-2\varepsilon} \tag{5}$$

現在令 $\delta = \dfrac{\varepsilon}{1+2\varepsilon}$，則 $\delta > 0$，且當 $|x-2| < \delta$ 時，我們有

$$-\delta = \frac{-\varepsilon}{1+2\varepsilon} < x-2 < \delta = \frac{\varepsilon}{1+2\varepsilon} \tag{6}$$

因爲 $\delta = \dfrac{\varepsilon}{1+2\varepsilon} < \dfrac{4\varepsilon}{1+2\varepsilon}$，所以 $-\delta > \dfrac{-4\varepsilon}{1+2\varepsilon}$ 且 $\delta < \dfrac{4\varepsilon}{1+2\varepsilon} < \dfrac{4\varepsilon}{1-2\varepsilon}$，故若 x 滿足(6)式，則 x 必滿足(5)式。所以，我們得到

$$\text{當}\ 0 < |x-2| < \delta\ \text{時},\ \left|\frac{1}{x} - \frac{1}{2}\right| < \varepsilon$$

亦即

$$\lim_{x\to 2} \frac{1}{x} = \frac{1}{2} \quad ■$$

例 7　設 $f(x) = [x]$，亦即 $[x]$ 爲不大於 x 的最大整數，試證明 $\lim\limits_{x\to 1}[x]$ 不存在。

解　　假設 $\lim\limits_{x\to 1}[x]$ 存在，由於 $[x]$ 在 x 靠近1時的函數值不是1就是0，我們可以推測 $\lim\limits_{x\to 1}[x] = 0$ 或 $\lim\limits_{x\to 1}[x] = 1$。

假設 $\lim\limits_{x\to 1}[x] = 0$，取 $\varepsilon_0 = \dfrac{1}{2}$，我們證明對每一個正數 δ 而言，我們都可以找到點 x 使得 $0 < |x-1| < \delta$ 且 $|[x]-0| = [x] > \varepsilon_0$。令 δ 爲任一給定之正數，取 $x_0 = 1 + \dfrac{\delta}{2}$，則

$$0 < |x_0 - 1| = \left|\frac{\delta}{2}\right| = \frac{\delta}{2} < \delta$$

而且

$$|[x_0] - 0| = [x_0] \geq 1 > \frac{1}{2} = \varepsilon_0$$

因此，結論是 $\lim\limits_{x\to 1}[x] \neq 0$。

假設 $\lim_{x\to 1}[x]=1$，同樣地令 $\varepsilon_0=\frac{1}{2}$，對每一個正數 δ 而言，令

$$x_0=\begin{cases}1-\dfrac{\delta}{2}, & 若\delta<1\\ 1-\dfrac{\delta}{2[\delta]}, & 若\delta\geq 1\end{cases}$$

則 $[x_0]=0$，而且 $0<|x_0-1|<\delta$。再者

$$|[x_0]-1|=|0-1|=1>\frac{1}{2}=\varepsilon_0$$

因此，$\lim_{x\to 1}[x]\neq 1$。

由上面的討論，我們可知 $\lim_{x\to 1}[x]$ 不會等於任何數，亦即 $\lim_{x\to 1}[x]$ 不存在。■

習 題 2–1

試證明下列各題極限正確(1～10)。

1. $\lim_{x\to 1}(x+1)=2$
2. $\lim_{x\to 2}(2x-1)=3$
3. $\lim_{x\to -1}(3x+2)=-1$
4. $\lim_{x\to -1}(4x-3)=-7$
5. $\lim_{x\to 1}\frac{1}{x}=1$
6. $\lim_{x\to 4}\sqrt{x}=2$
7. $\lim_{x\to 2}(x^2+1)=5$
8. $\lim_{x\to 0}x=0$
9. $\lim_{x\to 0}x^2=0$
10. $\lim_{x\to 0}\sqrt[3]{x}=0$

習題 11 ～ 15，試證所求極限不存在。

11. $\lim_{x\to 0}\frac{|x|}{x}$
12. $\lim_{x\to 0}\frac{1}{x}$

13. $\lim_{x \to 1} \frac{1}{x-1}$

14. $\lim_{x \to 0} \frac{1}{x^2}$

15. $\lim_{x \to -1} \frac{1}{|x+1|}$

2–2 單邊極限

在上一節中，我們討論了函數 $f(x)$ 在一點 a 的極限。直觀地來說，$\lim_{x\to a} f(x)$ 存在的意思是當 x 接近於 a 時，$f(x)$ 會接近於某一個定數；而這裡「x 接近於 a」的意思是我們允許 x 從比 a 大的方向接近於 a，也可以從比 a 小的方向接近於 a。因爲我們允許 x 可以由 a 的兩邊接近於 a，所以我們通常也稱 $\lim_{x\to a} f(x)$ 爲 f 在 a 點的雙邊極限，簡稱爲極限。

然而在有些情況下，函數的雙邊極限的概念並不適用。比如說考慮函數 $f(x)=\sqrt{x}$，由於 f 的定義域是 $[0,\infty)$，因此，對於此函數 f 而言，$\lim_{x\to 0} f(x)$ 並沒有意義，這是因爲若 x 從小於 0 的方向接近於 0，也就是說 x 爲負數，則 $f(x)$ 並沒有意義。但是如果我們僅僅考慮 x 從比 0 大的方向接近於 0 時，那麼直觀地來看，$f(x)$ 會接近於 0。上面的例子啓發了我們考慮下列之定義。

定義 2.5

設 a 及 L 爲兩數且 f 爲一實函數。

(i)如果說對每一個正數 ε 而言，存在有一正數 δ，使得當 $0<x-a<\delta$ 時，$|f(x)-L|<\varepsilon$，那麼我們就說函數 f 在 a 點的**右極限**爲 L，並記爲

$$\lim_{x\to a^+} f(x)=L$$

亦可記爲

$$f(x)\longrightarrow L \quad 當 x\longrightarrow a^+$$

(ii)如果說對每一個正數ε而言，存在有一正數δ，使得當$-\delta < x - a < 0$時，$|f(x) - L| < \varepsilon$。那麼我們就說函數f在a點的**左極限**爲L，並記爲

$$\lim_{x \to a^-} f(x) = L$$

亦可記爲

$$f(x) \longrightarrow L \quad \text{當 } x \longrightarrow a^-$$

在定義2.5中，符號“$x \longrightarrow a^+$”是表示x從大於a的方向趨近於a，同樣的道理，符號“$x \longrightarrow a^-$”是表示x從小於a的方向趨近於a。

例 1　設$f : \mathbb{R} \longrightarrow \mathbb{R}$定義如下:

$$f(x) = \begin{cases} 2, & x > 0 \\ 0, & x = 0 \\ -1, & x < 0 \end{cases}$$

當x由大於0的方向趨近於0時，由於$f(x)$的值都是2，因此，直觀上來說，我們有

$$\lim_{x \to 0^+} f(x) = 2$$

現在，我們利用定義2.5來證明f在0的右極限的確是2。對任給正數ε而言，取$\delta = \varepsilon$。則當$0 < x < \delta$時，

$$|f(x) - 2| = |2 - 2| = 0 < \varepsilon$$

所以，$\lim\limits_{x \to 0^+} f(x) = 2$。

同理，我們可以證明，$\lim\limits_{x \to 0^-} f(x) = -1$。 ■

例 2　設f爲最大整數函數，亦即$f(x) = [x]$。則我們有

$[x]=1,\ x\in(1,2)$

且 $[x]=0,\ x\in(0,1)$

因此

$$\lim_{x\to1^+}f(x)=\lim_{x\to1^+}[x]=1$$

且 $$\lim_{x\to1^-}f(x)=\lim_{x\to1^-}[x]=0 \quad ■$$

在上例中，雖然 $[x]$ 在 $x=1$ 的兩個單邊極限都存在，但由2–1節中的例7，我們知道 $\lim_{x\to1}[x]$ 並不存在。這個例子讓我們聯想到一個函數在某一點的單邊極限與極限之間也許有一些關連。事實上，下面的定理明白地告訴我們一個函數在一點的極限會存在的充分必要條件爲它的左極限及右極限都存在而且相等。

定理 2.6

設 f 爲一實函數且 a 爲一數，則

$$\lim_{x\to a}f(x)=L$$

的充分必要條件爲

$$\lim_{x\to a^+}f(x)=\lim_{x\to a^-}f(x)=L$$

證明 設 $\lim_{x\to a}f(x)=L$，則對任給 $\varepsilon>0$，存在 $\delta>0$ 使得

$$\text{當 } 0<|x-a|<\delta \text{ 時，} |f(x)-L|<\varepsilon \qquad (1)$$

由(1)式，我們有

$$\text{當 } 0<x-a<\delta \text{ 時，} |f(x)-L|<\varepsilon$$

因此，$\lim_{x\to a^+}f(x)=L$。再由上式，我們有

當 $-\delta < x-a < 0$ 時，$|f(x)-L| < \varepsilon$

因此，$\lim\limits_{x\to a^-} f(x) = L$。

反過來說，假設 $\lim\limits_{x\to a^+} f(x) = \lim\limits_{x\to a^-} f(x) = L$，則對任給 $\varepsilon > 0$ 存在 $\delta_1 > 0$，使得

$$\text{當 } 0 < x-a < \delta_1 \text{ 時，} |f(x)-L| < \varepsilon \tag{2}$$

而且也存在 $\delta_2 > 0$，使得

$$\text{當 } -\delta_2 < x-a < 0 \text{ 時，} |f(x)-L| < \varepsilon \tag{3}$$

取 $\delta = \min\{\delta_1, \delta_2\}$，則由(2)及(3)，我們有

當 $0 < |x-a| < \delta$ 時，$|f(x)-L| < \varepsilon$

故 $\lim\limits_{x\to a} f(x) = L$。 ■

定理 2.6 對於判斷 f 在 $x=a$ 的極限是否存在非常有用，因爲 f 在 $x=a$ 的左、右極限一般都比較容易判斷。

例 3　極限 $\lim\limits_{x\to 2} \dfrac{x-2}{|x-2|}$ 是否存在?

解　由絕對值的定義，我們可得

$$|x-2| = \begin{cases} x-2, & \text{當 } x-2>0\text{，即 } x>2 \\ -(x-2), & \text{當 } x-2<0\text{，即 } x<2 \end{cases}$$

所以

$$\frac{x-2}{|x-2|} = \begin{cases} 1, & \text{當 } x>2 \\ -1, & \text{當 } x<2 \end{cases}$$

因此

$$\lim_{x\to 2^+} \frac{x-2}{|x-2|} = \lim_{x\to 2^+} 1 = 1$$

$$\lim_{x\to 2^-}\frac{x-2}{|x-2|}=\lim_{x\to 2^-}(-1)=-1$$

因為我們知道

$$\lim_{x\to 2^+}\frac{x-2}{|x-2|}\neq\lim_{x\to 2^-}\frac{x-2}{|x-2|}$$

故利用定理2.6，我們知道極限 $\lim_{x\to 2}\frac{x-2}{|x-2|}$ 並不存在。■

例 4 令

$$f(x)=\begin{cases}x^2+1, & x\leq 1\\ x+1, & x>1\end{cases}$$

則，我們有

$$\lim_{x\to 1^+}f(x)=\lim_{x\to 1^+}(x+1)=2$$

$$\lim_{x\to 1^-}f(x)=\lim_{x\to 1^-}(x^2+1)=2$$

由於

$$\lim_{x\to 1^+}f(x)=\lim_{x\to 1^-}f(x)$$

利用定理2.6，可知極限 $\lim_{x\to 1}f(x)$ 存在而且等於2 。■

習題 2–2

試判斷下列各題(1～15)之極限是否存在，若存在則求其極限。

1. $\lim_{x\to 0^+}[x]$
2. $\lim_{x\to 1^-}x-[x]$
3. $\lim_{x\to 2^+}(x^2-3x)$
4. $\lim_{x\to 5^-}\frac{|x-5|}{x-5}$
5. $\lim_{x\to 3^+}\sqrt{x^2-8}$
6. $\lim_{x\to 1^+}\sqrt{1-x}$

7. $\lim_{x\to 1^+} [x+2]$

8. $\lim_{x\to 1^+} [[x]]$

9. $\lim_{x\to 2^+} \dfrac{x^2-4}{x-2}$

10. $\lim_{x\to 0^+} \dfrac{x-[x]}{x}$

11. $\lim_{x\to 3^-} \dfrac{x^2-9}{x-3}$

12. $\lim_{x\to 7^+} (2x-1)$

13. $\lim_{x\to 0^+} \dfrac{|x|}{x}$

14. $\lim_{x\to 0^-} \dfrac{|x|}{x}$

15. $\lim_{x\to 6^+} \dfrac{x|x-6|}{x-6}$

16.設 $f(x)=\begin{cases} 2 & , x\geq 0 \\ x^2-1, & x<0 \end{cases}$

求 $\lim_{x\to 0^+} f(x)$, $\lim_{x\to 0^-} f(x)$ 及 $\lim_{x\to 0} f(x)$。

17.設 $g(x)=\begin{cases} x+1 & , x\geq 2 \\ x^2-1, & x<2 \end{cases}$

求 $\lim_{x\to 2^+} g(x)$, $\lim_{x\to 2^-} g(x)$ 及 $\lim_{x\to 2} g(x)$。

18.設 $h(x)=\begin{cases} \sqrt{x-1}, & x\geq 5 \\ x^2-23, & x<5 \end{cases}$

求 $\lim_{x\to 5^+} h(x)$, $\lim_{x\to 5^-} h(x)$ 及 $\lim_{x\to 5} h(x)$。

19.設 $f(x)=\begin{cases} 1 & , x\geq 0 \\ -1, & x<0 \end{cases}$, $g(x)=\begin{cases} -1, & x\geq 0 \\ 1 & , x<0 \end{cases}$

(i)試證 $\lim_{x\to 0} f(x)$ 及 $\lim_{x\to 0} g(x)$ 都不存在。

(ii)試證 $\lim_{x\to 0} f(x)g(x)$ 存在。

20.設 $f(x)=\begin{cases} x^2+1, & x\geq 1 \\ x & , x<1 \end{cases}$, $g(x)=\begin{cases} x^2, & x\geq 1 \\ 2 & , x<1 \end{cases}$

(i)試證 $\lim_{x\to 1} f(x)$ 及 $\lim_{x\to 1} g(x)$ 都不存在。

(ii)試證 $\lim_{x\to 1} f(x)g(x)$ 存在。

2–3 無窮極限

在上兩節中，我們所碰到的函數 f，它在一點 a 的附近的函數值都不會太大，但是有些函數，例如 $f(x)=\dfrac{1}{|x|}$, $x\neq 0$，當 x 接近 0 時，$f(x)$ 的值會變得很大很大，我們可以說函數 f 在 0 點的極限是無窮大。對於函數 f 在一點的極限是無窮大的概念，我們有如下的定義:

定義 2.7

設 f 爲一實函數且 a 爲一數。

(i)如果對每一個正數 k，存在有一正數 δ，使得當 $0<|x-a|<\delta$ 時，$f(x)>k$，則我們說 f 在 a 點的極限是無窮大，並記爲

$$\lim_{x\to a} f(x)=\infty$$

(ii)如果對每一個負數 m，存在有一正數 δ，使得當 $0<|x-a|<\delta$ 時，$f(x)<m$，則我們說 f 在 a 點的極限是負無窮大，並記爲

$$\lim_{x\to a} f(x)=-\infty$$

類似定義 2.5 的定義方式，我們也可以精確地表示函數 f 在 a 點的左（右）極限是 $\infty(-\infty)$ 的概念。比如說，

$$\lim_{x\to a^+} f(x)=\infty$$

的意思是：任給正數 k，存在一正數 δ 使得

當 $0<x-a<\delta$ 時，$f(x)>k$

其餘的定義則放在本節末的習題中，留給同學自己去做。

例 1　試證明 $\lim_{x\to 1^+}\frac{1}{x-1}=\infty$。

解　直觀地來說，若 x 從大於1的方向接近於1時，$x-1$ 為正數而且接近於0，因此，由於分子為1而分母很小，此分數就變得很大，因此，$\lim_{x\to 1^+}\frac{1}{x-1}=\infty$。

我們現在用精確的定義來證明所欲證的極限，設 k 為一任給的正數，令 $\delta=\frac{1}{k}>0$，則當 $0<x-1<\delta=\frac{1}{k}$ 時

$$\frac{1}{x-1}>\frac{1}{\delta}=k$$

因此，$\lim_{x\to 1^+}\frac{1}{x-1}=\infty$ 得證。■

例 2　設 $f(x)=\frac{1}{x^2}$，$x\neq 0$。當 x 接近於0時，不論 $x<0$ 或 $x>0$，我們都有 $x^2>0$，而且 x^2 也會接近於0，因此 $\frac{1}{x^2}$ 就變得很大很大，故

$$\lim_{x\to 0}\frac{1}{x^2}=\infty$$ ■

接著，考慮函數 $f(x)=1+\frac{1}{x}$，$x\neq 0$，當 x 很大時，$\frac{1}{x}$ 接近0，因而 $f(x)$ 會接近1。對於此一類型的極限值，我們有下列定義。

定義 2.8

設 f 為一實函數，且 L 為一實數。

(i)如果對每一正數 ε 而言，存在一正數 k，使得當 $x>k$ 時，$|f(x)-L|<\varepsilon$，那麼我們就寫成下列式子

$$\lim_{x\to\infty}f(x)=L$$

(ii)如果對每一正數 ε 而言，存在一負數 m，使得當 $x<m$ 時，$|f(x)-L|<\varepsilon$, 那麼我們就寫成下列式子

$$\lim_{x\to-\infty} f(x)=L$$

例 3 直觀地來說，當 x 很大時，x^5 也會很大，因而 $\frac{1}{x^5}$ 就會很小，所以我們有

$$\lim_{x\to\infty}\frac{1}{x^5}=0$$

我們現在用定義 2.8(i) 來證明上式。對任給 $\varepsilon>0$，由於可設 $x>0$, $\left|\frac{1}{x^5}-0\right|=\frac{1}{x^5}<\varepsilon$ 等價於

$$x^5>\frac{1}{\varepsilon}$$

或是等價於

$$x>\left(\frac{1}{\varepsilon}\right)^{\frac{1}{5}}$$

因此，任給 $\varepsilon>0$，取 $k=\left(\frac{1}{\varepsilon}\right)^{\frac{1}{5}}$，則由上面的分析，我們有

當 $x>k$ 時，$\frac{1}{x^5}<\varepsilon$

故

$$\lim_{x\to\infty}\frac{1}{x^5}=0 \quad ■$$

例 4 求 $\lim\limits_{x\to\infty}\frac{x+1}{2x-1}$。

解 因為 $\frac{x+1}{2x-1}=\frac{1+\frac{1}{x}}{2-\frac{1}{x}}$ 而且當 x 很大時，$\frac{1}{x}$ 會接近於 0。

故

$$\lim_{x\to\infty}\frac{x+1}{2x-1}=\lim_{x\to\infty}\frac{1+\frac{1}{x}}{2-\frac{1}{x}}=\frac{1}{2}$$

■

例 5　求 $\lim_{x\to\infty}\frac{x^2}{x+1}$。

解　因爲 $\frac{x^2}{x+1}=\frac{x}{1+\frac{1}{x}}$ 而且當 x 很大時，$1+\frac{1}{x}$ 會接近於 1，所以

$$\lim_{x\to\infty}\frac{x^2}{x+1}=\lim_{x\to\infty}\frac{x}{1+\frac{1}{x}}=\infty$$

■

例 6　求 $\lim_{x\to\infty}\frac{x^2}{x^3+x+1}$。

解　因爲 $\frac{x^2}{x^3+x+1}=\frac{1}{x+\frac{1}{x}+\frac{1}{x^2}}$ 而且當 x 很大時，$x+\frac{1}{x}+\frac{1}{x^2}$ 也會變得很大，所以

$$\lim_{x\to\infty}\frac{x^2}{x^3+x+1}=\lim_{x\to\infty}\frac{1}{x+\frac{1}{x}+\frac{1}{x^2}}=0$$

■

由上面的例子，我們有下面的結果。設 $f(x)=a_nx^n+\cdots+a_0$，$g(x)=b_mx^m+\cdots+b_0$ 爲兩多項式。則我們有

$$\lim_{x\to\infty}\frac{f(x)}{g(x)}=\begin{cases}\pm\infty, n>m\\ \frac{a_n}{b_m}, n=m\\ 0, \quad n<m\end{cases}$$

其中 $\pm\infty$ 的取法與 a_n, b_m 之正負有關。如果 $a_nb_m>0$ 則取 $+\infty$，而如果 $a_nb_m<0$ 則取 $-\infty$。同理，大家也可以得到 $\lim_{x\to-\infty}\frac{f(x)}{g(x)}$ 之結果。

習 題 2–3

求下列各題(1 ～ 14)之極限。

1. $\lim\limits_{x\to 1^-} \dfrac{1}{x-1}$

2. $\lim\limits_{x\to 1^+} \dfrac{1}{x^2-1}$

3. $\lim\limits_{x\to 0^+} \dfrac{5}{x^2+x}$

4. $\lim\limits_{x\to 0^+} \dfrac{1}{\sqrt{x}}$

5. $\lim\limits_{x\to \infty} \dfrac{3}{x+10}$

6. $\lim\limits_{x\to -\infty} \dfrac{13}{x^4}$

7. $\lim\limits_{x\to \infty} \dfrac{2}{x^{10}+1}$

8. $\lim\limits_{x\to \infty} \dfrac{1}{\sqrt[3]{x}}$

9. $\lim\limits_{x\to -\infty} \dfrac{1}{\sqrt[3]{x}}$

10. $\lim\limits_{x\to 4^+} \dfrac{1}{(x-4)^2}$

11. $\lim\limits_{x\to 4^-} \dfrac{1}{(x-4)^2}$

12. $\lim\limits_{x\to 0^+} \dfrac{1}{x^{\frac{2}{3}}}$

13. $\lim\limits_{x\to 0^-} \dfrac{1}{x^{\frac{2}{3}}}$

14. $\lim\limits_{x\to -\infty} \dfrac{9}{x^5}$

15.試寫出下列各極限之定義:

(i) $\lim\limits_{x\to a^+} f(x)=\infty$　(ii) $\lim\limits_{x\to a^-} f(x)=\infty$

(iii) $\lim\limits_{x\to a^+} f(x)=-\infty$　(iv) $\lim\limits_{x\to a^-} f(x)=-\infty$

16.試證 $\lim\limits_{x\to a} f(x)=\infty \Longleftrightarrow \lim\limits_{x\to a^+} f(x)=\lim\limits_{x\to a^-} f(x)=\infty$。

17.試證 $\lim\limits_{x\to a} f(x)=-\infty \Longleftrightarrow \lim\limits_{x\to a^+} f(x)=\lim\limits_{x\to a^-} f(x)=-\infty$。

2–4　極限定理

在前三節中，我們介紹了函數的各種類型的極限；在這一節裡，我們則要介紹極限的四則運算以及求極限的方法。首先，我們有

定理 2.9

設 $\lim_{x\to a} f(x)=L$, $\lim_{x\to a} g(x)=M$，則

(i) $\lim_{x\to a}(f(x)+g(x))=L+M=\lim_{x\to a} f(x)+\lim_{x\to a} g(x)$

(ii) $\lim_{x\to a}(f(x)-g(x))=L-M=\lim_{x\to a} f(x)-\lim_{x\to a} g(x)$

(iii) $\lim_{x\to a} f(x)\cdot g(x)=L\cdot M=(\lim_{x\to a} f(x))(\lim_{x\to a} g(x))$

(iv) 當 $M\neq 0$ 時，

$$\lim_{x\to a}\frac{f(x)}{g(x)}=\frac{L}{M}=\frac{\lim_{x\to a} f(x)}{\lim_{x\to a} g(x)}$$

我們請同學們注意定理 2.9 對任何我們介紹過的類型的極限都會成立，也就是說定理 2.9 中的 $\lim_{x\to a}$ 改成 $\lim_{x\to a^+}$, $\lim_{x\to a^-}$, $\lim_{x\to\infty}$ 或 $\lim_{x\to-\infty}$ 之後的結果仍然會成立。

利用數學歸納法，我們可以把定理 2.9 中的(i)及(iii)推廣到有限個實函數之情形。

定理 2.10

設 $\lim_{x\to a} f_1(x)=L_1$, $\lim_{x\to a} f_2(x)=L_2,\cdots,\lim_{x\to a} f_n(x)=L_n$，則

(i) $\lim_{x\to a}(f_1(x)+f_2(x)+\cdots+f_n(x))=L_1+L_2+\cdots+L_n$

(ii) $\lim_{x\to a} f_1(x)\cdot f_2(x)\cdots f_n(x)=L_1\cdot L_2\cdots L_n$

例 1　設 k 爲任意正整數，由於 $\lim_{x\to a} x = a$，利用定理 2.10 中的（ii），我們有

$$\lim_{x\to a} x^k = \underbrace{a\cdot a\cdots a}_{k\text{個}} = a^k \quad \blacksquare$$

例 2　設 $\lim_{x\to a} f(x) = L$ 且 b 爲任意實數，試證：$\lim_{x\to a} bf(x) = bL$。

解　令 $g(x) = b,\ x\in\mathbb{R}$，則由於 g 爲常數函數，易知 $\lim_{x\to a} g(x) = b$，因此由定理 2.9(iii)，我們有

$$\lim_{x\to a} bf(x) = \lim_{x\to a} f(x)g(x) = \left(\lim_{x\to a} f(x)\right)\left(\lim_{x\to a} g(x)\right) = bL \quad \blacksquare$$

例 3　設 $a,\ b,\ c$ 爲任意實數，試證明 $\lim_{x\to a}(bx+c) = ab+c$。

解　利用例 2 及定理 2.9(i)，我們有

$$\begin{aligned}\lim_{x\to a}(bx+c) &= \lim_{x\to a} bx + \lim_{x\to a} c\\ &= b\lim_{x\to a} x + \lim_{x\to a} c\\ &= ba+c\\ &= ab+c \quad \blacksquare\end{aligned}$$

例 4　試證明 $\lim_{x\to 2}(x^3+2x^2-3x+1) = 11$。

解　利用定理 2.10 及例 2，得

$$\begin{aligned}\lim_{x\to 2}(x^3+2x^2-3x+1) &= (\lim_{x\to 2} x)^3 + 2(\lim_{x\to 2} x)^2 - 3\lim_{x\to 2} x + \lim_{x\to 2} 1\\ &= 2^3 + 2\cdot 2 - 3\cdot 2 + 1\\ &= 11 \quad \blacksquare\end{aligned}$$

底下，我們再介紹另一種非常有用的求極限方法，即所謂的**夾擠定理**。

定理 2.11

設 f, g, h 爲三個實函數滿足以下條件：當 x 在 a 的附近時

$$g(x) \leq f(x) \leq h(x)$$

如果 $\lim_{x\to a} g(x) = \lim_{x\to a} h(x) = L$，則 $\lim_{x\to a} f(x) = L$。

證明　由於 $\lim_{x\to a} g(x) = \lim_{x\to a} h(x) = L$，對任給 $\varepsilon > 0$，可找到一 $\delta > 0$ 使得當 $0 < |x-a| < \delta$ 時，

$$|g(x) - L| < \varepsilon \quad 且 \quad |h(x) - L| < \varepsilon$$

亦即，當 $0 < |x-a| < \delta$ 時，

$$-\varepsilon < g(x) - L < \varepsilon, \quad 且 \quad -\varepsilon < h(x) - L < \varepsilon \qquad (1)$$

因此，當 $0 < |x-a| < \delta$ 時，由 $g(x) \leq f(x) \leq h(x)$ 及(1)，我們有

$$-\varepsilon < g(x) - L \leq f(x) - L \leq h(x) - L < \varepsilon$$

所以，當 $0 < |x-a| < \delta$ 時，$|f(x) - L| < \varepsilon$
故

$$\lim_{x\to a} f(x) = L \quad \blacksquare$$

我們請同學們注意到定理 2.11 對於單邊極限以及在無窮遠處的極限都成立，亦即將定理 2.11 中“ $x \longrightarrow a$”換爲“ $x \longrightarrow a^+$”, “$x \longrightarrow a^-$”,“ $x \longrightarrow \infty$”或“$x \longrightarrow -\infty$” 也都成立。另外，定理 2.11 對於不等號或者絕對不等式都成立，即“$\leq$”換爲“$<$”時定理 2.11 也成立。

例 5　試證明 $\lim_{x\to 0} x^2[x] = 0$。

解　首先我們注意到 $\lim_{x\to 0}[x]$ 並不存在。因此本題不能利用定理 2.9(iii)，因爲 $[x]$ 爲不大於 x 的最大整數，所以

$$x-1<[x]\leq x$$

因爲 $x^2\geq 0$，在上式中兩邊同乘 x^2，我們得

$$x^2(x-1)<x^2[x]\leq x^3$$

利用定理 2.9，得

$$\begin{aligned}\lim_{x\to 0}x^2(x-1)&=\lim_{x\to 0}x^3-x^2=\lim_{x\to 0}x^3-\lim_{x\to 0}x^2\\&=\left(\lim_{x\to 0}x\right)^3-\left(\lim_{x\to 0}x\right)^2\\&=0^3-0^2=0\end{aligned}$$

$$\lim_{x\to 0}x^3=\left(\lim_{x\to 0}x\right)^3=0^3=0$$

由於，$x^2(x-1)<x^2[x]\leq x^3$ 且 $\lim_{x\to 0}x^2(x-1)=\lim_{x\to 0}x^3=0$，故利用定理 2.11，得

$$\lim_{x\to 0}x^2[x]=0\quad\blacksquare$$

例 6 試證明

$$\lim_{x\to 0}\sin x=0\ \text{且}\ \lim_{x\to 0}\cos x=1$$

證明 設 $x>0$。考慮下列圖形:

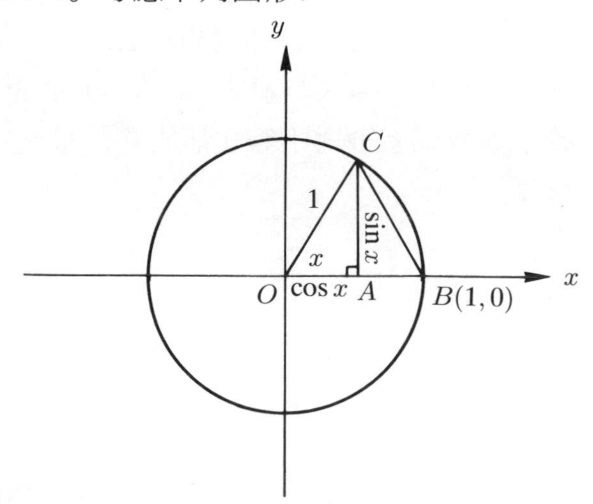

由上圖，我們知道

$$\overline{AC} = \sin x,\ \overline{AB} = 1 - \cos x$$

由畢氏定理以及 $\overline{BC} < x$ 之事實，我們有

$$\begin{aligned}\overline{AC}^2 + \overline{AB}^2 &= \sin^2 x + (1-\cos x)^2 \\ &= \overline{BC}^2 < x^2\end{aligned}$$

所以

$$0 < \sin x < x \text{ 且 } 0 < 1 - \cos x < x$$

因此由夾擠定理，我們得

$$\lim_{x\to 0^+} \sin x = 0 \text{ 且 } \lim_{x\to 0^+} (1-\cos x) = 0 \tag{2}$$

因為 $\sin x$ 為奇函數且 $\cos x$ 為偶函數，我們得

$$\begin{aligned}\lim_{x\to 0^-} \sin x &= \lim_{x\to 0^+} \sin(-x) = \lim_{x\to 0^+} (-\sin x) \\ &= -\lim_{x\to 0^+} \sin x = 0\end{aligned} \tag{3}$$

$$\begin{aligned}\lim_{x\to 0^-} (1-\cos x) &= \lim_{x\to 0^+} (1-\cos(-x)) \\ &= \lim_{x\to 0^+} (1-\cos x) = 0\end{aligned} \tag{4}$$

故由(2)，(3)及(4)，我們有

$$\lim_{x\to 0} \sin x = 0 \text{ 且 } \lim_{x\to 0} (1-\cos x) = 0$$

由 $\lim_{x\to 0}(1-\cos x) = 0$，我們最後得

$$\begin{aligned}\lim_{x\to 0} \cos x &= \lim_{x\to 0}(1-(1-\cos x)) = 1 - \lim_{x\to 0}(1-\cos x) \\ &= 1 - 0 = 1\end{aligned}$$

故得證

$$\lim_{x\to 0} \sin x = 0 \text{ 且 } \lim_{x\to 0} \cos x = 1 \quad \blacksquare$$

習 題 2–4

求下列各題(1～18)的極限:

1. $\lim_{x\to 3}(x^2-7x+10)$

2. $\lim_{x\to 0}\dfrac{2x^9-3}{x^{20}+1}$

3. $\lim_{x\to a}(x^2-1)(x^2+b^2)$

4. $\lim_{x\to 4}\dfrac{16-x^2}{4-x}$

5. $\lim_{x\to\infty}\dfrac{2x^2-1}{x^2+x+1}$

6. $\lim_{x\to-\infty}\dfrac{x}{x+1}$

7. $\lim_{x\to 2^+}\dfrac{x-1}{x^2+3x+10}$

8. $\lim_{x\to\infty}\dfrac{x^2+10}{3x^3+5}$

9. $\lim_{x\to 1}\dfrac{\frac{1}{x}-1}{x-1}$

10. $\lim_{x\to 0}\dfrac{1}{x}\left(\dfrac{1}{x+1}-1\right)$

11. $\lim_{x\to 1^-}\dfrac{1-x}{x^2}$

12. $\lim_{x\to 2}\dfrac{x^2-x-2}{x-2}$

13. $\lim_{x\to 0}(5x^9-6x^4+3x^3-x^2+1)^{20}$

14. $\lim_{x\to 5^-}\dfrac{x+2}{x^2+3x-10}$

15. $\lim_{x\to-1}\left(\dfrac{1}{x^2+3x+2}-\dfrac{1}{2x^2+5x+3}\right)$

16. $\lim_{x\to 2}\dfrac{\frac{1}{x^2}-\frac{1}{4}}{x-2}$

17. $\lim_{x\to 1}|x-1|$

18. $\lim_{x\to-\infty}\dfrac{-2x^4+3x^3-x+1}{x^4-x^2+1}$

19. 利用夾擠定理求:

(i) $\lim_{x\to 0^+}x[x]$

(ii) $\lim_{x\to 0^-}x[x]$

由(i)及(ii)試判斷 $\lim_{x\to 0}x[x]$ 是否存在?

20. 利用夾擠定理求 $\lim_{x\to\infty}\dfrac{[x]}{x}$。

2–5　函數的連續性

在前幾節中，我們發現常常會有 $\lim_{x\to a} f(x) = f(a)$ 的情形出現，對於函數 f 在一點 a 的極限值等於其在 a 點的函數值的情形，我們有下列特別的名詞來說明此一事實。

定義 2.12

設 f 爲一實函數且 a 爲一實數，如果下列三個條件成立，那麼我們就說 f 在 a 點連續：

(i) a 在 f 的定義域裡

(ii) $\lim_{x\to a} f(x)$ 存在

(iii) $\lim_{x\to a} f(x) = f(a)$

如果說 $f : A \to \mathbb{R}$，其中 A 爲 $\mathbb{R}$ 的非空部分集合，在 A 中的每一點都連續。那麼我們就說 f 在 A 上連續。如果說 A 爲一閉區間，例如 $A = [c, d]$，那麼 f 在 A 上連續的意思是指對每一 $a \in (c, d)$，f 在 a 點連續而且 $\lim_{x\to c^+} f(x) = f(c)$ 且 $\lim_{x\to d^-} f(x) = f(d)$。一般說來，當 f 在 $[c, d]$ 上連續時，f 的函數圖形在 $x = c$ 與 $x = d$ 之間沒有間斷。

例 1　設 $f(x) = 2x + 1$，$x \in \mathbb{R}$，則 f 在任一點 a 都連續。 ■

例 2　令 $g(x) = \begin{cases} 1, & x > 0 \\ 2, & x = 0 \\ 1, & x < 0 \end{cases}$

則由於 $\lim_{x\to 0} g(x) = 1 \neq g(0) = 2$，所以 g 在 0 點不連續。我們注意

到 $\lim_{x\to 0} g(x)$ 存在而且 $g(0)$ 也有定義，但是 g 卻在 0 點不連續，這是因爲函數 g 沒有完全滿足定義 2.12 中的三個條件。本例中，函數 g 的圖形如下，從圖形中我們可以很明顯地知道 g 的圖形在 0 點間斷了。

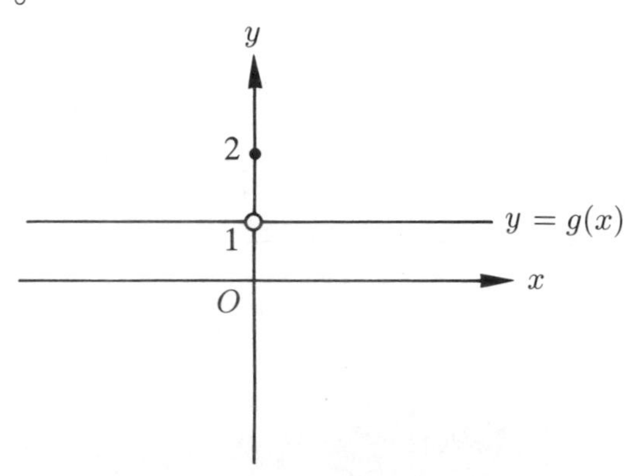

■

如果函數 f 與 g 在 a 點皆連續，亦即 $\lim_{x\to a} f(x) = f(a)$ 且 $\lim_{x\to a} g(x) = g(a)$，則由定理 2.9，我們知道

(i) $\lim_{x\to a}(f \pm g)(x) = f(a) \pm g(a)$

(ii) $\lim_{x\to a}(f \cdot g)(x) = f(a) \cdot g(a)$

(iii) 當 $g(a) \neq 0$, $\lim_{x\to a} \dfrac{f(x)}{g(x)} = \dfrac{f(a)}{g(a)}$

也就是說，函數 $f+g$, $f-g$, $f \cdot g$，及 $\dfrac{f}{g}$ 在 a 點也都會連續。因此，由於 $f(x) = x$ 以及常數函數爲連續函數，我們得到任意多項式函數

$$p(x) = a_n x^n + a_{n-1} x^{n-1} + \cdots + a_1 x + a_0$$

爲連續函數。

由於有理函數爲二多項式函數的商，亦即若 $r(x)$ 爲一有理函數，則 $r(x) = \dfrac{p(x)}{q(x)}$，其中 $p(x)$ 及 $q(x)$ 爲二多項式函數。由上

面分析我們可以得到下列結論:

定理 2.13

任意的有理函數在其定義域內都是連續函數。

底下，我們證明兩個連續函數的合成函數亦是連續函數。

定理 2.14

若 $\lim_{x\to a} f(x) = b$ 且 g 在 b 點連續，則

$$\lim_{x\to a} g(f(x)) = g(b)$$

特別地，若 f 與 g 都是連續函數，則 $g \circ f$ 亦是連續函數。

證明　我們要證明任給 $\varepsilon > 0$，存在 $\delta > 0$，使得

當 $|x-a| < \delta$ 時，$|g(f(x)) - g(b)| < \varepsilon$

爲此，我們注意到由於 g 在 b 點連續，$\lim_{y\to b} g(y) = g(b)$，所以任給 $\varepsilon > 0$ 存在 $\delta_1 > 0$ 使得

當 $|y-b| < \delta_1$ 時，$|g(y) - g(b)| < \varepsilon$

又由於 $\lim_{x\to a} f(x) = b$，對 $\delta_1 > 0$，存在 $\delta > 0$，使得

當 $0 < |x-a| < \delta$ 時，$|f(x) - b| < \delta_1$

因此，我們有：當 $0 < |x-a| < \delta$ 時，$|f(x) - b| < \delta_1$，因而

$$|g(f(x)) - g(b)| < \varepsilon$$

故得證

$$\lim_{x\to a} g(f(x)) = g(b) \quad \blacksquare$$

例 3　設 $f(x) = \sqrt{x}$，則 f 爲連續函數。

解　任給 $a > 0$，我們證明 $\lim_{x\to a} \sqrt{x} = \sqrt{a}$。爲此，任給 $\varepsilon > 0$，令 $\delta = \sqrt{a}\varepsilon$，則當 $|x-a| < \delta$ 時，我們有

$$
\begin{aligned}
|\sqrt{x}-\sqrt{a}| &= \left|\frac{(\sqrt{x}-\sqrt{a})(\sqrt{x}+\sqrt{a})}{\sqrt{x}+\sqrt{a}}\right| \\
&= \frac{|x-a|}{\sqrt{x}+\sqrt{a}} \\
&< \frac{1}{\sqrt{a}}|x-a| \qquad (\text{因為 } \sqrt{x}+\sqrt{a} > \sqrt{a}) \\
&< \frac{1}{\sqrt{a}}\delta \\
&= \varepsilon
\end{aligned}
$$

所以

$$\lim_{x\to a}\sqrt{x}=\sqrt{a}$$

故 $f(x)=\sqrt{x}$ 在 a 點連續，由於 a 爲任意正數，所以 $f(x)=\sqrt{x}$ 爲一連續函數。 ■

利用定理 2.14 及例 3，我們可以求許多無理函數的極限。例如:

例 4　求 $\lim\limits_{x\to 3}\sqrt{x^2-2x+6}$。

解　令 $g(x)=\sqrt{x}$ 且 $f(x)=x^2-2x+6$。由於 $f(x)$ 爲多項式函數，故 f 爲連續函數，又由例 3 知 $g(x)$ 爲連續函數，所以由定理 2.14 知

$$g(f(x))=\sqrt{x^2-2x+6}$$

亦是連續函數，故

$$
\begin{aligned}
\lim_{x\to 3}\sqrt{x^2-2x+6} &= \lim_{x\to 3} g(f(x)) \\
&= g(f(3))=\sqrt{9-6+6}=\sqrt{9}=3
\end{aligned}
$$ ■

例 5　求 $\lim\limits_{x\to 0}\dfrac{\sqrt{x+9}-3}{x}$。

解　雖然 $\sqrt{x+9}-3$ 及 x 都是連續函數，因此 $\dfrac{\sqrt{x+9}-3}{x}$ 亦是連續函數，但由於 $\dfrac{\sqrt{x+9}-3}{x}$ 在 $x=0$ 時沒有定義，因此，我們不能直接把 $x=0$ 代入而求出答案。不過，利用分子有理化的技巧，我們有

$$\begin{aligned}\lim_{x\to 0}\frac{\sqrt{x+9}-3}{x}&=\lim_{x\to 0}\frac{\sqrt{x+9}-3}{x}\cdot\frac{\sqrt{x+9}+3}{\sqrt{x+9}+3}\\&=\lim_{x\to 0}\frac{(x+9)-9}{x(\sqrt{x+9}+3)}\\&=\lim_{x\to 0}\frac{x}{x(\sqrt{x+9}+3)}\\&=\lim_{x\to 0}\frac{1}{\sqrt{x+9}+3}\\&=\frac{1}{\sqrt{9}+3}\\&=\frac{1}{3+3}=\frac{1}{6}\quad\blacksquare\end{aligned}$$

例 6　求 $\displaystyle\lim_{x\to 3}\frac{\sqrt{18-x^2}-3}{x-3}$。

解　仿例5，我們有

$$\begin{aligned}\lim_{x\to 3}\frac{\sqrt{18-x^2}-3}{x-3}&=\lim_{x\to 3}\frac{\sqrt{18-x^2}-3}{x-3}\cdot\frac{\sqrt{18-x^2}+3}{\sqrt{18-x^2}+3}\\&=\lim_{x\to 3}\frac{(18-x^2)-9}{(x-3)(\sqrt{18-x^2}+3)}\\&=\lim_{x\to 3}\frac{9-x^2}{(x-3)(\sqrt{18-x^2}+3)}\\&=\lim_{x\to 3}\frac{-(x+3)}{\sqrt{18-x^2}+3}\end{aligned}$$

$$= \frac{-(3+3)}{\sqrt{18-3^2}+3} = \frac{-6}{3+3} = \frac{-6}{6} = -1 \quad \blacksquare$$

底下我們列出一些連續函數的重要性質，由於其證明須用到實數的**完備性**，故在此，我們無法給出證明，只敘述其結果。

定理 2.15

設函數 f 在閉區間 $[a,b]$ 上爲連續而且 $f(a)f(b)<0$，則存在 $x \in (a,b)$，使得 $f(x)=0$。

定理 2.15 亦稱爲**勘根定理**，它的意思是說在一閉區間上的連續函數，若其在此閉區間兩端點的函數值異號的話，那麼此函數在此區間中必會有一實根。雖然定理 2.15 的證明稍難但我們可以直觀地來看此結果。因爲 f 爲連續表示其圖形在 $[a,b]$ 上沒有間斷，又因爲 $f(a)f(b)<0$，這表示點 $(a,f(a))$ 及 $(b,f(b))$ 分別位於 x 軸的上下方，故函數 f 的圖形必定會通過 x 軸，也就是說 f 在 $[a,b]$ 上會有實根，參見下圖:

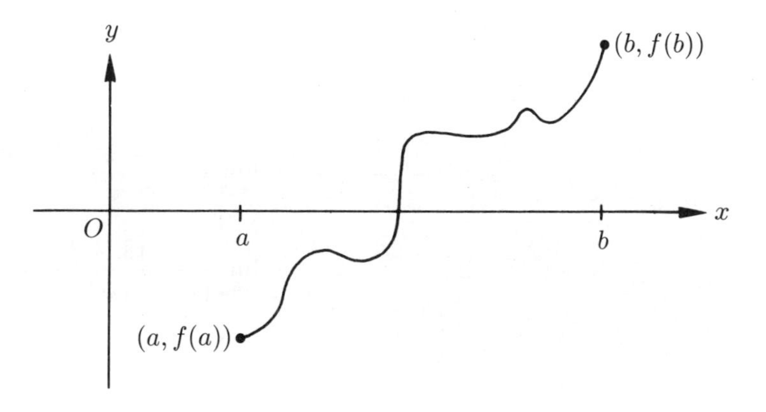

例 7　設 $f(x)=x^5+x^4+x^3+2$，則因爲 $f(0)=2$ 且 $f(-2)=-22$，即 $f(0)f(-2)<0$，所以我們由定理 2.15 得知 f 在 $(-2,0)$ 之間有一

根，亦即存在 $c \in (-2,0)$ 使得 $f(c) = c^5 + c^4 + c^3 + 2 = 0$。 ■

利用定理 2.15，我們可以證明下列的中間值定理，其證明我們則留作習題。

定理 2.16

（中間值定理）
設函數 f 在閉區間 $[a,b]$ 上連續且 $f(a) \neq f(b)$，設 m 爲介於 $f(a)$ 與 $f(b)$ 間的任一實數，則存在 $c \in (a,b)$ 使得 $f(c) = m$。

定理 2.16 告訴我們連續函數一定是連續地取值，絕對不會有突跳的現象發生。

習題 2–5

1.設 $f(x) = \begin{cases} \dfrac{|x|}{x}, & x \neq 0 \\ 0, & x = 0 \end{cases}$，試問 f 是否爲連續函數?

2.證明 $f(x) = \sqrt[3]{x}$ 爲連續函數。

3.求 $\displaystyle\lim_{x \to 0} \frac{\sqrt[3]{2+x} - \sqrt[3]{2}}{x}$

4.求 $\displaystyle\lim_{x \to 1^+} \frac{x-1}{\sqrt{x}-1}$

5.求 $\displaystyle\lim_{t \to 0} \frac{\sqrt{x+t} - \sqrt{x}}{t}$，$x > 0$

6.求 $\displaystyle\lim_{y \to 5} \frac{y-5}{\sqrt{3y+1} - 4}$

7.求 $\displaystyle\lim_{t \to 2} \frac{t-2}{\sqrt[3]{3t+2} - 2}$

8.求 $\displaystyle\lim_{x \to 1} \sqrt{x^2+3}\sqrt[3]{16x^3+9}$

9.令 $f(x)=x^3+x^2-x+1$，求

$$\lim_{x\to 1}\frac{f(x)-f(1)}{x-1}$$

10.設 $f(x)=\begin{cases}x^3, & x\geq 1\\ x, & x<1\end{cases}$

試證 f 爲連續函數。

11.設 $f(x)=\begin{cases}x^2-x+1, & x\geq 0\\ 2x+3, & x<0\end{cases}$

試求 f 的不連續點。

12.設 $f(x)=[x]$, $x\geq 0$，試求 f 的所有不連續點。

13.試證明定理 2.16。

14.試證 $f(x)=x^3-2x^2+3x-1$ 在 $(0,2)$ 之間至少有一根。

15.試證 $f(x)=\dfrac{2x^3-x^2+x+1}{x^2+1}$ 在 $(-1,0)$ 之間至少有一根。

第三章　微　分

3–1　導函數
3–2　微分公式
3–3　連鎖法則
3–4　反函數及隱函數之導函數
3–5　高階導函數
3–6　函數的微分及超越函數的導函數

3–1 導函數

在前一章中，我們看到了許多型如下列的極限

$$\lim_{x\to a}\frac{f(x)-f(a)}{x-a}$$

這個極限有其非常重要的實際與幾何意義。我們先對此極限給予明確的定義，然後再來討論它所代表的意義。

定義 3.1

設 f 爲一實函數且 a 爲 f 定義域中之一元素，如果下列極限

$$\lim_{x\to a}\frac{f(x)-f(a)}{x-a}$$

存在，那麼我們就說 f 在 a 點**可微分**，並以 $f'(a)$ 表示此極限，亦即

$$f'(a)=\lim_{x\to a}\frac{f(x)-f(a)}{x-a} \tag{1}$$

我們稱 $f'(a)$ 爲 f 在 a 點的**導數**。

令 $A=\{a|\,f'(a)\text{存在}\}$，則我們由 f 可得一新函數

$$f'\colon\ x\longrightarrow f'(x),\quad x\in A$$

f' 稱爲 f 的**導函數**。如果 A 等於 f 的定義域，那麼我們就稱 f 爲**可微分函數**。同學們宜注意，f' 爲一函數而 $f'(a)$ 則爲一實數，亦即 f 在 a 點的導數。通常我們也常把 f' 記爲 Df 或 $\dfrac{df}{dx}$，即

$$f'(x)=Df(x)=\frac{df(x)}{dx}$$

另外，f 在 a 點的導數也常使用下列符號:

$$f'(a)=Df(x)\Big|_{x=a}=\frac{df(x)}{dx}\Big|_{x=a}$$

我們在此要強調的是不論是 f'，Df 或 $\dfrac{df}{dx}$，這些都只是數學符號，其所代表的都只是 f 的導函數；同理，不論是 $f'(a)$，$Df(x)\Big|_{x=a}$ 或 $\dfrac{df(x)}{dx}\Big|_{x=a}$ 也都只是數學符號，它們所代表的都是 f 在 a 點的導數。

在定義 3.1 中，若令 $x-a=h$，則 $x=a+h$ 而且

$$\frac{f(x)-f(a)}{x-a}=\frac{f(a+h)-f(a)}{h}$$

直觀上我們可以清楚地得到 x 趨近於 a 等價於 h 趨近於 0。因此，我們可以把(1)式改寫成

$$f'(a)=\lim_{h\to 0}\frac{f(a+h)-f(a)}{h} \tag{2}$$

例 1　設 $f(x)=x^2-1$，求 $f'(2)$。

解　利用定義 3.1，我們有

$$\begin{aligned}f'(2)&=\lim_{x\to 2}\frac{f(x)-f(2)}{x-2}\\&=\lim_{x\to 2}\frac{(x^2-1)-3}{x-2}\\&=\lim_{x\to 2}\frac{x^2-4}{x-2}\\&=\lim_{x\to 2}\frac{(x-2)(x+2)}{x-2}\\&=\lim_{x\to 2}(x+2)\\&=4\end{aligned}$$
■

例 2　設 $f(x)=x^2$，求 f'。

解　我們利用(2)式來求 f'，我們有

$$f'(x)=\lim_{h\to 0}\frac{f(x+h)-f(x)}{h}$$

$$=\lim_{h\to 0}\frac{(x+h)^2-x^2}{h}$$

$$=\lim_{h\to 0}\frac{(x+h-x)(x+h+x)}{h}$$

$$=\lim_{h\to 0}\frac{h(2x+h)}{h}$$

$$=\lim_{h\to 0}(2x+h)$$

$$=2x \quad ■$$

我們注意在例2中，f' 的定義域與 f 相同，都是實數全體。

例 3　設 $f(x)=\begin{cases}1, & x>0\\ 0, & x=0\\ -1, & x<0\end{cases}$，求 f'。

解　我們還是利用(2)式來求 f'。我們考慮下列三種情形：

(i) $x>0$：此時注意到當 h 趨近於 0 時，$x+h$ 為正，所以

$$f'(x)=\lim_{h\to 0}\frac{f(x+h)-f(x)}{h}$$

$$=\lim_{h\to 0}\frac{1-1}{h}$$

$$=\lim_{h\to 0}0$$

$$=0$$

(ii) $x<0$：仿(i)，我們可得 $f'(x)=0$。

(iii) $x=0$：此時

$$f'(0)=\lim_{h\to 0}\frac{f(h)-f(0)}{h}$$

$$=\lim_{h\to 0}\frac{f(h)}{h}$$

我們可以計算上式極限的左右極限如下:

$$\lim_{h\to 0^+}\frac{f(h)}{h}=\lim_{h\to 0^+}\frac{1}{h}=\infty$$

$$\lim_{h\to 0^-}\frac{f(h)}{h}=\lim_{h\to 0^-}\frac{-1}{h}=\infty$$

所以

$$f'(0)=\lim_{h\to 0}\frac{f(h)}{h}=\infty$$

因此, $f'(0)$ 並不存在。所以,由(i),(ii)及(iii),我們有

$$f'(x)=0,\ x\neq 0 \quad \blacksquare$$

同學們宜注意在例3中, f' 的定義域爲 $\{x|\,x\neq 0\}$ 明顯地與 f 的定義域不同。

現在我們討論導數所表示的二種意義。首先,如果函數 f 在閉區間 $[c,d]$ 上有定義,那麼我們說

$$\frac{f(d)-f(c)}{d-c}$$

爲 f 在 $[c,d]$ 中的**平均變率**。對於 $[c,d]$ 中的每一個元素 x,下列極限若存在的話,則稱此極限爲 f 在 x 的**瞬間變率**

$$\lim_{h\to 0}\frac{f(x+h)-f(x)}{h}$$

上面的極限其實就是函數 f 在 x 的導數,因此我們可以把 $f'(x)$ 想成是 f 在 x 的瞬間變率。

例 4 設 $f(x)=\dfrac{1}{\sqrt{x}}$,求 f 在 $x=4$ 的瞬間變率。

解 所求者即爲 $f'(4)$,由定義3.1,我們有

$$f'(4)=\lim_{x\to 4}\frac{f(x)-f(4)}{x-4}=\lim_{x\to 4}\frac{\dfrac{1}{\sqrt{x}}-\dfrac{1}{2}}{x-4}$$

$$=\lim_{x\to 4}\frac{2-\sqrt{x}}{2\sqrt{x}(x-4)}=\lim_{x\to 4}\frac{-(\sqrt{x}-2)}{2\sqrt{x}(\sqrt{x}+2)(\sqrt{x}-2)}$$

$$=\lim_{x\to 4}\frac{-1}{2\sqrt{x}(\sqrt{x}+2)}=\frac{-1}{2\sqrt{4}(\sqrt{4}+2)}$$

$$=-\frac{1}{16}$$ ■

如果 s 是一動點 P 的位置函數，那 P 在時間 t 的**速度** $v(t)$，定義如下

$$v(t)=\lim_{h\to 0}\frac{s(t+h)-s(t)}{h}$$

由上面速度的定義，我們馬上可以知道位置函數 s 在時間 t 的速度其實就是 s 在 t 的瞬間變率，亦即

$$v(t)=s'(t)$$

例 5　設一動點 P 在時間 t 的位置函數爲

$$s(t)=2t+\frac{3}{t},\quad t\geq 1$$

求 P 在 $t=4$ 時的速度。

解　所求者即爲 $s'(4)$。利用定義 3.1，我們有

$$s'(4)=\lim_{t\to 4}\frac{s(t)-s(4)}{t-4}=\lim_{t\to 4}\frac{2t+\frac{3}{t}-8-\frac{3}{4}}{t-4}$$

$$=\lim_{t\to 4}\frac{2(t-4)+3\left(\frac{1}{t}-\frac{1}{4}\right)}{t-4}$$

$$=\lim_{t\to 4}\left[2+3\cdot\frac{\frac{4-t}{4t}}{t-4}\right]$$

$$=\lim_{t\to 4}\left(2+3\cdot\frac{(-1)}{4t}\right)$$

$$=\lim_{t\to 4}\left(2-\frac{3}{4t}\right)$$

$$=2-\frac{3}{16}=\frac{29}{16} \quad \blacksquare$$

導數的另外一個幾何意義就是函數圖形在一點處的切線。設 $P(x,f(x))$ 及 $Q(a,f(a))$ 爲函數 f 圖形上二點，過 P，Q 二點的直線即爲連接 P，Q 之割線。此割線的斜率爲

$$\frac{f(x)-f(a)}{x-a}$$

若當 $x\longrightarrow a$，其極限存在時，此極限值即定義爲 f 之圖形在 Q 點處切線的斜率，亦即 $f'(a)$ 爲 f 之圖形在 $(a,f(a))$ 點處切線的斜率，此時切線方程式爲

$$y-f(a)=f'(a)(x-a)$$

見下圖:

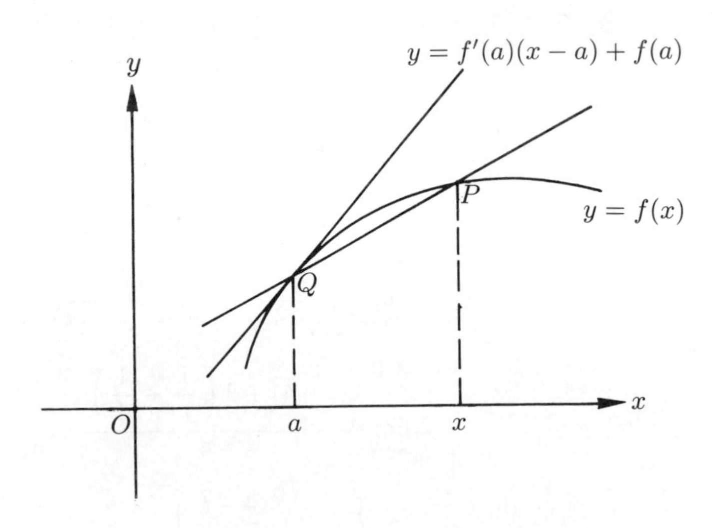

例 6　設 $f(x)=\sqrt{x}$，求過 $P(4,2)$ 點處的切線方程式。

解　設所求的切線爲 L，則 L 的斜率 $m=f'(4)$。由定義 3.1，

$$f'(4)=\lim_{x\to 4}\frac{f(x)-f(4)}{x-4}$$

$$= \lim_{x \to 4} \frac{\sqrt{x} - 2}{x - 4}$$

$$= \lim_{x \to 4} \frac{\sqrt{x} - 2}{(\sqrt{x} - 2)(\sqrt{x} + 2)}$$

$$= \lim_{x \to 4} \frac{1}{\sqrt{x} + 2}$$

$$= \frac{1}{4}$$

所以 $m = \frac{1}{4}$，因此 L 的方程式爲

$$y - 2 = \frac{1}{4}(x - 4)$$

亦即

$$x - 4y + 4 = 0 \quad ■$$

最後，我們討論導數與連續之間的關係。一般說來，若一函數在一點的導數存在，則該函數在此點必爲連續。我們有

定理 3.2

若函數 f 在 a 爲可微分，則 f 在 a 點連續。

證明　首先，我們注意到對任意不等於 a 的 x 而言，我們有

$$f(x) = f(a) + \frac{f(x) - f(a)}{x - a} \cdot (x - a)$$

因爲 f 在 a 點可微分，所以

$$f'(a) = \lim_{x \to a} \frac{f(x) - f(a)}{x - a}$$

利用極限的四則運算，我們有

$$\lim_{x \to a} f(x) = \lim_{x \to a} f(a) + \lim_{x \to a} \frac{f(x) - f(a)}{x - a} \cdot \lim_{x \to a} (x - a)$$

$$= f(a) + f'(a) \cdot 0$$

$=f(a)$

因此，f 在 a 點連續。 ■

定理3.2的逆定理並不成立，也就是說一函數 f 在 a 點連續的條件並不一定保證 f 在 a 點可微分。反例請看習題第31題。

習題 3–1

1 ～ 10 題，求 $f'(a)$ $\left(\text{利用 } f'(a)=\lim\limits_{x\to a}\dfrac{f(x)-f(a)}{x-a}\right)$。

1. $f(x)=3x,\quad a=1$
2. $f(x)=2-x,\quad a=2$
3. $f(x)=4x^2,\quad a=-1$
4. $f(x)=2x+x^2,\quad a=0$
5. $f(x)=10,\quad a=5$
6. $f(x)=\dfrac{x}{x+1},\quad a=1$
7. $f(x)=\dfrac{1}{x-1},\quad a=2$
8. $f(x)=\dfrac{5}{x},\quad a=1$
9. $f(x)=\sqrt{x},\quad a=9$
10. $f(x)=\dfrac{1}{x^2},\quad a=1$

11 ～ 20 題，求導函數 $f'(x)$ $\left(\text{利用 } f'(x)=\lim\limits_{h\to 0}\dfrac{(x+h)-f(x)}{h}\right)$。

11. $f(x)=4x^3$
12. $f(x)=1$
13. $f(x)=3x-1$
14. $f(x)=\dfrac{1}{x^3}$
15. $f(x)=\dfrac{x}{x-1}$
16. $f(x)=(x+1)^2$
17. $f(x)=\dfrac{2x}{3x+1}$
18. $f(x)=x^2-3x$
19. $f(x)=\dfrac{1}{\sqrt{x}}$
20. $f(x)=\dfrac{1}{x^4}$

21. 設 $f(x)=x^3+2x$，求 f 在 $x=1$ 的瞬間變率。
22. 設動點 P 在時間 t 的位置函數爲

$$s(t) = 80t - 16t^2$$

求此動點在 $t = 3$ 的速度。

23 ～ 30 題求函數圖形在給定點的切線方程式。

23.$y = f(x) = x^2 - x$,　$(1, 0)$

24.$y = f(x) = \dfrac{2}{\sqrt[3]{x}}$,　$(8, 1)$

25.$y = f(x) = 1 - x^3$,　$(-1, 2)$

26.$y = f(x) = x - \sqrt{x}$,　$(1, 0)$

27.$y = f(x) = 5x + 1$,　$(0, 1)$

28.$y = f(x) = 3x - 7$,　$(3, 2)$

29.$y = f(x) = (x - 1)^2$,　$(1, 0)$

30.$y = f(x) = \sqrt{x + 1}$,　$(0, 1)$

31.設 $f(x) = |x|$，試證 f 在 $x = 0$ 連續但 f 在 $x = 0$ 不可微分。

3–2 微分公式

在第一章，我們討論了函數的四則運算。而在第二章，我們則討論了函數極限的四則運算。在這一節裡，我們則要討論導數的四則運算。我們先從和差的微分公式開始。

定理 3.3

設 f 與 g 在 x 點爲可微分，則 $f \pm g$ 在 x 點亦爲可微分且

$$(f \pm g)'(x) = f'(x) \pm g'(x)$$

證明 我們先證明和的微分公式。由極限的四則運算，我們有

$$\begin{aligned}(f+g)'(x) &= \lim_{h\to 0} \frac{(f+g)(x+h)-(f+g)(x)}{h} \\ &= \lim_{h\to 0} \frac{f(x+h)+g(x+h)-f(x)-g(x)}{h} \\ &= \lim_{h\to 0} \left[\frac{f(x+h)-f(x)}{h} + \frac{g(x+h)-g(x)}{h}\right] \\ &= \lim_{h\to 0} \frac{f(x+h)-f(x)}{h} + \lim_{h\to 0} \frac{g(x+h)-g(x)}{h} \\ &= f'(x)+g'(x)\end{aligned}$$

同理，我們可以證明 $(f-g)'(x) = f'(x) - g'(x)$ ■

例 1 設函數 f 在 x_0 點爲可微分且 k 爲任一常數，則 kf 在 x_0 亦爲可微分且

$$(kf)'(x_0) = kf'(x_0)$$

解 由定義，我們有

$$
\begin{aligned}
(kf)'(x_0) &= \lim_{x\to x_0} \frac{(kf)(x)-(kf)(x_0)}{x-x_0} \\
&= \lim_{x\to x_0} \frac{kf(x)-kf(x_0)}{x-x_0} \\
&= k \lim_{x\to x_0} \frac{f(x)-f(x_0)}{x-x_0} \\
&= kf'(x_0) \quad \blacksquare
\end{aligned}
$$

利用定理 3.3，例 1 及數學歸納法，我們有

定理 3.4

設函數 f_1， f_2， $\cdots$， f_m 在 x 點均爲可微分，且 k_1， k_2， $\cdots$， k_m 爲任意常數，則 $k_1f_1+k_2f_2+\cdots+k_mf_m$ 在 x 點亦爲可微分，且

$$(k_1f_1+k_2f_2+\cdots+k_mf_m)'(x)=k_1f_1'(x)+k_2f_2'(x)+\cdots+k_mf_m'(x)$$

接著，我們看積的微分公式。

定理 3.5

設函數 f 與 g 在 x 均爲可微分，則 $f\cdot g$ 在 x 亦可微分且

$$(f\cdot g)'(x)=f'(x)g(x)+f(x)g'(x)$$

證明 因爲 $f'(x)$ 及 $g'(x)$ 存在，所以

$$f'(x)=\lim_{h\to 0} \frac{f(x+h)-f(x)}{h}$$

$$g'(x)=\lim_{h\to 0} \frac{g(x+h)-g(x)}{h}$$

又由定理 3.2 知， g 在 x 點連續，因此

$$\lim_{h\to 0} g(x+h)=g(x)$$

所以

$$
\begin{aligned}
(f\cdot g)'(x)&=\lim_{h\to 0}\frac{f(x+h)g(x+h)-f(x)g(x)}{h}\\
&=\lim_{h\to 0}\left[\frac{f(x+h)-f(x)}{h}\cdot g(x+h)+f(x)\cdot\frac{g(x+h)-g(x)}{h}\right]\\
&=\lim_{h\to 0}\frac{f(x+h)-f(x)}{h}\cdot\lim_{h\to 0}g(x+h)+f(x)\cdot\lim_{h\to 0}\frac{g(x+h)-g(x)}{h}\\
&=f'(x)g(x)+f(x)g'(x)
\end{aligned}
$$

■

利用定理3.5及數學歸納法，我們可以證明:

定理 3.6

設 $f(x)=x^n$， n 爲自然數，則 $f'(x)=nx^{n-1}$。

證明 (i)當 $n=1$ 時， $f(x)=x$，因此

$$
\begin{aligned}
f'(x)&=\lim_{h\to 0}\frac{f(x+h)-f(x)}{h}\\
&=\lim_{h\to 0}\frac{(x+h)-x}{h}\\
&=\lim_{h\to 0}\frac{h}{h}\\
&=\lim_{h\to 0}1\\
&=1=1\cdot x^0
\end{aligned}
$$

因此定理3.6 當 $n=1$ 時成立。

(ii)假設當 $n=k$ 時，定理3.6 成立，亦即若 $f(x)=x^k$，則 $f'(x)=kx^{k-1}$。

(iii)設 $n=k+1$， 令 $f(x)=x^{k+1}$， $f_1(k)=x^k$ 且 $f_2(x)=x$。則由(i)及定理3.5，我們有

$$
\begin{aligned}
f'(x) &= f_1'(x)f_2(x) + f_1(x)f_2'(x) \\
&= kx^{k-1} \cdot x + x^k \cdot 1 \\
&= kx^k + x^k \\
&= (k+1)x^k
\end{aligned}
$$

故當 $n = k + 1$ 時，定理 3.6 亦成立。因此，由數學歸納法，我們得證定理 3.6 對任意自然數 n 均成立。 ■

例 2 設 $f(x) = x^6 - 3x^4 + 4x^2 + 2$，求 $f'(x)$。

解 利用定理 3.4 及定理 3.6，我們有

$$
\begin{aligned}
f'(x) &= 6 \cdot x^5 - 3 \cdot 4 \cdot x^3 + 4 \cdot 2x \\
&= 6x^5 - 12x^3 + 8x
\end{aligned}
$$
■

例 3 設 $f(x) = (x^3 - x)(2x^2 + x + 1)$ 求 $f'(x)$。

解 令 $f_1(x) = x^3 - x$， $f_2(x) = 2x^2 + x + 1$，則 $f(x) = f_1(x)f_2(x)$。因此，利用定理 3.3 及定理 3.6，我們有

$$
\begin{aligned}
f'(x) &= f_1'(x)f_2(x) + f_1(x)f_2'(x) \\
&= (3x^2 - 1)(2x^2 + x + 1) + (x^3 - x)(4x + 1) \\
&= 6x^4 + 3x^3 + x^2 - x - 1 + 4x^4 + x^3 - 4x^2 - x \\
&= 10x^4 + 4x^3 - 3x^2 - 2x - 1
\end{aligned}
$$
■

最後，我們來看商的微分公式。

定理 3.7

設 f 與 g 在 x 點爲可微分且 $g(x) \neq 0$，則 $\dfrac{f}{g}$ 在 x 點亦可微分而且

$$
\left(\frac{f}{g}\right)'(x) = \frac{f'(x)g(x) - f(x)g'(x)}{[g(x)]^2}
$$

證明 由極限的四則運算，我們有

$$\left(\frac{f}{g}\right)'(x)=\lim_{h\to 0}\frac{\left(\frac{f}{g}\right)(x+h)-\left(\frac{f}{g}\right)(x)}{h}$$

$$=\lim_{h\to 0}\frac{\frac{f(x+h)}{g(x+h)}-\frac{f(x)}{g(x)}}{h}$$

$$=\lim_{h\to 0}\frac{f(x+h)g(x)-f(x)g(x+h)}{hg(x+h)g(x)}$$

$$=\lim_{h\to 0}\frac{1}{g(x+h)g(x)}\cdot$$

$$\left[\frac{f(x+h)-f(x)}{h}\cdot g(x)-\frac{g(x+h)-g(x)}{h}\cdot f(x)\right]$$

$$=\frac{1}{g(x)\lim\limits_{h\to 0}g(x+h)}\cdot$$

$$\left[g(x)\cdot\lim_{h\to 0}\frac{f(x+h)-f(x)}{h}-f(x)\cdot\lim_{h\to 0}\frac{g(x+h)-g(x)}{h}\right]$$

$$=\frac{1}{g(x)\cdot g(x)}\left[g(x)\cdot f'(x)-f(x)\cdot g'(x)\right]$$

$$=\frac{f'(x)g(x)-f(x)g'(x)}{[g(x)]^2}$$ ■

例 4 設 $f(x)=\dfrac{x^3}{x^2-3}$，求 $f'(x)$。

解 利用定理 3.7，我們有

$$f'(x)=\frac{3\cdot x^2(x^2-3)-x^3\cdot(2x-0)}{(x^2-3)^2}$$

$$=\frac{3x^4-9x^2-2x^4}{(x^2-3)^2}$$

$$=\frac{x^4-9x^2}{(x^2-3)^2} \quad \blacksquare$$

習 題 3–2

1.試利用定理 3.3 證明：若 $f(x)=\sqrt{x}$，則 $f'(x)=\frac{1}{2\sqrt{x}}$。

2 ～ 20 題，求導函數。

2.$f(x)=x^3-9x^2+1$

3.$f(x)=\frac{1}{4}x^5+3x^3+6x+9$

4.$f(x)=x^4(3x^2-6x+1)$

5.$f(x)=\frac{x+1}{x-1}$

6.$f(x)=\frac{x}{x^2+1}$

7.$f(x)=\left(x+\frac{1}{x}\right)^2$

8.$f(x)=\sqrt{x}(1+x)$

9.$f(x)=\frac{\sqrt{x}}{\sqrt{x}+2}$

10.$f(x)=(x^2+1)(x-3)$

11.$f(x)=\frac{x^3-1}{x^3+1}$

12.$f(x)=\frac{x^2+1}{\sqrt{x}}$

13.$f(x)=(x+1)^3$

14.$f(x)=(x+1)^4$

15.$f(x)=\frac{x^2-1}{1+\sqrt{x}}$

16.$f(x)=\left(x-\frac{1}{x}\right)^2$

17.$f(x)=x^6(x^6+1)$

18.$f(x)=1-\frac{1}{x}$

19.$f(x)=\left(1+\frac{1}{x}\right)\left(1+\frac{2}{x}\right)$

20.$f(x)=5x^9-7x^4+1$

21.試利用定理 3.7 及定理3.4 證明：若 $f(x)=\frac{1}{x^n}$，其中 n 爲正整數，則

$$f'(x)=\frac{-n}{x^{n+1}}$$

3–3 連鎖法則

在上一節裡，我們導出了和、差、積、商的微分公式，在這一節裡，我們則是要求得兩個可微分函數的合成函數之導函數公式，也就是所謂的連鎖律。連鎖律主要的意思是如果 f 在 $x=a$ 點可微分，而且 g 在 $f(a)$ 點亦可微分，那麼函數 $h=g\circ f$ 在 $x=a$ 處亦可微分。

定理 3.8

假設函數 f 在 $x=a$ 處可微分而且函數 g 在 $f(a)$ 處可微分，則函數 $h=g\circ f$ 在 $x=a$ 處亦可微分，而且

$$h'(a)=g'(f(a))\cdot f'(a)$$

證明　我們利用定義 3.1，得

$$\begin{aligned}h'(a)&=\lim_{x\to a}\frac{h(x)-h(a)}{x-a}\\&=\lim_{x\to a}\frac{g(f(x))-g(f(a))}{x-a}\end{aligned}$$

假設當 x 很接近於 a 時，$f(x)\neq f(a)$，那麼由極限的四則運算我們得

$$\begin{aligned}h'(a)&=\lim_{x\to a}\frac{g(f(x))-g(f(a))}{f(x)-f(a)}\cdot\frac{f(x)-f(a)}{x-a}\\&=\lim_{x\to a}\frac{g(f(x))-g(f(a))}{f(x)-f(a)}\cdot\lim_{x\to a}\frac{f(x)-f(a)}{x-a}\qquad(1)\end{aligned}$$

由於 f 在 a 連續，所以當 x 趨近於 a 時，$y=f(x)$ 也趨近於 $f(a)$，因此

$$\lim_{x\to a}\frac{g(f(x))-g(f(a))}{f(x)-f(a)}=\lim_{y\to f(a)}\frac{g(y)-g(f(a))}{y-f(a)}=g'(f(a))$$

另外，因爲 f 在 a 可微分，所以

$$f'(a)=\lim_{x\to a}\frac{f(x)-f(a)}{x-a}$$

故由(1)，我們得

$$h'(a)=(g\circ f)'(a)=g'(f(a))\cdot f'(a) \quad ■$$

在定理 3.8 的證明當中，我們用到了一個很重要的假設，亦即假設當 x 很接近於 a 時，$f(x)\neq f(a)$。然而若不用此假設的話，定理 3.8 依然成立，不過，在此我們不就此情況再加討論。

例 1　設 $h(x)=(x^2+1)^5$，求 $h'(x)$。

解　設 $g(x)=x^5$，$f(x)=x^2+1$，則 $h(x)=g(f(x))$。利用連鎖律

$$h'(x)=g'(f(x))\cdot f'(x)$$

然而，$g'(x)=5x^4$，$f'(x)=2x$，$g'(f(x))=5(x^2+1)^4$，故

$$h'(x)=5(x^2+1)^4\cdot 2x=10x(x^2+1)^4 \quad ■$$

例 2　設 $h(x)=\dfrac{1}{(x^3+x^2-x+1)^4}$，求 $h'(x)$。

解　首先注意到 $h(x)=(x^3+x^2-x+1)^{-4}$。令 $g(x)=x^{-4}$，$f(x)=x^3+x^2-x+1$。則

$$h(x)=g(f(x))$$

由習題 3–2，第 21 題知 $g'(x)=-4x^{-5}$，故 $g'(f(x))=-4(x^3+x^2-x+1)^{-5}$，又 $f'(x)=3x^2+2x-1$。故

$$\begin{aligned}h'(x)&=g'(f(x))f'(x)\\&=-4(x^3+x^2-x+1)^{-5}\cdot(3x^2+2x-1)\end{aligned}$$

$$= \frac{-4(3x^2+2x-1)}{(x^3+x^2-x+1)^5} \quad ■$$

設 $f(x)=x^n$，由定理3.4 及習題3–2第21題，我們知道當 n 爲整數時，$f'(x)=nx^{n-1}$。我們現在要把此微分公式推廣到 n 是有理數的情形。首先，我們有

例 3　設 $f(x)=\sqrt[n]{x}$，n 爲任意正整數，則

$$f'(x)=\frac{1}{n}\cdot x^{\frac{1}{n}-1}$$

解　由定義3.1，我們有

$$\begin{aligned} f'(x) &= \lim_{y\to x}\frac{f(y)-f(x)}{y-x} \\ &= \lim_{y\to x}\frac{\sqrt[n]{y}-\sqrt[n]{x}}{y-x} \end{aligned}$$

利用

$$\begin{aligned} \frac{\sqrt[n]{y}-\sqrt[n]{x}}{y-x} &= \frac{\sqrt[n]{y}-\sqrt[n]{x}}{(\sqrt[n]{y})^n-(\sqrt[n]{x})^n} \\ &= \frac{1}{\sqrt[n]{y^{n-1}}+\sqrt[n]{y^{n-2}}\cdot\sqrt[n]{x}+\cdots+\sqrt[n]{y}\sqrt[n]{x^{n-2}}+\sqrt[n]{x^{n-1}}} \end{aligned} \tag{2}$$

因爲 $\lim\limits_{y\to x}\sqrt[n]{y^m}=\sqrt[n]{x^m}$，(2)式中分母中的每一項的極限都是 $\sqrt[n]{x^{n-1}}$ 而且共有 n 項，所以

$$f'(x)=\frac{1}{n\sqrt[n]{x^{n-1}}}=\frac{1}{n}x^{\frac{1}{n}-1} \quad ■$$

利用連鎖律及例3，我們有

定理 3.9

設 $f(x)=x^r$，其中 r 爲一有理數，則

$$f'(x)=rx^{r-1}$$

證明　設 $r=\frac{m}{n}$，其中 m 及 n 皆爲整數且 $n>0$。則

$$f(x)=x^{\frac{m}{n}}=(x^{\frac{1}{n}})^m$$

利用定理 3.8 及例 3，我們有

$$\begin{aligned} f'(x) &= m(x^{\frac{1}{n}})^{m-1}\cdot\frac{1}{n}x^{\frac{1}{n}-1} \\ &= \frac{m}{n}x^{\frac{m-1}{n}}\cdot x^{\frac{1}{n}-1} \\ &= \frac{m}{n}x^{\frac{m}{n}-1} \\ &= rx^{r-1} \end{aligned}$$ ■

例 4　設 $f(x)=x^{\frac{4}{5}}$，則由定理 3.9，我們有

$$f'(x)=\frac{4}{5}x^{\frac{4}{5}-1}=\frac{4}{5}x^{-\frac{1}{5}}=\frac{4}{5\sqrt[5]{x}}$$ ■

例 5　設 $h(x)=\sqrt[3]{x^2+1}$，求 $h'(x)$。

解　令 $g(x)=\sqrt[3]{x}=x^{\frac{1}{3}}$， $f(x)=x^2+1$，則 $h(x)=g(f(x))$。由定理 3.9，我們有 $g'(x)=\frac{1}{3}x^{-\frac{2}{3}}$，故

$$g'(f(x))=\frac{1}{3}(x^2+1)^{-\frac{2}{3}}=\frac{1}{3}\frac{1}{\sqrt[3]{(x^2+1)^2}}$$

又 $f'(x)=2x$，因此

$$\begin{aligned} h'(x) &= g'(f(x))\cdot f'(x) \\ &= \frac{1}{3}\frac{1}{\sqrt[3]{(x^2+1)^2}}\cdot 2x \\ &= \frac{2x}{3\sqrt[3]{(x^2+1)^2}} \end{aligned}$$ ■

習題 3–3

1 ～ 15 題，求導函數。

1. $f(x)=(x^4+x^2+1)^3$

2. $f(x)=(1+\sqrt{x})^2$

3. $f(x)=\sqrt{1-x}$

4. $f(x)=\left(x+\dfrac{1}{x}\right)^3$

5. $f(x)=\sqrt{x+\dfrac{1}{x}}$

6. $f(x)=\sqrt{3x}$

7. $f(x)=(1-\sqrt{x})^3$

8. $f(x)=(x^3-x^2+2)^{-2}$

9. $f(x)=x^2(1+x^2)^3$

10. $f(x)=(x-1)^{\frac{2}{3}}$

11. $f(x)=\sqrt{x+(x^2+1)^4}$

12. $f(x)=(x^2+x-9)^{\frac{6}{5}}$

13. $f(x)=(x^2+(x+1)^3+5)^{10}$

14. $f(x)=(3x^2-2x)^{-\frac{4}{3}}$

15. $f(x)=\sqrt[4]{4x+3}$

3–4　反函數及隱函數之導函數

假設函數 f 與 g 互爲反函數，且均爲可微分函數，那麼 f 與 g 的導函數之間會有什麼關係呢？這是本節上半部所要討論的主題。利用連鎖律，我們解答上面的問題。

定理 3.10

假設函數 f 與 g 互爲反函數而且都是可微分函數，則當 $g'(f(x)) \neq 0$ 時，我們有

$$f'(x) = \frac{1}{g'(f(x))}$$

證明　因爲 f 與 g 互爲反函數，所以，對任意 f 之定義域中的元素 x，我們有

$$g(f(x)) = x$$

現在對上式兩邊求導函數，利用連鎖律，我們有

$$g'(f(x)) \cdot f'(x) = 1$$

所以，當 $g'(f(x)) \neq 0$ 時，我們有

$$f'(x) = \frac{1}{g'(f(x))} \quad \blacksquare$$

定理 3.10 明白地告訴我們，如果已知 f 與 g 互爲反函數且均可微分，那我們可以利用 g 的導函數來求得 f 的導函數。事實上，在定理 3.10 中，只要 f 或 g 是可微分，則另一個函數也是可微分。

例 1 設 $f(x)=x^5$，$g(x)=\sqrt[5]{x}$。則 f 與 g 互為反函數。
由於 $f'(x)=5x^4$，所以 $f'(g(x))=5x^{\frac{4}{5}}$。因此，由定理 3.10，我們得

$$g'(x)=\frac{1}{f'(g(x))}=\frac{1}{5x^{\frac{4}{5}}}=\frac{1}{5}x^{-\frac{4}{5}}$$

■

接下來，我們要討論隱函數的微分。到目前為止，我們所遇到的函數都是可以用代數式直接定出來的顯函數。例如函數 $f(x)=x^2+x+1$ 就是直接用代數式定義出來的。

但是，並不是所有的函數都是像上面的例子一樣直接地用僅含有 x 的一個關係式定義出來。例如方程式

$$x^5-x^3y+y^3-y^4+1=0$$

中，x 很可能是 y 的函數，或是 y 很有可能是 x 的函數。但是我們就很難把 x 以 y 的式子解出來，或是把 y 以 x 的式子解出來。像這樣用 x,y 方程式所間接定義出來的函數，我們稱之為**隱函數**。也就是說，假如 y 是 x 的函數，例如 $y=f(x)$，而 f 並沒有明顯地定義出來，而只是隱含於某關係式 $G(x,y)=0$ 中，我們就稱 f 為隱函數。對於隱函數的導函數，我們不必去解方程式，事實上可能也解不出來，我們只要利用連鎖律即可把隱函數的導函數求出來。我們看一些例子。

例 2 設 y 為 x 的可微分函數且 $y^3-x^2-xy+2=0$，求 $\frac{dy}{dx}$（或 y'）。

解 令 $y=f(x)$，則原式變為

$$[f(x)]^3-x^2-x[f(x)]+2=0$$

今對兩邊微分，則由連鎖律，我們有

$$3[f(x)]^2\cdot f'(x)-2x-[f(x)+xf'(x)]=0$$

所以

$$f'(x)\left(3[f(x)]^2 - x\right) = 2x + f(x)$$

解之得

$$f'(x) = \frac{2x + f(x)}{3[f(x)]^2 - x}$$

因為 $y = f(x)$，所以所求為

$$\frac{dy}{dx} = y' = f'(x) = \frac{2x + y}{3y^2 - x} \quad ■$$

例 3 設 $x^2 + 3x^2y^2 + y = 3$，求 $\frac{dy}{dx}$。

解 對方程式兩端就 x 微分，我們有

$$2x + 3x^2 \cdot 2y\frac{dy}{dx} + 6xy^2 + \frac{dy}{dx} = 0$$

解 $\frac{dy}{dx}$ 得

$$\frac{dy}{dx} = -\frac{2x + 6xy^2}{1 + 6x^2y} = -\frac{2x(1 + 3y^2)}{1 + 6x^2y} \quad ■$$

例 4 求曲線 $xy^3 + xy - 10 = 0$ 在點 $(1,2)$ 的切線方程式。

解 設 $y = f(x)$，則原方程式變為

$$x[f(x)]^3 + xf(x) - 10 = 0$$

注意，$[f(x)]^3$ 表示 $f(x)$ 的立方而 $xf(x)$ 表示 x 與 $f(x)$ 的乘積，因此利用連鎖律及微分的乘積公式對兩邊微分，我們有

$$[f(x)]^3 + 3 \cdot x \cdot [f(x)]^2 \cdot f'(x) + f(x) + x \cdot f'(x) = 0$$

解 $f'(x)$，得

$$f'(x) = \frac{-([f(x)]^3 + f(x))}{3x[f(x)]^2 + x}$$

即

$$\frac{dy}{dx} = \frac{-(y^3 + y)}{3xy^2 + x}$$

因此，所求切線之斜率

$$m = \left.\frac{dy}{dx}\right|_{(1,2)} = \frac{-(2^3+2)}{3\cdot 1\cdot 2^2+1} = -\frac{10}{13}$$

故所求之切線方程式爲

$$y - 2 = -\frac{10}{13}(x-1)$$

或

$$13y + 10x = 36 \quad ■$$

習題 3–4

1 ～ 10 題，求 $\frac{dy}{dx}$。

1. $xy + 1 = 0$
2. $x^2 + xy = x$
3. $x^2 + xy^2 = 10y$
4. $(x^2y - 1)^2 = 10$
5. $x^{\frac{1}{2}} + y^{\frac{1}{2}} = 16$
6. $(xy)^{\frac{3}{4}} = x$
7. $y^2 + y^{-2} = x$
8. $x^2 + y^2 + 2xy + 3y = 17$
9. $x(y^2 - y + 2) = 4$
10. $\sqrt{x^2 + y^3} = x$

11 ～ 20 題求各曲線在已知點的切線斜率。

11. $xy = 1, \quad (1,1)$
12. $(xy-2)(x+y) = 0, \quad (-1,1)$
13. $\frac{x-y}{x+y} = 4, \quad (5,-3)$
14. $x^2y^2 = x + y, \quad (0,0)$
15. $\sqrt{x} + x\sqrt{y} + y = 14, \quad (4,4)$
16. $\sqrt{x} + \sqrt{y} = 2, \quad (1,1)$
17. $\frac{1}{x} + \frac{1}{y} = 2, \quad (1,1)$
18. $3x^2 + xy + y^2 = 5, \quad (-1,-1)$
19. $x^3 + y^3 = 2xy, \quad (1,1)$
20. $\sqrt{x} - \sqrt{y} = 1, \quad (9,4)$

3–5　高階導函數

假設 f 爲一可微分函數，我們通常稱 f' 爲 f 的**一階導函數**。如果 f' 仍爲可微分函數，則 f' 的導函數 $(f')'$，記做 f''，就稱爲 f 的 **二階導函數**。依此類推，我們有 $f''' = (f'')'$ 爲 f 的**三階導函數**，$f^{(4)} = (f''')'$ 爲 f 的**四階導函數**，$f^{(5)} = (f^{(4)})'$ 爲 f 的**五階導函數**，等等。如果用遞迴的定義方式，我們有

$$f^{(n)} = (f^{(n-1)})' = f \text{ 的 } n \text{ 階導函數。}$$

至於記號方面，我們可以使用下列符號中的任何一個來表示 f 的 n 階導函數:

$$D^n f,\quad f^{(n)},\quad \frac{d^n f}{dx^n}$$

例 1　設 $f(x) = x^5 + 3x^4 - 2x^2 + x - 1$，試求 f', f'', f''', $f^{(4)}$, $f^{(5)}$ 及 $f^{(6)}$。

解

$$f'(x) = 5x^4 + 12x^3 - 4x + 1$$

$$f''(x) = 20x^3 + 36x^2 - 4$$

$$f'''(x) = 60x^2 + 72x$$

$$f^{(4)}(x) = 120x + 72$$

$$f^{(5)}(x) = 120$$

$$f^{(6)}(x) = 0 \quad ■$$

例 2　設 $f(x) = x\sqrt{1+x}$，求 $f''(x)$。

解

$$f'(x) = \sqrt{1+x} + x \cdot \frac{1}{2\sqrt{1+x}}$$

$$=\frac{2(\sqrt{1+x})^2+x}{2\sqrt{1+x}}=\frac{2(1+x)+x}{2\sqrt{1+x}}=\frac{3x+2}{2\sqrt{1+x}}$$

$$f''(x)=\frac{3\cdot 2\sqrt{1+x}-(3x+2)\cdot 2\cdot\dfrac{1}{2\sqrt{1+x}}}{(2\sqrt{1+x})^2}$$

$$=\frac{6\sqrt{1+x}-\dfrac{3x+2}{\sqrt{1+x}}}{4(1+x)}=\frac{6(1+x)-(3x+2)}{4(1+x)\sqrt{1+x}}$$

$$=\frac{3x+4}{4(1+x)\sqrt{1+x}}$$ ■

例 3 設 $x^3+2y^2=9y$，求 $\frac{d^2y}{dx^2}$。

解 利用隱函數微分法，我們有

$$3x^2+4y\frac{dy}{dx}=9\frac{dy}{dx}$$

因此

$$(4y-9)\frac{dy}{dx}=-3x^2$$

即

$$\frac{dy}{dx}=\frac{-3x^2}{4y-9}$$

故

$$\frac{d^2y}{dx^2}=\frac{d\left(\dfrac{dy}{dx}\right)}{dx}$$

$$=\frac{-6x\cdot(4y-9)-(-3x^2)\cdot 4\dfrac{dy}{dx}}{(4y-9)^2}$$

$$=\frac{-6x(4y-9)+3x^2\cdot 4\cdot\dfrac{-3x^2}{4y-9}}{(4y-9)^2}$$

$$=\frac{-6x(4y-9)^2-36x^4}{(4y-9)^3}$$ ■

習 題 3–5

1 ～ 15 題，求給定之導數或導函數。

1. $f(x)=x^5-4x^4$，$f'''(x)$，$f'''(-1)$

2. $f(x)=6x^5+9x^2$，$f^{(4)}(x)$

3. $f(x)=\dfrac{1}{x}+2x^2$，$f'''(x)$，$f'''(2)$

4. $f(x)=4\sqrt{x^3}+5\sqrt{x}$，$f''(x)$

5. $f(x)=3x^8+9x^4-300x$，$f'''(x)$

6. $f(x)=x^5-\sqrt{x}$，$f'''(x)$

7. $f(x)=3x^3-x^8$，$f^{(5)}(x)$

8. $f(x)=(3x^2-5x)^2$，$f''(x)$

9. $f(x)=\dfrac{x}{x+1}$，$f''(x)$

10. $f(x)=\dfrac{x+1}{x}$，$f'''(x)$

11. $f(x)=\dfrac{1}{x^3}+x^3$，$f'''(1)$

12. $f(x)=7x^{\frac{1}{2}}+9x^{\frac{2}{3}}$，$f''(x)$

13. $f(x)=\dfrac{3x+5}{x+1}$，$f''(x)$

14. $x+y=xy$，$\dfrac{d^2y}{dx^2}$

15. $\sqrt{x}+\sqrt{y}=3$，$\dfrac{d^2y}{dx^2}$

3–6 函數的微分及超越函數的導函數

設 f 爲一函數且 f' 存在，在 3–1 節裡，我們也用**符號** $\dfrac{df}{dx}$ 來表示 f 的導函數，亦即

$$\frac{df}{dx} = f'$$

同學們宜注意到目前爲止，$\dfrac{df}{dx}$ 只是一個符號，它代表了 f 的導函數；換句話說，符號 $\dfrac{df}{dx}$ 中的 df 與 dx 二個符號其本身並不具有任何的意義，而且 $\dfrac{df}{dx}$ 也不表示是 df 除以 dx 之商。

在本節中，我們將定義函數的**微分**，使得符號 df 及 dx 均有意義而且 df 除以 dx 之商即爲 $\dfrac{df}{dx} = f'$。我們在這裡提醒大家，「函數的微分」是一個新的概念，同學們切勿與「函數 f 在 x_0 可微分」的概念相混淆。我們說函數 f 在 x_0 可微分是指 f 在 x_0 的導數 $f'(x_0)$ 存在而且

$$f'(x_0) = \lim_{x \to x_0} \frac{f(x) - f(x_0)}{x - x_0}$$

設 f 爲一可微分函數，且設 x 爲 f' 定義域中之任一元素，對於 x，我們給一個變化量 Δx，則 f 在 x 的**微分**，記爲 $df(x)$ 或 df，定義爲

$$df(x) = df = f'(x)\Delta x$$

我們注意事實上 df 爲 x 與 Δx 之函數，亦即我們也可以把 df 寫成 $df(x, \Delta x)$。

當 $g(x) = x$ 時，由於 $g'(x) = 1$，因此我們有

$$dg(x) = dx = g'(x)\Delta x = \Delta x$$

因而對任意可微分函數 f 而言，我們有

$$df = f'(x)dx$$

而這正是 Leibniz 所定義的函數的微分。

到這裡，符號 df 及 dx 都已有了明確的意義，即 df 爲函數 f 的微分而 dx 則爲函數 $g(x) = x$ 的微分，而且 df 除以 dx 之商就是 f'，亦即 $\dfrac{df}{dx} = f'(x)$。

例 1　設 $y = f(x) = (1 + 2x)^{\frac{1}{2}}$，則

$$\begin{aligned} f'(x) &= \frac{1}{2}(1 + 2x)^{-\frac{1}{2}} \cdot 2 \\ &= \frac{1}{\sqrt{1 + 2x}} \end{aligned}$$

所以

$$dy = \frac{1}{\sqrt{1 + 2x}} dx \quad ■$$

設 f 爲一可微分函數且 x 爲 f' 定義域中的任意元素，對於 x 而言，假設給定一變化量 Δx，則對應的函數值即有一變化量，我們以 Δf 表之，亦即

$$\Delta f = f(x + \Delta x) - f(x)$$

我們現在討論 df 與 Δf 之關係。首先，我們注意到由於 f 在 x 的導數存在，我們有

$$f'(x) = \lim_{\Delta x \to 0} \frac{f(x + \Delta x) - f(x)}{\Delta x}$$

因此，由 $df = f'(x)\Delta x$，我們有

$$\begin{aligned} \lim_{\Delta x \to 0}(\Delta f - df) &= \lim_{\Delta x \to 0}[f(x + \Delta x) - f(x) - f'(x)\Delta x] \\ &= \lim_{\Delta x \to 0}\left[\frac{f(x + \Delta x) - f(x)}{\Delta x} - f'(x)\right] \cdot \Delta x \\ &= \lim_{\Delta x \to 0}\left[\frac{f(x + \Delta x) - f(x)}{\Delta x} - f'(x)\right] \cdot \lim_{\Delta x \to 0} \Delta x \end{aligned}$$

$$= [f'(x) - f'(x)] \cdot 0$$
$$= 0$$

因此，當 Δx 趨近於 0 時，Δf 會趨近於 df，以符號表示，我們有

$$\Delta f \doteqdot df = f'(x)\Delta x，當 \Delta x \doteqdot 0$$

其中 $\doteqdot$ 表示「幾乎等於」的意思，換句話說。只要 Δx 夠小，那麼 $df = f'(x)\Delta x$ 即可看成是 Δf 的極佳近似值。

例 2　求 $\sqrt{9.03}$ 的近似值。

解　令 $f(x) = \sqrt{x}$，則 $f'(x) = \dfrac{1}{2\sqrt{x}}$。令 $x = 9$，$\Delta x = 0.03$，則

$$\begin{aligned}\sqrt{9.03} &= f(x + \Delta x) = f(x) + \Delta f = \sqrt{9} + \Delta f \\ &= 3 + \Delta f \doteqdot 3 + df = 3 + f'(9) \cdot 0.03 \\ &= 3 + \frac{0.03}{2\sqrt{9}} = 3 + \frac{0.03}{6} = 3 + 0.005 = 3.005\end{aligned}$$

■

再來，我們以幾何的觀點來看 Δf 與 df 之關係。

由下圖，我們可以看出，R 的座標爲$(x_0 + \Delta x_0, f(x_0))$。所以 $\overline{QR} = f(x_0 + \Delta x_0) - f(x_0) = \Delta f$。因爲$f$ 在 x_0 可微分，所以，過 f 圖形上的點 $(x_0, f(x_0))$ 之切線方程式爲

$$y - f(x_0) = f'(x_0)(x - x_0)$$

因此，S 的座標可求之如下：令$x = x_0 + \Delta x_0$，並代入上面切線方程式，得

$$\begin{aligned}y &= f(x_0) + f'(x_0)(x_0 + \Delta x_0 - x_0) \\ &= f(x_0) + f'(x_0)\Delta x_0\end{aligned}$$

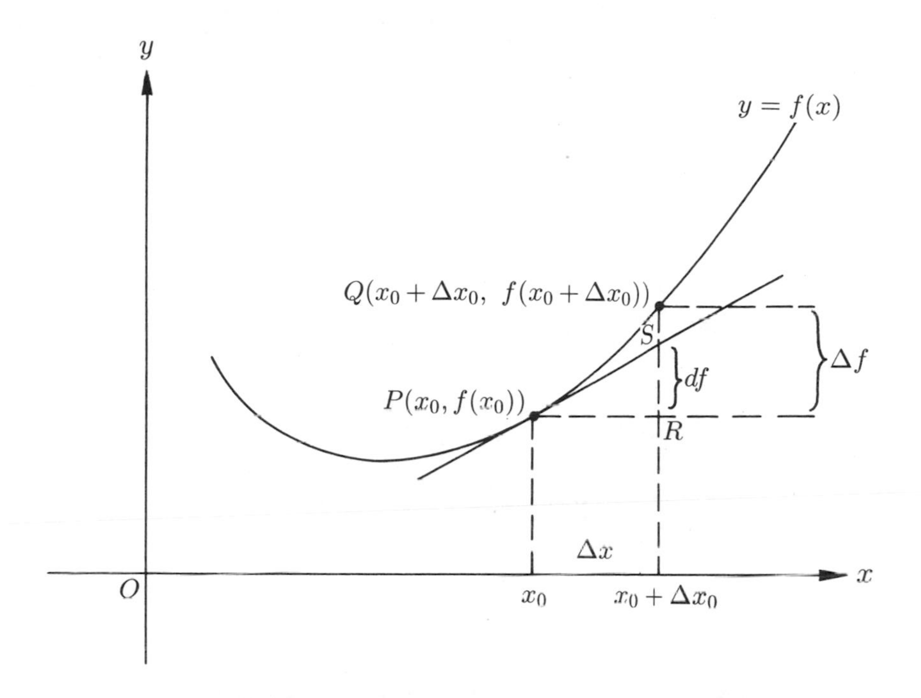

也就是說，S 的座標爲$(x_0+\Delta x_0,\ f(x_0)+f'(x_0)\Delta x_0)$，從而我們得

$$\begin{aligned}\overline{SR}&=f(x_0)+f'(x_0)\Delta x_0-f(x_0)\\&=f'(x_0)\Delta x_0=df\end{aligned}$$

因此，Δf 就是 P 點與 Q 點之間，縱座標的變化量，而 df 則爲 S 點與 P 點之間，縱座標的變化量，亦即 df 就是當自變數由 x_0 變到 $x_0+\Delta x_0$ 時，P 點沿著切線走到$x_0+\Delta x_0$ 點正上方的昇高值或是降低值。由上面的圖形，我們也可以看得出來，當 Δx 很小時，Δf 會很接近 df。

在 3–2 及 3–3 我們討論了導函數的四則運算及連鎖律，利用那兒的結果，我們很容易地有下列微分的四則運算及連鎖律。

(i) $d(f(x)+g(x))=df(x)+dg(x)$

(ii) $d(f(x)-g(x))=df(x)-dg(x)$

(iii) $d(f(x)\cdot g(x))=f(x)dg(x)+g(x)df(x)$

(iv) $d\left(\dfrac{f(x)}{g(x)}\right)=\dfrac{g(x)df(x)-f(x)dg(x)}{[g(x)]^2}$

(v)設 $y=g(u)$，$u=f(x)$，則

$$dy=g'(f(x))\cdot f'(x)dx$$

例 3　設 $yx^2+xy^2=5$，求 dy。

解　對等式兩邊求微分，利用(i)及(iii)，得

$$d(yx^2+xy^2)=d(5)=0$$

今

$$0=d(yx^2+xy^2)=d(yx^2)+d(xy^2)$$
$$=yd(x^2)+x^2dy+xd(y^2)+y^2dx$$
$$=2xydx+x^2dy+2xydy+y^2dx$$
$$=(x^2+2xy)dy+(2xy+y^2)dx$$

故

$$dy=-\frac{y^2+2xy}{x^2+2xy}dx$$ ■

接下來，我們討論三角函數及反三角函數的導函數。由於正弦及餘弦函數經過適當的代數結合，可以得到其他的三角函數，因此，只要求得正弦及餘弦函數的導函數，那麼我們再利用導數的四則運算，即可求得其他三角函數的導函數。首先我們先求兩個正弦與餘弦函數的極限。

定理 3.11

(i) $\lim\limits_{x\to 0}\dfrac{\sin x}{x}=1$

(ii) $\lim\limits_{x\to 0}\dfrac{\cos x-1}{x}=0$

證明 (i)我們證明 $\lim_{x \to 0+} \frac{\sin x}{x} = \lim_{x \to 0-} \frac{\sin x}{x} = 1$， 從而得到 $\lim_{x \to 0} \frac{\sin x}{x} = 1$。當 $x \in \left(0, \frac{\pi}{2}\right)$ 時，由下圖知

$$\triangle AOD\text{之面積} < \text{扇形}OBD\text{之面積} < \triangle BOC\text{之面積}$$

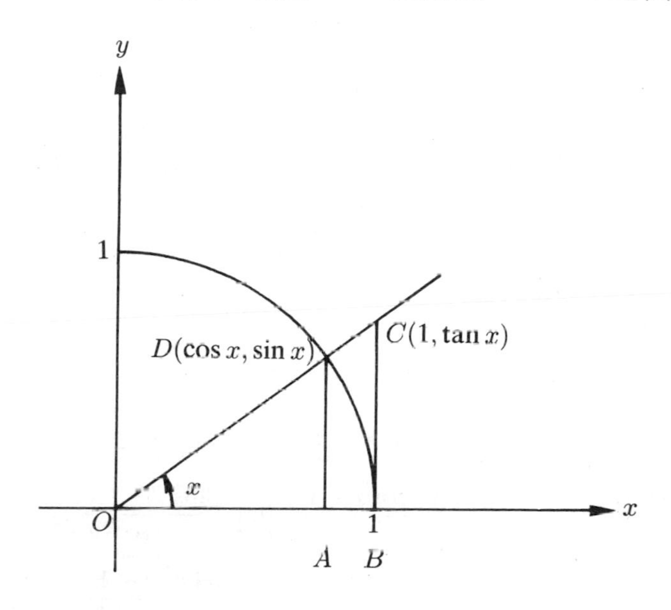

因爲

$$\triangle AOD\text{之面積} = \frac{1}{2}\sin x \cos x$$

$$\text{扇形}OBD\text{之面積} = \frac{x}{2}$$

$$\triangle BOC\text{之面積} = \frac{1}{2}\tan x$$

所以

$$\frac{1}{2}\sin x \cos x < \frac{x}{2} < \frac{1}{2}\tan x$$

因爲 $\sin x > 0$，將上式除以 $\frac{1}{2}\sin x$，得

$$\cos x < \frac{x}{\sin x} < \frac{1}{\cos x}$$

取倒數得

$$\cos x < \frac{\sin x}{x} < \frac{1}{\cos x}$$

由 2–4 節例 6，$\lim_{x\to0^+}\cos x = \lim_{x\to0^+}\frac{1}{\cos x} = 1$。故由夾擠定理得

$$\lim_{x\to0^+}\frac{\sin x}{x} = 1$$

另一方面

$$\lim_{x\to0^-}\frac{\sin x}{x} = \lim_{-x\to0^+}\frac{\sin(-x)}{-x} = \lim_{y\to0^+}\frac{\sin y}{y} = 1$$

所以

$$\lim_{x\to0}\frac{\sin x}{x} = 1$$

(ii)由(i)及 2–4 節例 6，我們有

$$\begin{aligned}\lim_{x\to0}\frac{\cos x-1}{x} &= \lim_{x\to0}\frac{(\cos x-1)(\cos x+1)}{x(\cos x+1)}\\ &= \lim_{x\to0}\frac{\cos^2 x-1}{x(\cos x+1)}\\ &= \lim_{x\to0}\frac{-\sin^2 x}{x(\cos x+1)}\\ &= \lim_{x\to0}\frac{\sin x}{x}\cdot\frac{-\sin x}{\cos x+1}\\ &= \lim_{x\to0}\frac{\sin x}{x}\cdot\lim_{x\to0}\frac{-\sin x}{\cos x+1}\\ &= 1\cdot0 = 0 \quad \blacksquare\end{aligned}$$

由上面定理，我們現在可以求得三角函數的導函數。

定理 3.12

(i) $\dfrac{d\sin x}{dx}=\cos x$　　(ii) $\dfrac{d\cos x}{dx}=-\sin x$

(iii) $\dfrac{d\tan x}{dx}=\sec^2 x$　　(iv) $\dfrac{d\cot x}{dx}=-\csc^2 x$

(v) $\dfrac{d\sec x}{dx}=\sec x\tan x$　　(vi) $\dfrac{d\csc x}{dx}=-\csc x\cot x$

證明　(i)利用定理3.11 (i)及(ii)，我們有

$$\begin{aligned}\frac{d\sin x}{dx}&=\lim_{h\to 0}\frac{\sin(x+h)-\sin x}{h}\\&=\lim_{h\to 0}\frac{\sin x\cos h+\cos x\sin h-\sin x}{h}\\&=\lim_{h\to 0}\frac{\sin x(\cos h-1)+\cos x\sin h}{h}\\&=\lim_{h\to 0}\left[\frac{\sin x(\cos h-1)}{h}+\cos x\frac{\sin h}{h}\right]\\&=\lim_{h\to 0}\sin x\cdot\lim_{h\to 0}\frac{\cos h-1}{h}+\lim_{h\to 0}\cos x\cdot\lim_{h\to 0}\frac{\sin h}{h}\\&=\sin x\cdot 0+\cos x\cdot 1\\&=\cos x\end{aligned}$$

(ii)～(vi)之證明留作習題。■

例 4　設 $f(x)=\dfrac{\sin x}{1+\cos x}$，求 $f'(x)$。

解　利用導數的四則運算，我們有

$$\begin{aligned}f'(x)&=\frac{\cos x(1+\cos x)-\sin x\cdot(-\sin x)}{(1+\cos x)^2}\\&=\frac{\cos x+\cos^2 x+\sin^2 x}{(1+\cos x)^2}\end{aligned}$$

$$=\frac{\cos x+1}{(1+\cos x)^2}$$

$$=\frac{1}{1+\cos x} \quad ■$$

例 5 設 $f(x)=\sin(x^2+2x-1)$，求 $f'(x)$。

解 利用連鎖律，我們有

$$f'(x)=\cos(x^2+2x-1)\cdot(2x+2)$$
$$=2(x+1)\cos(x^2+2x-1) \quad ■$$

再來讓我們來討論反三角函數的導函數。首先，我們注意到因爲正弦函數是週期函數（週期爲 2π），因此不可能是一對一函數。但是只要我們作適當的限制如下:

$$\sin:\left[-\frac{\pi}{2},\frac{\pi}{2}\right]\longrightarrow[-1,1],\ y=\sin x$$

則此時 sin 爲一對一且映成的函數，因此 sin 的反函數存在，我們記爲

$$\sin^{-1}:[-1,1]\longrightarrow\left[-\frac{\pi}{2},\frac{\pi}{2}\right] \qquad \text{（讀做 arcsine）}$$

令 $f(x)=\sin^{-1}x$，$g(x)=\sin x$，則 f 與 g 互爲反函數，且 $g'(x)=\cos x$。由定理 3.10 底下之註解，我們知道 $\sin^{-1}x$ 爲可微分函數。因此，我們得

$$\frac{d\sin^{-1}x}{dx}=f'(x)=\frac{1}{g'(f(x))}=\frac{1}{\cos(\sin^{-1}x)}$$

令 $u=\sin^{-1}x$，則 $\sin u=x$。由 $\sin^2x+\cos^2x=1$，得 $\cos u=\pm\sqrt{1-x^2}$。因爲 $u\in\left[-\frac{\pi}{2},\frac{\pi}{2}\right]$，故 $\cos u\geq 0$，所以

$$\cos u=\cos(\sin^{-1}x)=\sqrt{1-x^2}$$

因此，我們有 $\sin^{-1} x$ 的導函數如下：

$$\frac{d\sin^{-1} x}{dx} = \frac{1}{\sqrt{1-x^2}}$$

對於其他的三角函數，我們亦需要做適當的限制以使其成爲一對一且映成的函數。我們把通常使用的限制寫在下面：

$$\cos : [0, \pi] \longrightarrow [-1, 1]$$

$$\tan : \left(-\frac{\pi}{2}, \frac{\pi}{2}\right) \longrightarrow (-\infty, \infty)$$

$$\cot : (0, \pi) \longrightarrow (-\infty, \infty)$$

$$\sec : \left[0, \frac{\pi}{2}\right) \cup \left(\frac{\pi}{2}, \pi\right] \longrightarrow (-\infty, -1] \cup [1, \infty)$$

$$\csc : \left[-\frac{\pi}{2}, 0\right) \cup \left(0, \frac{\pi}{2}\right] \longrightarrow (-\infty, -1] \cup [1, \infty)$$

而對應的反三角函數則爲

$$\cos^{-1} : [-1, 1] \longrightarrow [0, \pi] \qquad \text{（讀做 arccosine）}$$

$$\tan^{-1} : (-\infty, \infty) \longrightarrow \left(-\frac{\pi}{2}, \frac{\pi}{2}\right) \qquad \text{（讀做 arctangent）}$$

$$\cot^{-1} : (-\infty, \infty) \longrightarrow (0, \pi) \qquad \text{（讀做 arccotangent）}$$

$$\sec^{-1} : (-\infty, -1] \cup [1, \infty) \longrightarrow \left[0, \frac{\pi}{2}\right) \cup \left(\frac{\pi}{2}, \pi\right]$$

（讀做 arcsecant）

$$\csc^{-1} : (-\infty, -1] \cup [1, \infty) \longrightarrow \left[-\frac{\pi}{2}, 0\right) \cup \left(0, \frac{\pi}{2}\right]$$

（讀做 arccosecant）

對於上列反三角函數之導函數，我們可以仿 $\frac{d\sin^{-1} x}{dx}$ 之做法來求得，證明則留做習題，我們只寫出結果。

定理 3.13

(i) $\dfrac{d\sin^{-1}x}{dx}=\dfrac{1}{\sqrt{1-x^2}},\ -1<x<1$

(ii) $\dfrac{d\cos^{-1}x}{dx}=\dfrac{-1}{\sqrt{1-x^2}},\ -1<x<1$

(iii) $\dfrac{d\tan^{-1}x}{dx}=\dfrac{1}{1+x^2},\ -\infty<x<\infty$

(iv) $\dfrac{d\cot^{-1}x}{dx}=\dfrac{-1}{1+x^2},\ -\infty<x<\infty$

(v) $\dfrac{d\sec^{1}x}{dx}=\dfrac{1}{|x|\sqrt{x^2-1}},\ x<-1$ 或 $x>1$

(vi) $\dfrac{d\csc^{-1}x}{dx}=\dfrac{-1}{|x|\sqrt{x^2-1}},\ x<-1$ 或 $x>1$

例 6 設 $f(x)=\sin^{-1}2x$，求 $f'(x)$。

解 利用定理3.13 及連鎖律，得

$$f'(x)=\frac{d\sin^{-1}2x}{dx}=\frac{1}{\sqrt{1-(2x)^2}}\cdot 2=\frac{2}{\sqrt{1-4x^2}}\quad\blacksquare$$

例 7 設 $f(x)=\tan^{-1}\left(\dfrac{x}{x+1}\right)$，求 $f'(x)$。

解 利用定理3.13 (iii)及連鎖律，得

$$f'(x)=\frac{1}{1+\left(\dfrac{x}{x+1}\right)^2}\cdot\frac{d\left(\dfrac{x}{x+1}\right)}{dx}$$

$$=\frac{(x+1)^2}{(x+1)^2+x^2}\cdot\frac{x+1-x}{(x+1)^2}=\frac{(x+1)^2}{2x^2+2x+1}\cdot\frac{1}{(x+1)^2}$$

$$=\frac{1}{2x^2+2x+1}\quad\blacksquare$$

最後，我們來討論指數函數及對數函數的導函數。設 a 爲一正數且 $a \neq 1$。我們定義以 a 爲底的**指數函數**爲

$$f(x) = a^x, \quad -\infty < x < \infty$$

指數函數有下列性質。

指數函數的性質

如果 $a > 0, b > 0, m, n$ 爲自然數且 x 及 y 爲任意實數，則

(i) $a^x a^y = a^{x+y}$　　(ii) $\dfrac{a^x}{a^y} = a^{x-y}$

(iii) $(a^x)^y = a^{xy}$　　(iv) $(ab)^x = a^x b^x$

(v) $\left(\dfrac{a}{b}\right)^x = \dfrac{a^x}{b^x}$　　(vi) $a^0 = 1$

(vii) $a^{-x} = \dfrac{1}{a^x}$　　(viii) $\sqrt[n]{a^m} = a^{\frac{m}{n}}$

我們現在來考慮指數函數 $f(x) = a^x$, $a > 0$, $a \neq 1$ 的導函數。由導數的定義我們有

$$\begin{aligned} f'(x) &= \lim_{h \to 0} \frac{f(x+h) - f(x)}{h} \\ &= \lim_{h \to 0} \frac{a^{x+h} - a^x}{h} \\ &= \lim_{h \to 0} \frac{a^x(a^h - 1)}{h} \\ &= a^x \lim_{h \to 0} \frac{a^h - 1}{h} \end{aligned}$$

如果令 $m_a = \lim_{h \to 0} \dfrac{a^h - 1}{h}$，則我們有

$$\frac{da^x}{dx} = (m_a)(a^x) \tag{1}$$

比如說當 $a = 2$ 時，我們有

$$m_2 = \lim_{h \to 0} \frac{2^h - 1}{h}$$

利用電算器按鍵法，我們有下列數值表

h	$\frac{2^h - 1}{h}$
0.1	0.7177346
0.01	0.6955550
0.001	0.6933875
0.0001	0.6931711
0.00001	0.6931480

由上表，我們可以得到

$$m_2 \doteqdot 0.693$$

令 e 爲一實數滿足

$$m_e = 1$$

亦即

$$\lim_{h \to 0} \frac{e^h - 1}{h} = 1$$

則由(1)式我們有

$$\frac{de^x}{dx} = e^x \tag{2}$$

在本節的最後，我們將會發現事實上

$$e = \lim_{n \to \infty} \left(1 + \frac{1}{n}\right)^n \tag{3}$$

由(3)式我們可以得到 e 的估計值如下

$$e \doteqdot 2.7182818284 \tag{4}$$

我們稱 $f(x) = e^x$ 爲**自然指數函數**。

例 8　設 $f(x) = xe^x$，求 $f'(x)$。

解　由(2)式，我們有

$$f'(x) = e^x + x \cdot e^x = e^x(x + 1) \quad \blacksquare$$

我們將在第四章的定理4.6 證明 e^x 爲一嚴格增函數，因此其有反函數，記爲 $\ln x$。我們稱 $\ln x$ 爲**自然對數函數**。由函數與反函數的關係，我們有

$$\ln e^x = x, \quad -\infty < x < \infty \tag{5}$$

$$e^{\ln x} = x, \quad x > 0 \tag{6}$$

由定理3.10 的註解，我們知道 $\ln x$ 爲一可微分函數。利用連鎖律及(6)式，我們有

$$\frac{de^{\ln x}}{dx} = \frac{dx}{dx}$$

$$e^{\ln x}\frac{d\ln x}{dx} = 1$$

$$x\frac{d\ln x}{dx} = 1$$

故我們得

$$\frac{d\ln x}{dx} = \frac{1}{x} \tag{7}$$

例 9　設 $f(x) = \ln(x^4+5)$，求 $f'(x)$。

解　由(7)式及連鎖律，我們有

$$f'(x) = \frac{1}{x^4+5}\frac{d(x^4+5)}{dx}$$

$$= \frac{4x^3}{x^4+5} \quad ■$$

自然對數函數有下列性質，這些性質可以由指數性質證得，因而將予以省略。

自然對數函數之性質

設 $a>0, b>0$ 且 r 爲任意實數，則

(i) $\ln(ab) = \ln a + \ln b$

(ii) $\ln\frac{a}{b}=\ln a-\ln b$

(iii) $\ln a^r=r\ln a$

(iv) $\ln 1=0$

我們現在來證明(3)式。由於 $\ln 1=0$，我們有

$$
\begin{aligned}
(1+h)^{\frac{1}{h}} &= e^{\ln(1+h)^{\frac{1}{h}}}\\
&= e^{\frac{1}{h}\ln(1+h)}\\
&= e^{\frac{\ln(1+h)-\ln 1}{h}}
\end{aligned}
$$

故由於 e^x 爲連續函數，我們得

$$
\begin{aligned}
\lim_{h\to 0}(1+h)^{\frac{1}{h}} &= \lim_{h\to 0} e^{\frac{\ln(1+h)-\ln 1}{h}}\\
&= e^{\lim\limits_{h\to 0}\frac{\ln(1+h)-\ln 1}{h}}\\
&= e^{[\ln' 1]}
\end{aligned}
$$

因爲 $\frac{d\ln x}{dx}=\frac{1}{x}$，所以

$$\ln' 1=\left.\frac{d\ln x}{dx}\right|_{x=1}=1$$

所以，我們得到

$$\lim_{h\to 0}(1+h)^{\frac{1}{h}}=e^1=e \tag{8}$$

如果令 $h=\frac{1}{n}$，其中 n 爲自然數，則由(8)式我們得

$$e=\lim_{n\to\infty}\left(1+\frac{1}{n}\right)^n$$

此即爲(3)式。在許多微積分的教科書中這式常常當做是 e 的定義。

設 $a>0, a\neq 1$。利用自然對數函數的性質，我們有

$$a^x=a^{\ln a^x}=e^{x\ln a}$$

因此，由(2)式，我們得

$$\frac{da^x}{dx} = \ln a \cdot e^{x\ln a}$$
$$= (\ln a)a^x \tag{9}$$

換句話說，我們有

$$m_a = \lim_{h\to 0}\frac{a^h - 1}{a} = \ln a$$

若 $a > 1$，則由定理4.6 可得 a^x 爲增函數; $a < 1$ 爲減函數。因此指數函數 a^x 爲一對一的可微分函數，故其反函數存在，記爲 $\log_a x$ 並稱爲以 a 爲底的**對數函數**。由函數與反函數的關係，我們有

$$a^{\log_a x} = x,\quad x > 0 \tag{10}$$

$$\log_a a^x = x,\quad -\infty < x < \infty \tag{11}$$

如果令 $y = \log_a x$，則 $x = a^y$。因此

$$\ln x = \ln a^y = y\ln a$$

故我們得

$$\log_a x = \frac{\ln x}{\ln a} \tag{12}$$

利用(11)式及(7)式，我們立刻得到

$$\frac{d\log_a x}{dx} = \frac{1}{\ln a}\cdot\frac{1}{x} \tag{13}$$

我們把上面所討論的結果寫成下列定理。

定理 3.14

設 $a > 0$, $a \neq 1$，則

(i) $\dfrac{de^x}{dx} = e^x$　　(ii) $\dfrac{da^x}{dx} = \ln a \cdot a^x$

(iii) $\dfrac{d\ln x}{dx} = \dfrac{1}{x}$　　(iv) $\dfrac{d\log_a x}{dx} = \dfrac{1}{\ln a \cdot x}$

例10 設 $f(x)=x2^x$，求 $f'(x)$。

解 $f'(x)=2^x+x\cdot\dfrac{d2^x}{dx}=2^x+x\cdot\ln 2\cdot 2^x=2^x(1+x\ln 2)$ ■

例11 設 $f(x)=\log_2(x^2+1)$，求 $f'(x)$。

解 利用定理3.16(iv)及連鎖律，得

$$f'(x)=\frac{\dfrac{d(x^2+1)}{dx}}{(x^2+1)\ln 2}=\frac{2x}{(x^2+1)\ln 2}$$ ■

例12 設 $f(x)=\ln\sin x$，求 $f'(x)$。

解 $$f'(x)=\frac{\dfrac{d\sin x}{dx}}{\sin x}=\frac{\cos x}{\sin x}=\cot x$$ ■

習題 3–6

1 ～ 4 題，利用微分求近似值。

1. $\sqrt{9.09}$
2. $(8.3)^{\frac{2}{3}}$
3. $\sqrt[4]{17}$
4. $\sqrt[3]{127}$

5 ～ 30 題，求導函數。

5. $f(x)=\sin 3x$
6. $f(x)=\cos 9x$
7. $f(x)=\sin(x^2+x+1)$
8. $f(x)=\tan x^2$
9. $f(x)=\cot 3x$
10. $f(x)=\sec\dfrac{1}{x+1}$
11. $f(x)=\dfrac{\cos 3x}{\sin 2x}$
12. $f(x)=\tan^{-1}\sqrt{x}$
13. $f(x)=\sin^{-1}x^2$
14. $f(x)=x\csc^{-1}2x$

15. $f(x)=\sin^{-1}\dfrac{1}{x}$

16. $f(x)=(\cos^{-1}2x)^2$

17. $f(x)=\dfrac{x}{\sin^{-1}x}$

18. $f(x)=\cos^{-1}(4x^2-2x+1)$

19. $f(x)=x\ln x$

20. $f(x)=\ln\cos^2 x$

21. $f(x)=\dfrac{\ln x}{x+1}$

22. $f(x)=e^{x^2+x+1}$

23. $f(x)=e^{\cos x}$

24. $f(x)=xe^x$

25. $f(x)=\cos e^x$

26. $f(x)=(\sec x)e^x$

27. $f(x)=\dfrac{e^x}{1+e^x}$

28. $f(x)=e^{\tan x}$

29. $f(x)=\dfrac{e^x}{x^2+1}$

30. $f(x)=\sin e^{5x}$

第四章　微分的應用

4–1　均值定理

我們在第三章介紹了函數的導數、導函數之性質還有一些超越函數的導函數。在這一章裡，我們則要介紹一些導數(微分)之應用。其實，在第三章裡，我們早已討論過導數的一種應用，那就是求函數圖形的切線問題。本章的目的則是要討論更多導數的應用。首先，我們先來看看可微分函數的一個非常重要的性質，那就是**均值定理**。為此，我們先列出下列定理，由於其證明涉及實數的完備性，故不予證明。

定理 4.1

設函數 f 在閉區間 $[a,b]$ 上連續，則 f 在 $[a,b]$ 上有最大值及最小值，即存在 x_0 及 $y_0 \in [a,b]$ 使得對所有的 $x \in [a,b]$

$$f(x_0) \geq f(x),\ f(y_0) \leq f(x)$$

底下我們列出均值定理，其證明請詳見附錄。

定理 4.2

(均值定理)
設函數 f 在閉區間 $[a,b]$ 上連續且在開區間 (a,b) 上可微分，則在 (a,b) 中存在一數 c 使得

$$f(b)-f(a)=(b-a)f'(c)$$

如果令 $P=(a,f(a))$，$Q=(b,f(b))$，則過 P,Q 兩點的割線 L 其斜率為

$$m = \frac{f(b) - f(a)}{b - a}$$

因此，從幾何的觀點來說，均值定理告訴我們，在函數 f 的圖形上一定會有一點其切線T 會平行 L。見下圖:

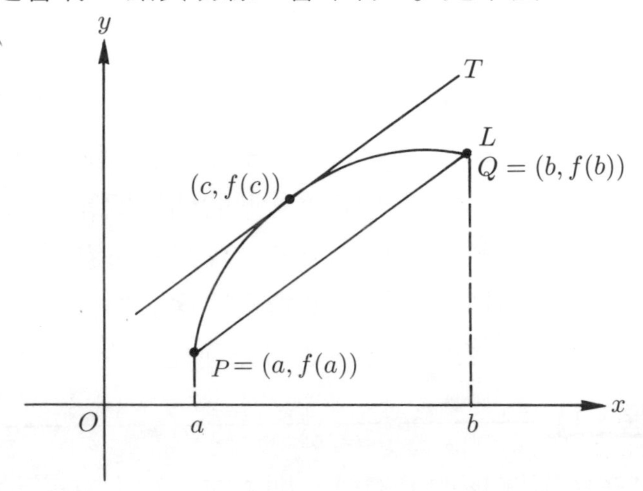

例 1 如果設$f(x) = x^3 - \frac{1}{2}x^2 - 2x + 9$, $x \in [0, 2]$，則顯然 f 在 $[0, 2]$ 上連續且 f 在 $(0, 2)$ 上可微分。因爲

$$f'(x) = 3x^2 - x - 2$$

所以，均值定理告訴我們存在有一個 $c \in (0, 2)$ 使得

$$f(2) - f(0) = f'(c)(2 - 0)$$

由 $f(2) = 11$, $f(0) = 9$，及 $f'(c) = 3c^2 - c - 2$，我們得

$$2(3c^2 - c - 2) = 11 - 9 = 2$$

即

$$3c^2 - c - 2 = 1 \quad \text{或} \quad 3c^2 - c - 3 = 0$$

解之，得

$$c = \frac{1 + \sqrt{37}}{6} \qquad \left(c = \frac{1 - \sqrt{37}}{6} < 0\text{不合}\right)$$

■

若 f 爲一常數函數，則我們知道 $f'(x) = 0$，亦即 f' 爲一零函數。由均值定理我們可以證明若一函數的導函數爲零函數，

則此函數必爲常數函數。我們有

定理 4.3

設函數 f 在開區間 (a,b) 上可微分而且對任意 $x \in (a,b)$，恆有 $f'(x)=0$，則 f 在 (a,b) 上爲一常數函數。

證明　對任意 x，$y \in (a,b)$ 且 $x < y$ 而言，由均值定理知存在有一 $c \in (x,y)$ 使得

$$f(y)-f(x)=f'(c)(y-x)$$

但由假設知 $f'(c)=0$，故

$$f(y)=f(x)$$

因此 f 在 (a,b) 上任意兩點之函數值相等，所以 f 在 (a,b) 上爲一常數函數。 ■

均值定理的另外一個應用是估計函數值。設 f' 在 $[a,b]$ 上的最大值及最小值分別爲 $\max f'$ 及 $\min f'$，亦即

$$\max f'=\max\{f'(x)|a \le x \le b\}$$

$$\min f'=\min\{f'(x)|a \le x \le b\}$$

則由均值定理，我們有下列不等式

$$\min f' \le \frac{f(b)-f(a)}{b-a} \le \max f'$$

因此，若知道 $f(a)$ 之值，則我們即可求得 $f(b)$ 之估計值。

例 2　設 $f'(x)=\dfrac{1}{1-x^2}$，$0 \le x \le 0.1$，而且 $f(0)=2$，試估計 $f(0.1)$。

解　因爲 $f'(x)=\dfrac{1}{1-x^2}$，$0 \le x \le 0.1$，易知

$$\max f'=\frac{1}{1-(0.1)^2}=\frac{1}{0.99}$$

$$\min f' = \frac{1}{1-0^2} = \frac{1}{1} = 1$$

由上列不等式，我們有

$$1 \leq \frac{f(0.1)-f(0)}{0.1-0} \leq \frac{1}{0.99}$$

即

$$0.1 \leq f(0.1)-2 \leq \frac{0.1}{0.99} = \frac{1}{9.9}$$

因此

$$2.1 \leq f(0.1) \leq 2+\frac{1}{9.9} \doteqdot 2.101$$

所以，我們可以取 $f(0.1)$ 之估計值如下:

$$f(0.1) \doteqdot \frac{2.1+2.101}{2} \doteqdot 2.1005$$ ■

最後，均值定理可以用來證明若兩函數 f 與 g 之導函數相等，那麼 f 與 g 的函數值必定只差一個常數。我們有下列之結果，其證明則留作習題。

定理 4.4

假設函數 f 與 g 滿足下列條件：對任意 $x \in [a,b]$， $f'(x) = g'(x)$，則存在一常數 k 使得對任意 $x \in [a,b]$，恆有

$$f(x) = g(x) + k$$

習題 4–1

1 ～ 10 題，如均值定理中所推得的結論求出 c 的數值。

1. $f(x) = x^3 + x^2 + 1$, $[1,2]$

2. $f(x) = x^2 + 2x - 4$, $[0,3]$

3. $f(x)=\sqrt{x+3}$, $[1,6]$

4. $f(x)=x+\dfrac{1}{x}$, $[2,5]$

5. $f(x)=\dfrac{1}{x-1}$, $[3,5]$

6. $f(x)=1-x^3$, $[0,2]$

7. $f(x)=\sqrt{x^2-x+1}$, $[0,1]$

8. $f(x)=x+1+\dfrac{1}{x-1}$, $[2,4]$

9. $f(x)=\dfrac{x+1}{x}$, $[5,9]$

10. $f(x)=1+\dfrac{3}{x}$, $[1,3]$

11. 設 $f(x)=[x]$, $1\le x\le 2$，試說明均值定理不成立之理由。

12. 證明定理 4.4。

4–2 增減函數

函數的導函數也可以用來判斷函數本身是增函數或是減函數。首先，我們先來看看增函數及減函數的定義。

定義 4.5

設 f 是定義在區間 I 上的實函數，則

(i)如果當 $x, y \in I$ 且 $x < y$ 時，$f(x) \leq f(y)$，稱 f 在 I 中是增函數。

(ii)如果當 $x, y \in I$ 且 $x < y$ 時，$f(x) < f(y)$，稱 f 在 I 中是嚴格增函數。

(iii)如果當 $x, y \in I$ 且 $x < y$ 時，$f(x) \geq f(y)$，稱 f 在 I 中是減函數。

(iv)如果當 $x, y \in I$ 且 $x < y$ 時，$f(x) > f(y)$，稱 f 在 I 中是嚴格減函數。

底下，我們給出一些增、減函數的例子:

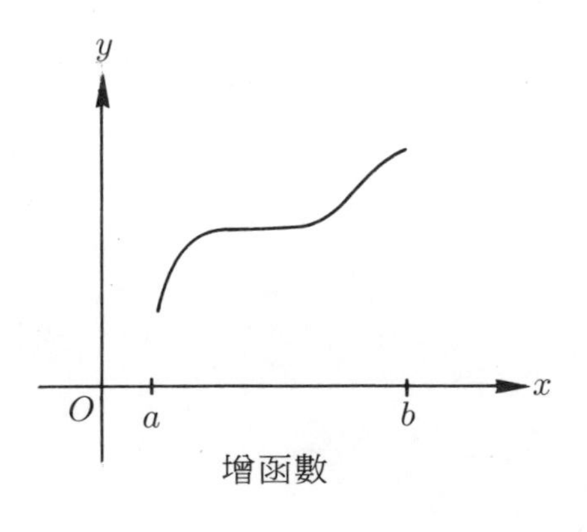

增函數

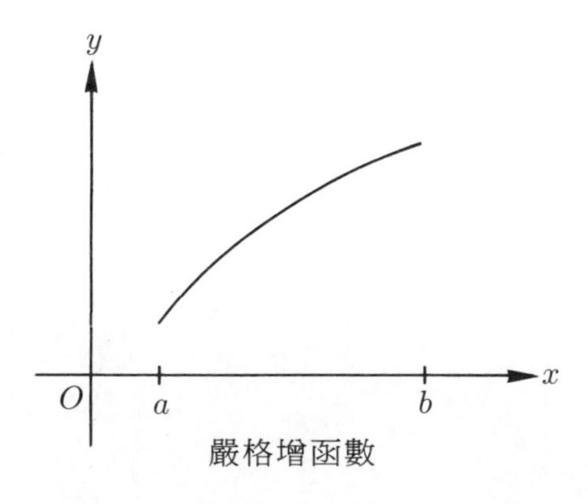

嚴格增函數

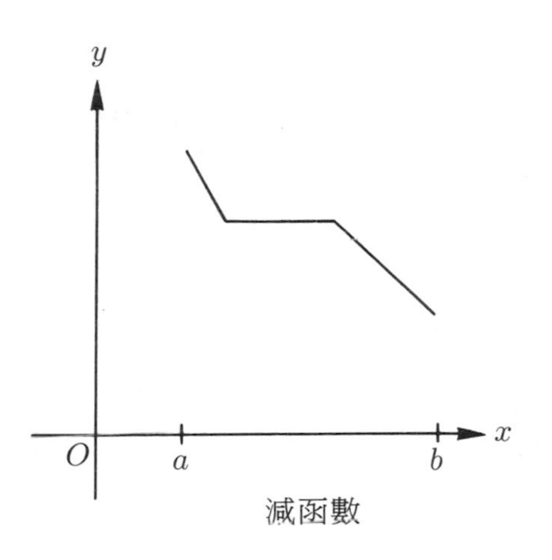

減函數

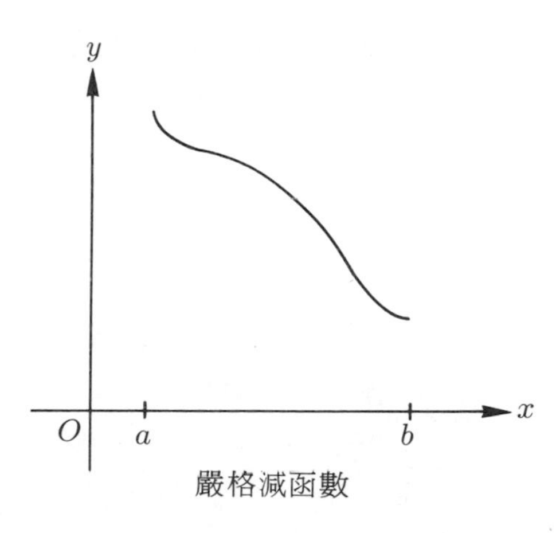

嚴格減函數

利用導函數的正負情形可以判斷給定之函數是否爲增、減函數或嚴格增、減函數。

定理 4.6

設 I 爲一區間且 f 爲定義在 I 上的實函數。則

(i)若對任意 $x \in I$, $f'(x) \geq 0$，則 f 在 I 上爲增函數。

(ii)若對任意 $x \in I$, $f'(x) > 0$，則 f 在 I 上爲嚴格增函數。

(iii)若對任意 $x \in I$, $f'(x) \leq 0$，則 f 在 I 上爲減函數。

(iv)若對任意 $x \in I$, $f'(x) < 0$，則 f 在 I 上爲嚴格減函數。

證明　(i)設 x, $y \in I$ 且 $x < y$，由均值定理知存在有一 $c \in (x, y)$ 使得

$$f(y) - f(x) = f'(c)(y - x)$$

由假設知 $f'(c) \geq 0$，所以 $f'(c)(y - x) \geq 0$。因此

$$f(y) - f(x) \geq 0, \quad 即 \quad f(y) \geq f(x)$$

故 f 在 I 中爲增函數。

(ii)仿(i)的證明，不過，我們注意此時 $f'(c) > 0$，所以

$$f(y) - f(x) > 0, \quad 即 \quad f(y) > f(x)$$

故 f 在 I 中爲嚴格增函數。

(iii)及(iv)的證明可以分別仿(i)及(ii)之證明，故予省略。

■

例 1　設 $f(x)=2x^3-9x^2+12x-8$，試問 f 在何區間爲嚴格增函數，何區間爲嚴格減函數?

解　因爲 $f'(x)=6x^2-18x+12=6(x^2-3x+2)=6(x-1)(x-2)$，所以 $f'(x)>0$ 的解爲

$$x>2 \quad 或 \quad x<1$$

故 f 在 $[2,\infty)$ 及 $(-\infty,1]$ 上爲嚴格增函數。

另外，$f'(x)<0$ 的解爲 $1<x<2$，故 f 在 $[1,2]$ 上爲嚴格減函數。■

例 2　設 $f(x)=x+\dfrac{1}{x}$，試求使得 f 在其中爲嚴格增函數或嚴格減函數的各個區間。

解　由於 $f'(x)=1-\dfrac{1}{x^2}=\dfrac{x^2-1}{x^2}=\dfrac{(x-1)(x+1)}{x^2}$，所以 $f'(x)>0$ 等價於

$$(x-1)(x+1)>0,\ x\neq 0$$

亦即

$$x<-1 \quad 或 \quad x>1$$

故 f 在 $(-\infty,-1)$ 及 $(1,\infty)$ 上爲嚴格增函數。

另一方面，$f'(x)<0$ 等價於

$$(x-1)(x+1)<0$$

亦即

$$-1<x<1$$

故 f 在 $(-1,1)$ 上爲嚴格減函數。■

習 題 4–2

1 ～ 10 題，找出使得給予函數在其中是嚴格增函數或嚴格減函數的區間。

1. $f(x) = x^3 + 9$
2. $f(x) = x - \dfrac{1}{x}$
3. $f(x) = x^3 - 3x + 1$
4. $f(x) = x^2 - 2x + 3$
5. $f(x) = x^4 - x^3$
6. $f(x) = \sqrt{x}$
7. $f(x) = \dfrac{x}{x^2 - 1}$
8. $f(x) = (x - 1)^4$
9. $f(x) = (x - 2)^2(x + 1)^3$
10. $f(x) = 3 + \dfrac{1}{x + 1}$

4–3 極 值

在實際問題的應用上，我們往往須要求出某一函數的極值，例如求某個工廠的最高利潤或是最低成本等等。我們在這一節裡，首先對極值的種類做詳盡的介紹，之後再利用導函數的性質來求出這些所要求之極值。

定義 4.7

設 f 爲一實函數且 x_0 爲 f 定義域中之一點。則

(i)如果存在一開區間 (a,b) 包含於 f 的定義域中滿足 $x_0 \in (a,b)$，而且對任意 $x \in (a,b)$ 恆有

$$f(x) \leq f(x_0)$$

則我們稱 x_0 爲 f 的一個相對極大點或局部極大點，而稱 $f(x_0)$ 爲 f 之一相對極大值或局部極大值。

(ii)如果存在一開區間 (a,b) 包含於 f 的定義域中滿足 $x_0 \in (a,b)$，而且對任意 $x \in (a,b)$ 恆有

$$f(x) \geq f(x_0)$$

則稱 x_0 爲 f 的一個相對極小點或局部極小點，而 $f(x_0)$ 稱爲 f 之一相對極小值或局部極小值。

(iii)如果對任意 f 定義域中的元素 x，恆有

$$f(x) \leq f(x_0)$$

則稱 x_0 爲 f 的絕對極大點或最大點，而此時稱 $f(x_0)$ 爲 f 的絕對極大值或最大值。

(iv)如果對任意 f 定義域中的元素 x，恆有

$$f(x) \geq f(x_0)$$

則稱 x_0 爲 f 的絕對極小點或最小點，而此時稱 $f(x_0)$ 爲 f 的絕對極小值或最小值。

如果 x_0 是 f 的相對極大點或相對極小點，則稱 x_0 爲 f 的**相對極點**，而且稱 $f(x_0)$ 爲 f 的**相對極值**，也就是說若 $f(x_0)$ 爲 f 的相對極值，則 $f(x_0)$ 是 f 的相對極大值或相對極小值。

由定義 4.7 我們可以看得出來，x_0 是 f 的相對極點的意思，是 $f(x_0)$ 均比 x_0 附近的點的函數值大或小，亦即在 x_0 的附近，$f(x_0)$ 是最大值或最小值，但是同學們宜注意 $f(x_0)$ 可能不是 f 的最大值或最小值。例如，在下圖中，x_2, x_4 爲 f 的相對極大點，x_3, x_5 爲 f 的相對極小點，而 x_6 與 x_7 則分別爲 f 的最大點及最小點。

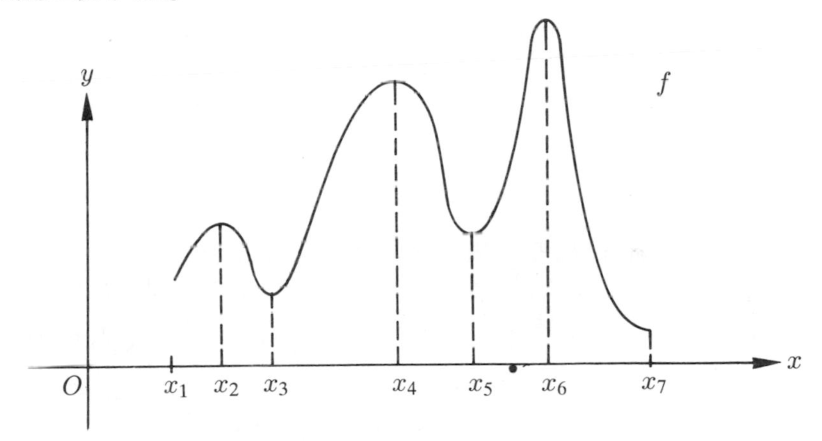

由上圖，明顯地可以看出一個函數可能有許多的相對極點，但是若 f 有最大點或最小點的話，那麼一定只有一個最大值或最小值。

現在，我們利用導函數的性質來判斷函數的相對極點。首先，我們有

定理 4.8

設 x_0 爲實函數 f 的一個相對極點，則 $f'(x_0)$ 不存在或 $f'(x_0)=0$。

證明　假設 $f'(x_0)$ 存在但 $f'(x_0)\neq 0$。如果 $f'(x_0)>0$，則

$$f'(x_0) = \lim_{x \to x_0} \frac{f(x) - f(x_0)}{x - x_0} > 0$$

令 $\varepsilon_0 = \dfrac{f'(x_0)}{2} > 0$，則由極限之定義，存在有一 $\delta > 0$ 使得

$$\text{當} 0 < |x - x_0| < \delta \quad \text{時，} \quad \left| \frac{f(x) - f(x_0)}{x - x_0} - f'(x_0) \right| < \varepsilon_0$$

因此，當 $0 < |x - x_0| < \delta$ 時，

$$-\varepsilon_0 < \frac{f(x) - f(x_0)}{x - x_0} - f'(x_0) < \varepsilon_0$$

上列不等式等價於

$$f'(x_0) - \varepsilon_0 < \frac{f(x) - f(x_0)}{x - x_0} < f'(x_0) + \varepsilon_0$$

因爲 $f'(x_0) - \varepsilon_0 = 2\varepsilon_0 - \varepsilon_0 = \varepsilon_0 > 0$，故對任一 x 滿足 $|x - x_0| < \delta$，恆有 $\dfrac{f(x) - f(x_0)}{x - x_0} > 0$。

從上可得下列二種結果:

(i)對任意 $x < x_0$ 且 $|x - x_0| < \delta$，我們有 $f(x) < f(x_0)$。

(ii)對任意 $x > x_0$ 且 $|x - x_0| < \delta$，我們有 $f(x) > f(x_0)$。

因此，由以上的(i)、(ii)二點，我們結論 x_0 不是 f 之相對極點，所以 $f'(x_0) > 0$ 是不可能的。

利用相同的方法，我們可以證明 $f'(x_0) < 0$ 亦是不可能。所以，若 $f'(x_0)$ 存在，則 $f'(x_0) = 0$。 ■

定理 4.8 有很明顯的幾何意義。如果 x_0 是 f 的相對極點且 $f'(x_0)$ 存在，則由於 x_0 是 f 的相對極點，點 $(x_0, f(x_0))$ 一定是 f 圖形的山峯或山谷，因而在這點的切線必爲水平切線，而 $f'(x_0)$ 爲此切線的斜率，因此必定有 $f'(x_0) = 0$。

爲了討論的方便起見，我們給出下列定義。

定義 4.9

設 x_0 爲實函數 f 定義域中之一元素，如果 $f'(x_0)=0$ 或 $f'(x_0)$ 不存在，則我們稱 x_0 爲 f 之一臨界點。

因此，由定理4.8 可知，如果 x_0 爲 f 的一相對極點，那麼 x_0 必爲 f 之臨界點。但是請大家注意，函數 f 的臨界點並不一定會是 f 的相對極點。我們看下面的例子。

例 1　設 $f(x)=x^5$，$-\infty<x<\infty$，則 $f'(x)=5x^4$。而 $f'(x)=0$ 的解只有 $x_0=0$，所以 0 爲 f 的唯一臨界點。但是 $x_0=0$ 並不是 f 的相對極點，這是因爲當 $x>0$ 時，$f(x)>f(0)=0$，而當 $x<0$ 時，$f(x)<f(0)=0$。 ■

如果說 x_0 是 f 的一個相對極大點，則因爲 $(x_0,f(x_0))$ 爲 f 圖形上的山峯，f 在 x_0 左邊附近的圖形必定是上升，而且 f 在x_0 右邊附近的圖形必定是下降的，換句話說，f 在 x_0 左邊附近爲增函數而 f 在 x_0 右邊附近必定是減函數。反之，如果 f 在x_0 左邊附近是增函數而在 x_0 右邊附近是減函數，那麼 x_0 必定是 f 的一個相對極大點。如果 f 在 x_0 附近均可微分的話，那麼由定理4.6，我們有下列的一階導數判斷相對極大點的方法。

相對極大點的一階導數判斷法：　假設 x_0 爲 f 之一臨界點且存在 $a<b$ 使得 $x_0\in(a,b)$ 而且

當 $x\in(a,x_0)$ 時，$f'(x)>0$ 且當 $x\in(x_0,b)$ 時，$f'(x)<0$

則 x_0 爲 f 的一個相對極大點。

同理，我們有

相對極小點的一階導數判斷法：　假設 x_0 爲 f 之一臨界點且存

在 $a < b$ 使得 $x_0 \in (a,b)$ 而且

當 $x \in (a, x_0)$ 時，$f'(x) < 0$ 且當 $x \in (x_0, b)$ 時，$f'(x) > 0$

則 x_0 爲 f 的一個相對極小點。

例 2　設 $f(x) = x^3 + 3x^2 + 1$，求 f 的相對極值。

解　首先，求 f 的臨界點：由 $f'(x) = 3x^2 + 6x = 3x(x + 2) = 0$ 得 $x = 0$ 或 $x = -2$。因此 0 及 -2 爲 f 的二個臨界點。

再來，我們來看 f' 的正負值的分佈情形。我們有下表：

$f'(x) > 0$　　$f'(x) < 0$　　$f'(x) > 0$　　x

-2　　0

因此由相對極點的判斷法，我們知道：

(i) 0 爲 f 的相對極小點，而相對極小值爲 $f(0) = 1$。

(ii) -2 爲 f 的相對極大點，而相對極大值爲 $f(-2) = 5$。

f 的圖形如下：

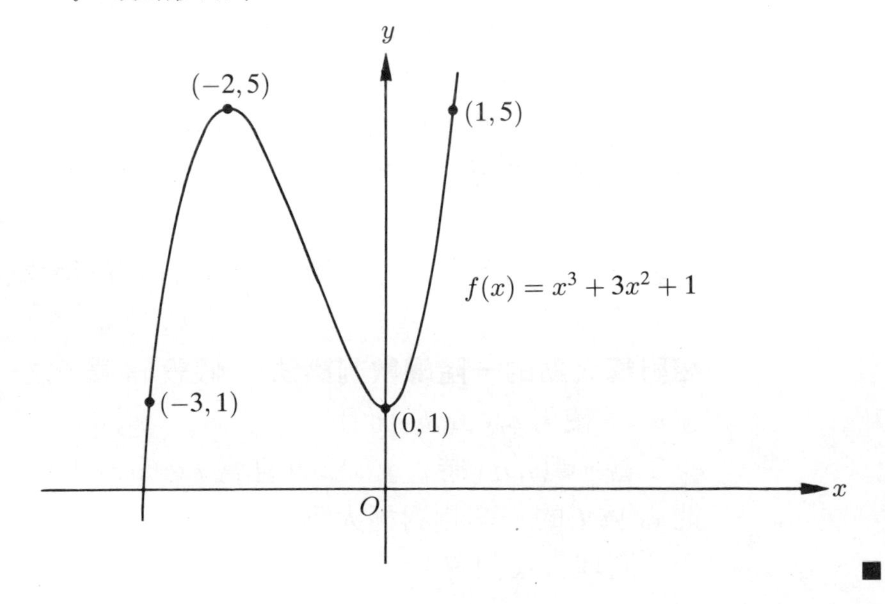

■

同學們宜注意有些時候，f 的相對極大值會小於 f 的相對

極小值，見習題11。

例 3　設 $f(x)=\sqrt[3]{x}$，則 $f'(x)=\frac{1}{3}x^{-\frac{2}{3}}=\frac{1}{3\sqrt[3]{x^2}}$。由於 $f'(x)=0$ 沒有解而且 $f'(0)$ 不存在。所以0是 f 唯一的一個臨界點。但是，由於

$$f(-1)=-1<f(0)=0<f(1)=1$$

因此，0不是 f 的相對極點。所以我們結論 f 沒有任何的相對極點。 ■

最後我們來討論函數 f 在閉區間 $[a,b]$ 上最大值與最小值的求法。由於最大值或最小值也都是相對極值，所以利用上面的方法，我們可求出 f 在 (a,b) 上的相對極值，之後再與 $f(a)$，$f(b)$ 做比較，其中最大的數就是我們所要求的最大值，而其中最小的數即是所要求的最小值。我們用下面的例子來說明。

例 4　設 $f(x)=3x^2-6x+1$，$x\subset[-1,2]$，求 f 的最大值及最小值。

解　解 $f'(x)=6x-6=6(x-1)=0$，得 $x=1$。所以1爲 f 在 $(-1,2)$ 中唯一的相對極點。今比較下列各數值之大小

$$f(-1)=10,\ f(1)=-2,\ f(2)=1$$

我們發現 $f(-1)=10$ 最大，而 $f(1)=-2$ 最小。因此，f 的最大值爲10，而最小值爲 -2。 ■

例 5　設 $f(x)=\sqrt{x}$，$x\in[1,4]$，求 f 的最大值及最小值。

解　因爲

$$f'(x)=\frac{1}{2\sqrt{x}}$$

故知 f 在 $(1,4)$ 中可微分又因 $f'(x)\neq 0$，所以我們知道 f 在 $(1,4)$

之中沒有相對極點。因

$$f(1)=1,\ f(4)=2$$

所以，$f(4)=2$ 爲 f 之最大值，而 $f(1)=1$ 爲 f 之最小值。 ■

習題 4–3

1～10 題，求給定函數之相對極值。

1. $f(x)=x^2-2x-1$
2. $f(x)=x^2+4$
3. $f(x)=x^3-1$
4. $f(x)=x^3-12x-1$
5. $f(x)=-x^3+3x$
6. $f(x)=x^3-3x^2$
7. $f(x)=x-3x^{\frac{1}{3}}$
8. $f(x)=\dfrac{1}{x^2+1}$
9. $f(x)=-x^3-6x^2-9x+3$
10. $f(x)=\dfrac{1}{x+1}$
11. 設 $f(x)=x+\dfrac{1}{x}$，證明 f 的相對極小值大於其相對極大值。

12～ 20 題，求給定函數之最大值及最小值。

12. $f(x)=x^3+3x,\ x\in[-1,1]$
13. $f(x)=\dfrac{1}{x},\ x\in[1,3]$
14. $f(x)=x^4-2x^2,\ x\in[0,1]$
15. $f(x)=3x^2+6x+1,\ x\in[-1,2]$
16. $f(x)=x^3+x^2-x,\ x\in[-1,3]$
17. $f(x)=\dfrac{1}{x^2},\ x\in[3,7]$
18. $f(x)=\sqrt[5]{x},\ x\in[0,32]$
19. $f(x)=x^4-4x,\ x\in[-1,1]$
20. $f(x)=\sqrt[3]{x+1},\ x\in[-28,7]$

4–4　凹性與反曲點

當我們研究一函數時，除了探討函數圖形的上升或下降之外，我們也需要知道函數圖形會不會向上凹或向下凹。首先我們看下列的定義。

定義 4.10

設 f 為定義在某個區間 I 上的一個實函數。

(i)如果 f' 在 I 中為嚴格增函數，則稱 f 在 I 中為向上凹。

(ii)如果 f' 在 I 中為嚴格減函數，則稱 f 在 I 中為向下凹。

由定義 4.10 可知若 f 在 I 中的圖形上的切線斜率遞增的話，那麼 f 在 I 中即為向上凹；反之若 f 在 I 中的圖形上的切線斜率遞減的話，那麼 f 在 I 中為向下凹，參見下圖。

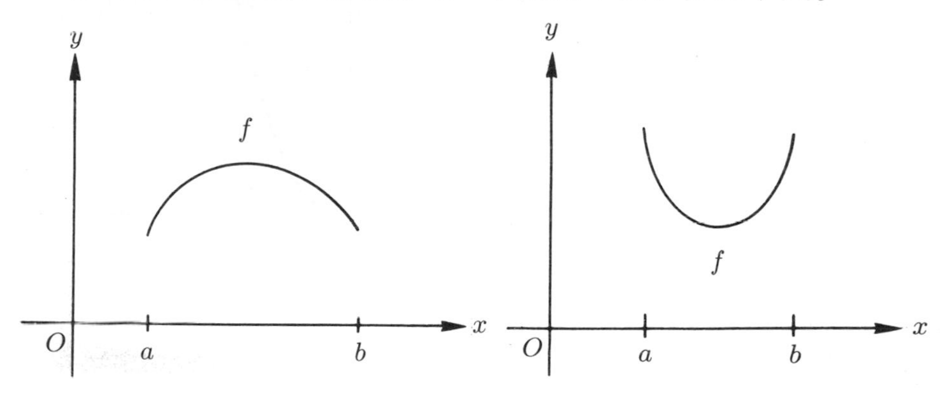

f 在 $[a,b]$ 上向下凹　　　　f 在 $[a,b]$ 上向上凹

如同一階導數可以判斷函數 f 的上升或下降，我們也可以利用二階導數來判斷 f 的凹性。

定理 4.11

設 f 為定義在區間 I 上的一實函數。

(i)如果對任意$x \in I$, $f''(x) > 0$，則 f 在 I 上為向上凹。

(ii)如果對任意 $x \in I$, $f''(x) < 0$，則f 在 I 上為向下凹。

證明 (i)及(ii)分別由定理4.6 之(ii)及(iv)可證得。 ■

例 1 設 $f(x) = x^3$，試判斷 f 之凹性。

解 由 $f'(x) = 3x^2$ 得 $f''(x) = 6x$。因此

$$f''(x) > 0,\ x \in (0, \infty)$$

$$f''(x) < 0,\ x \in (-\infty, 0)$$

所以，f 在 $(0, \infty)$ 上為向上凹而f 在 $(-\infty, 0)$ 上為向下凹。f 的圖形如下:

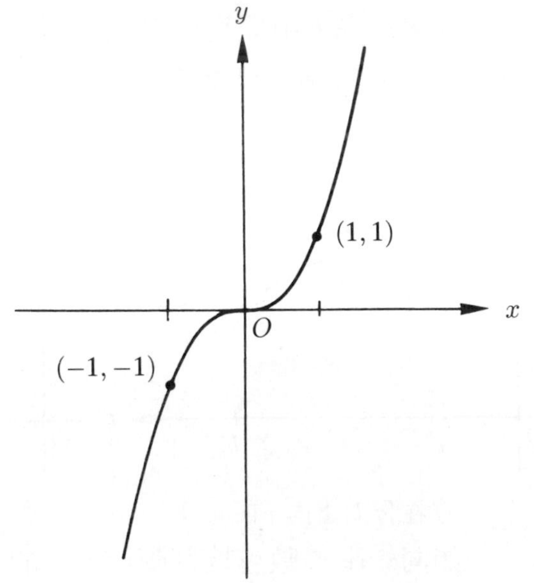

■

在上圖中，我們可以發現一個有趣的事實，那就是 f 在O 點的左邊是向下凹而在 O 點的右邊是向上凹。像這種特別的

點，我們給它一個名詞叫**反曲點**。

定義 4.12

設 f 爲定義在區間 I 上的一個實函數且 $x_0 \in I$。如果 f 在 x_0 兩邊的凹性相反的話，那麼我們就稱 x_0 爲 f 的一個反曲點。

因此在例 1 中，$x_0 = 0$ 即爲 $f(x) = x^3$ 的一個反曲點。利用定理 4.11，我們可知若 $f''(x)$ 在一點 x_0 的兩側附近，一側爲正而另一側爲負，則可確定 x_0 爲 f 的一個反曲點。

例 2　設 $f(x) = x^3 - 3x^2$，求 f 之反曲點。

解　由 $f'(x) = 3x^2 - 6x$，得 $f''(x) = 6x - 6 = 6(x-1)$。由於當 $x > 1$ 時，$f''(x) > 0$ 而且當 $x < 1$ 時，$f''(x) < 0$，因此，$x_0 = 1$ 爲 f 的一個反曲點。請參考 f 的圖形如下:

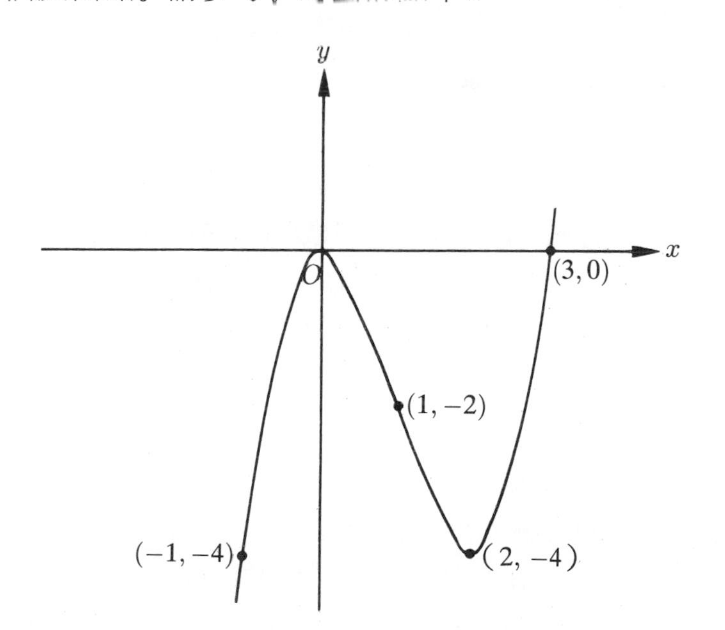

■

反曲點有一個性質，那就是，若其二階導數存在則必定爲零。

定理 4.13

設 x_0 爲 f 之一反曲點且 $f''(x_0)$ 存在，則 $f''(x_0)=0$。

證明　令 $g(x)=f'(x)$。則由於 x_0 爲 f 之反曲點，$g'(x)=f''(x)$ 在 x_0 的兩側異號。因此 g 在 x_0 的一側爲嚴格增函數且在 x_0 的另一側爲嚴格減函數。所以，x_0 爲 g 的一個相對極點。利用定理 4.8 可知 $g'(x_0)=0$，而 $f''(x)=g'(x)$，故 $f''(x_0)=0$。■

由定理 4.13，我們得知 f 的反曲點一定發生在 $f''(x)=0$ 的地方或是 $f''(x)$ 不存在之處。同學們宜注意定理 4.13 之逆定理不一定成立，且看下面的例子。

例 3　設 $f(x)=x^4$。則 $f'(x)=4x^3$ 且 $f''(x)=12x^2$。由 $f''(x)=0$ 得到 $x_0=0$。但是因爲對任意 $x\neq 0$, $f''(x)>0$，故知 0 不是 f 的反曲點。■

最後，我們討論如何利用二階導數來判斷一給定函數的相對極點。設 f 爲一函數且 x_0 爲其定義域中的一點，如果 $f'(x_0)=0$，$f''(x_0)>0$ 且 f'' 在 x_0 點連續，則由 $f''(x_0)>0$，我們可推得：對很靠近 x_0 之點 x，我們會有 $f''(x)>0$，因此在 x_0 鄰近 f 爲向上凹。再 $f'(x_0)=0$ 知 $(x_0,f(x_0))$ 爲 f 圖形之谷底，從而得知 x_0 爲 f 之一相對極小點。同理，如果 $f'(x_0)=0$，$f''(x_0)<0$ 且 f'' 在 x_0 點連續，那麼 x_0 會是 f 之一個相對極大點。我們把上面的討論列成下面結果。

相對極點的二階導數判斷法：

(i)若 $f'(x_0)=0$，$f''(x_0)>0$ 且 $f''(x)$ 在 x_0 處連續，則 x_0 爲 f 的一個相對極小點。

(ii)若 $f'(x_0)=0$，$f''(x_0)<0$ 且 $f''(x)$ 在 x_0 處連續，則 x_0 爲 f

的一個相對極大點。

例 4　設 $f(x)=x^4-4x^3+1$，求 f 的相對極值。

解　由於

$$f'(x)=4x^3-12x^2=4x^2(x-3)$$

故 $f'(x)=0$ 的解爲 0 及 3，今

$$f''(x)=12x^2-24x=12x(x-2)$$

而

$$f''(3)=36>0$$

故 3 爲 f 之一相對極小點且對應的相對極小值爲 $f(3)=-26$。■

習題 4–4

1 ～ 10 題，求給定函數會向上凹或向下凹之範圍，並求出反曲點。

1. $f(x)=x^3-3x^2+1$
2. $f(x)=x^3-9$
3. $f(x)=2x^2+5x-4$
4. $f(x)=-5x^2+2x+9$
5. $f(x)=\dfrac{x}{x+1}$
6. $f(x)=x^4-8x^2+11$
7. $f(x)=3x^5-20x^3+1$
8. $f(x)=x^4-2x^2+5$
9. $f(x)=x^4+x^3-3x^2+2x+1$
10. $f(x)=1-\dfrac{1}{x}$
11. 設 $f(x)=\sqrt[3]{x}$，試證明 0 爲 f 之反曲點。（注意 $f''(0)$ 不存在）

12 ～ 20 題，利用二階導數判斷法求下列各函數之相對極值。

12. $f(x)=1+x-x^2$
13. $f(x)=5x^2-2x+3$
14. $f(x)=x^3+4x^2-3x-8$
15. $f(x)=x^2+\dfrac{2}{x}$

16. $f(x)=x^5-5x+1$

17. $f(x)=\frac{1}{3}x^3-x$

18. $f(x)=-\frac{2}{\sqrt{x}}-x$

19. $f(x)=x^2+\frac{1}{x^2}$

20. $f(x)=x-\sqrt{x}$

4–5 不定型

在求極限的過程中，往往我們會遭遇到一些極限如

$$\lim_{x\to 0}\frac{\sqrt{x+9}-3}{x}$$

在上面的例子中，當 $x=0$ 時，分子及分母都是0，因此發生了 $\frac{0}{0}$ 無意義之情形，類似這種代入時會產生 $\frac{0}{0}$ 之情形的極限，我們稱之為**不定型**。對於不定型的極限，我們有很有效之工具，即**羅比達法則** (L'Hôpital's rule)。我們把結果列在下面，證明因為超出本書範圍，所以省略。

定理 4.14

（羅比達法則）

設 f, g 為兩函數:

(i) $\frac{0}{0}$ 型: 設 $f(a)=g(a)=0$，f 及 g 在某個包含 a 的開區間上可微分而且當 $x\neq a$，$g'(x)\neq 0$。如果 $\lim_{x\to a}\frac{f'(x)}{g'(x)}$ 存在（也可以是 ∞ 或 $-\infty$），則

$$\lim_{x\to a}\frac{f(x)}{g(x)}=\lim_{x\to a}\frac{f'(x)}{g'(x)}$$

(ii) $\frac{\infty}{\infty}$ 型: 設 $\lim_{x\to a}f(x)=\lim_{x\to a}g(x)=\infty$，且 $\lim_{x\to a}\frac{f'(x)}{g'(x)}$ 存在（也可以是 ∞ 或 $-\infty$），則

$$\lim_{x\to a}\frac{f(x)}{g(x)}=\lim_{x\to a}\frac{f'(x)}{g'(x)}$$

我們在此提醒同學們注意，定理4.14 (i)中 $x\longrightarrow a$ 可代以 $x\longrightarrow a^+$ 或 $x\longrightarrow a^-$，而結果仍然成立；再者，定理4.14 (i)在

$x \longrightarrow \infty$ 或 $x \longrightarrow -\infty$ 也一樣成立。(ii)的情形也是一樣。

例 1 求 $\lim_{x\to1}\frac{x-1}{x^2-3x+2}$。

解 此爲 $\frac{0}{0}$ 型，由定理 4.14 (i)知

$$\lim_{x\to1}\frac{x-1}{x^2-3x+2}=\lim_{x\to1}\frac{1}{2x-3}=\frac{1}{2-3}=-1 \quad ■$$

大家宜注意在使用羅比達法則時，我們是對分子及分母的函數各別求導函數 f' 及 g'，然後再求 $f'(x)$ 除以 $g'(x)$ 在 a 點的極限，而不是求 $\left(\frac{f(x)}{g(x)}\right)'$ 在 a 點之極限。

例 2 求 $\lim_{x\to0}\frac{\sqrt{4+x}-2}{x}$。

解 此爲 $\frac{0}{0}$ 型，由定理 4.14 (i)，得

$$\lim_{x\to0}\frac{\sqrt{4+x}-2}{x}=\lim_{x\to0}\frac{\frac{1}{2\sqrt{4+x}}}{1}=\lim_{x\to0}\frac{1}{2\sqrt{4+x}}$$

$$=\frac{1}{2\cdot\sqrt{4}}=\frac{1}{4} \quad ■$$

有的時候，我們可能需要連續使用羅比達法則才能得到所要求之極限，請看下例。

例 3 求 $\lim_{x\to0}\frac{x^3}{x-\sin x}$。

解 此爲 $\frac{0}{0}$ 型，利用定理 4.14 (i)得

$$\lim_{x\to0}\frac{x^3}{x-\sin x}=\lim_{x\to0}\frac{3x^2}{1-\cos x}$$

（還是 $\frac{0}{0}$，再利用定理4.14 (i)一次）

$$=\lim_{x\to 0}\frac{6x}{\sin x}$$

（還是 $\frac{0}{0}$，再利用定理4.14 (i)一次）

$$=\lim_{x\to 0}\frac{6}{\cos x}$$

$$=\frac{6}{1}=6 \quad ■$$

例 4　求 $\lim_{x\to(\frac{\pi}{2})^-}\frac{3+\tan x}{1+\tan x}$。

解　此為 $\frac{\infty}{\infty}$ 型，利用定理4.14 (ii)得

$$\lim_{x\to(\frac{\pi}{2})^-}\frac{3+\tan x}{1+\tan x}=\lim_{x\to(\frac{\pi}{2})^-}\frac{\sec^2 x}{\sec^2 x}=\lim_{x\to(\frac{\pi}{2})^-}1=1 \quad ■$$

例 5　求 $\lim_{x\to\infty}\frac{x^3-2x^2+x+1}{2x^3+x^2-9}$。

解　此為 $\frac{\infty}{\infty}$ 型，利用定理4.14 (ii)得

$$\lim_{x\to\infty}\frac{x^3-2x^2+x+1}{2x^3+x^2-9}=\lim_{x\to\infty}\frac{3x^2-4x+1}{6x^2+2x}$$

（還是 $\frac{\infty}{\infty}$，再利用定理4.14(ii)一次）

$$=\lim_{x\to\infty}\frac{6x-4}{12x+2}$$

（還是 $\frac{\infty}{\infty}$，再利用定理4.14(ii)一次）

$$=\lim_{x\to\infty}\frac{6}{12}=\lim_{x\to\infty}\frac{1}{2}=\frac{1}{2} \quad ■$$

有些時候，我們會遇到如 $0\cdot\infty$ 或 $\infty-\infty$ 等之不定型，此時，我們只要將它們改寫成 $\frac{0}{0}$ 或 $\frac{\infty}{\infty}$ 之型式，那我們就可以利用定理 4.14 來求。

例 6 求 $\lim_{x\to(\frac{\pi}{2})^-}\left(x-\frac{\pi}{2}\right)\tan x$。

解

$$\lim_{x\to(\frac{\pi}{2})^-}\left(x-\frac{\pi}{2}\right)\tan x \qquad (0\cdot\infty\text{ 型})$$

$$=\lim_{x\to(\frac{\pi}{2})^-}\left(x-\frac{\pi}{2}\right)\cdot\frac{1}{\cot x} \qquad \left(\tan x=\frac{1}{\cot x}\right)$$

$$=\lim_{x\to(\frac{\pi}{2})^-}\frac{x-\frac{\pi}{2}}{\cot x} \qquad \left(\frac{0}{0}\text{ 型}\right)$$

$$=\lim_{x\to(\frac{\pi}{2})^-}\frac{1}{-\csc^2 x}=\frac{1}{-1}=-1 \qquad \blacksquare$$

例 7 求 $\lim_{x\to0^+}\left(\frac{1}{x}-\frac{1}{\sin x}\right)$。

解

$$\lim_{x\to0^+}\left(\frac{1}{x}-\frac{1}{\sin x}\right) \quad (\infty-\infty\text{ 型})$$

$$=\lim_{x\to0^+}\frac{\sin x-x}{x\sin x} \quad \left(\text{通分變成 }\frac{0}{0}\text{ 型}\right)$$

$$=\lim_{x\to0^+}\frac{\cos x-1}{\sin x+x\cos x}$$

（仍然是 $\frac{0}{0}$ 型，再利用定理 4.14 (i)）

$$=\lim_{x\to0^+}\frac{-\sin x}{\cos x+\cos x-x\sin x}$$

$$=\lim_{x\to0^+}\frac{-\sin x}{2\cos x-x\sin x}=\frac{0}{2}=0 \qquad \blacksquare$$

最後，我們來討論型如 0^0, ∞^0 或 1^∞ 之不定型。我們處理的方法很簡單，現介紹如下：設 $\lim_{x\to a} f(x)$ 會產生上列三種不定型之一時，我們可以把 $\lim_{x\to a} f(x)$ 改寫如下：

$$\lim_{x\to a} f(x) = \lim_{x\to a} e^{\ln f(x)} = e^{\lim_{x\to a} \ln f(x)}$$

因此，原來的問題就變成了先求 $\lim_{x\to a} \ln f(x)$，然後 $e^{\lim_{x\to a} \ln f(x)}$ 就是我們所要之答案。請看下列一些例子。

例 8　求 $\lim_{x\to 1^+} x^{\frac{1}{x-1}}$。

解　此爲 1^∞ 之型式，按照上面的方法先求 $\lim_{x\to 1^+} \ln x^{\frac{1}{x-1}}$，得

$$\begin{aligned}\lim_{x\to 1^+} \ln x^{\frac{1}{x-1}} &= \lim_{x\to 1^+} \frac{1}{x-1}\cdot \ln x \qquad (\ln a^b = b\ln a)\\ &= \lim_{x\to 1^+} \frac{\ln x}{x-1} \qquad (\frac{0}{0}\text{ 型})\\ &= \lim_{x\to 1^+} \frac{\frac{1}{x}}{1} \qquad (\text{利用定理 4.14 (i)})\\ &= \lim_{x\to 1^+} \frac{1}{x} = 1\end{aligned}$$

因此，所求之極限爲

$$\lim_{x\to 1^+} x^{\frac{1}{x-1}} = e^{\lim_{x\to 1^+} \ln x^{\frac{1}{x-1}}} = e^1 = e \qquad ■$$

例 9　求 $\lim_{x\to 0^+} \left(1+\frac{1}{x}\right)^x$。

解　此爲 ∞^0 之型式。同例 8，先求 $\lim_{x\to 0^+} \ln \left(1+\frac{1}{x}\right)^x$。

$$\begin{aligned}\lim_{x\to 0^+} \ln \left(1+\frac{1}{x}\right)^x &= \lim_{x\to 0^+} x\ln \left(1+\frac{1}{x}\right) \qquad (0\cdot\infty\text{ 型})\\ &= \lim_{x\to 0^+} \frac{\ln\left(1+\frac{1}{x}\right)}{\frac{1}{x}} \qquad (\frac{\infty}{\infty}\text{ 型})\end{aligned}$$

$$= \lim_{x\to 0^+} \frac{\dfrac{-\dfrac{1}{x^2}}{1+\dfrac{1}{x}}}{-\dfrac{1}{x^2}} \qquad \text{（定理 4.14 (ii)）}$$

$$= \lim_{x\to 0^+} \frac{1}{1+\dfrac{1}{x}}$$

$$= \lim_{x\to 0^+} \frac{x}{1+x} = 0$$

所以，欲求之極限爲

$$\lim_{x\to 0^+}\left(1+\frac{1}{x}\right)^x = e^{\lim\limits_{x\to 0^+} \ln(1+\frac{1}{x})^x}$$

$$= e^0 = 1 \quad \blacksquare$$

習題 4–5

利用 L'Hôpital 法則求下列各題(1～20)之極限。

1. $\lim\limits_{x\to 1} \dfrac{x-1}{x^2-1}$
2. $\lim\limits_{x\to 1} \dfrac{x^3-1}{4x^3-x-3}$
3. $\lim\limits_{x\to 0} \dfrac{\sin 3x}{x}$
4. $\lim\limits_{x\to 0} \dfrac{\sin x^2}{x}$
5. $\lim\limits_{x\to 0} \dfrac{x^3}{\sin x - x}$
6. $\lim\limits_{x\to 0} \dfrac{2^x-1}{x}$
7. $\lim\limits_{x\to 0} \left(\dfrac{1}{\sin x} - \dfrac{1}{x}\right)$
8. $\lim\limits_{x\to 0^+} x\cot x$
9. $\lim\limits_{x\to 0} \dfrac{1-\cos x}{x^2+x}$
10. $\lim\limits_{x\to 0} \dfrac{\sqrt{1+x}-1-\dfrac{x}{2}}{2x^2}$
11. $\lim\limits_{x\to (\frac{\pi}{2})^-} \dfrac{\tan x}{1+\tan x}$
12. $\lim\limits_{x\to 0} \dfrac{\sqrt{x+1}-1}{x}$

13. $\lim\limits_{x\to 0^+}(1+x)^{\frac{1}{x}}$

14. $\lim\limits_{x\to\infty} x^{\frac{1}{x}}$

15. $\lim\limits_{x\to 0}\frac{\sqrt{2x+4}-2}{x}$

16. $\lim\limits_{x\to 0}\frac{x\sin x}{1-\cos x}$

17. $\lim\limits_{x\to 1^+} x^{\frac{1}{1-x}}$

18. $\lim\limits_{x\to 0^+} x^x$

19. $\lim\limits_{x\to 0^+}\left(\frac{2x+1}{x}-\frac{1}{\sin x}\right)$

20. $\lim\limits_{x\to 0}\frac{x^2+2x}{x^2-\sin x}$

4–6 在經濟學上的應用

在本章的最後一節，我們考慮導函數在經濟學上的一些應用。

在一個經濟體系裡，如果我們要考慮**利潤**的話，那麼我們必須同時考慮**收入**與**成本**。收入與成本都與所生產物品的數量有關。舉例來說，如每週生產 x 單位的鋁材的成本函數是 $C(x)=0.1x^2+4x+2500$ （單位爲元）。如果每一單位鋁材的售價是 p（元）的話，那麼收入函數則爲 $R(x)=px$。大家宜注意當 $x=0$ 時， $C(0)=2500$。也就是說縱使沒有生產任何鋁材，每週仍需支付 2500 元。也就是說每週的**固定成本**爲 2500 元。

如果 $C(x)$ 爲成本函數，那麼 $C'(x)$ （即函數 C 爲 x 點的導數）稱爲**邊際成本**，一般說來，我們以符號 $M_C(x)$ 來表示邊際成本，亦即， $M_C(x)=C'(x)$。

由導數的定義，我們知道

$$M_C(x)=C'(x)=\lim_{h\to 0}\frac{C(x+h)-C(x)}{h}.$$

在實際情況下， x 值都非常的大，因此 $h=1$ 就相對地小，所以，我們有

$$M_C(x)\doteqdot C(x+1)-C(x)$$

也就是說，邊際成本近似於每多生產一單位物品所需要之成本。

例 1　假設每個月生產 x 部腳踏車的成本函數（單位爲百元）爲

$$C(x)=0.01x^2+20x+5000$$

(i)如果目前每月生產999 部腳踏車，則每月增產至 1000 部所需額外的成本是多少?

(ii)如果每部腳踏車的售價是3800 元，那麼是否值得增加生產?

(iii)求每月生產 999 部腳踏車時的邊際成本。

解　(i)所求爲

$$C(1000) - C(999) = 35000 - 34960.01$$

$$= 39.99(\text{百元}) = 3999(\text{元})$$

(ii)因爲增產一部腳踏車的成本爲3999 元，超過售價 3800 元，因此，不值得增加生產。

(iii)因爲$M_C(x) = C'(x) = 0.02x + 20$，所以所求爲

$$M_C(999) = C'(999) = 39.98(\text{百元}) = 3998(\text{元})$$ ■

我們注意到在例 1，(ii)中所求得之邊際成本與(i)所求之結果非常地近似。此結果驗證了我們先前所提到過的邊際成本近似於每多生產一單位物品所需要之成本。

如果 $R(x)$ 爲收入函數的話，那麼 $R'(x)$ 稱爲**邊際收入**，通常我們以符號 $M_R(x)$ 來表示邊際收入函數，即 $M_R(x) = R'(x)$。如同上面我們對邊際成本的討論一樣，我們可以得到下列結論：當銷售量很大時，邊際收入大約等於每多銷售一單位的物品時所得到的額外收入。

例 2　假設銷售某種產品所得之收入函數爲（單位爲元）

$$R(x) = x^3 + 4x^2 + 200x$$

(i)求銷售100 單位產品所得之收入。

(ii)求銷售 100 單位時的邊際收入。

解　(i)所求爲

$$R(100) = 100^3 + 4(100)^2 + (200)(100) = 1060000(\text{元})$$

(ii)邊際成本函數為

$$M_R(x) = R'(x) = 3x^2 + 8x + 200$$

所以，所求為

$$M_R(100) = 3(100)^2 + 8(100) + 200 = 31000(\text{元}) \quad \blacksquare$$

判斷一個公司經營成功與否的指標之一為**利潤**，即為收入與成本之差。若令 $P(x)$ 為生產 x 單位物品所得之利潤，則顯然

$$P(x) = R(x) - C(x)$$

若某一產品的價格為 p，且所生產之 x 單位產品皆能銷售的話那麼顯然地，我們有

$$R(x) = px$$

因此，產品的銷售價格可以由收入函數來求得；反之，收入函數亦可由產品的銷售價格來求得。

例 3 設某種產品的成本及價格函數為

$$C(x) = 40x + 25000 \quad \text{及} \quad p = 100 - 0.01x$$

求利潤函數 $P(x)$。

解 首先，我們求收入函數:

$$R(x) = px = (100 - 0.01x)x = 100x - 0.01x^2$$

再來，利潤函數可求得如下:

$$\begin{aligned} P(x) &= R(x) - C(x) \\ &= 100x - 0.01x^2 - (40x + 25000) \\ &= -0.01x^2 + 60x - 25000 \quad \blacksquare \end{aligned}$$

站在公司的立場，經理們往往必須決定產品的銷售價格以使得公司能獲得最大的利潤。我們知道利潤函數的最大值一定

發生於導數爲 0 的地方，由於$P(x)=R(x)-C(x)$，因此當我們選擇 x_0 使得

$$P'(x_0)=R'(x_0)-C'(x_0)=0$$

那麼一般說來 $P(x_0)$ 就是我們所要求的最大利潤。因此，邊際成本與邊際收入相等時的產量 x_0 就是我們所要選擇的最佳生產數量，亦即

$$M_C(x_0)=M_R(x_0)$$

有了最佳生產數量 x_0 之後，我們所欲決定的產品銷售價格即可依下列公式求得

$$p=\frac{R(x_0)}{x_0}$$

例 4　假設一音響工廠每天生產x 套音響的成本函數及收入函數分別爲

$$C(x)=x^2+50x+150000\text{（元）}$$

$$R(x)=-\frac{1}{3}x^3+50x^2+250x\text{（元）}$$

試問每套音響之銷售價格應爲多少以使得公司每天所得之利潤最大？又每天之最大利潤爲多少？

解　設 x_0 爲最佳生產數量，則由上面討論知，x_0 要滿足

$$R'(x_0)=C'(x_0)$$

亦即

$$2x_0+50=-x_0^2+100x_0+250$$

移項並因式分解得

$$x_0^2-98x_0-200=(x_0-100)(x_0+2)=0$$

所以

$$x_0=100\text{（套）}\quad(x_0=-2\text{ 不合）}$$

利用導數判斷法，我們知道 $x_0=100$ 的確是 $R(x)$ 之最大點。因此所欲定之價格爲

$$p=\frac{R(100)}{100}\div\frac{191666.67}{100}=1916.67\text{（元）}$$

而每日所得之最大利潤則爲

$$\begin{aligned}P(100)&=R(100)-C(100)\\&=191666.67-165000\\&=26666.67\text{（元）}\end{aligned}$$ ■

設 f 爲一函數，則 $f'(x)$ 與 $f(x)$ 的比值 $\frac{f'(x)}{f(x)}$ 稱之爲 $f(x)$ 的**相對變率**。相對變率的概念在價格的訂定上佔有著非常重要的地位。令 $D(p)$ 爲**需求函數**，亦即 $D(p)$ 爲產品價格爲 p 時所能銷售出去的數量。假定某一公司生產某種產品之售價爲 p。今此公司想增加公司之收入。一般說來 $D(p)$ 爲 p 之減函數，所以調高售價將導致需求量之減少，而降低售價則會導致需求量之增加。因此，此公司將面臨下列四種可能的情況:

(1)價格調高導致需求量微幅減少，此時公司之收入仍然會增加。

(2)價格調高使得許多顧客選擇別種廠牌之產品因而導致需求量大幅減少，此時，公司之收入將會減少。

(3)價格降低使得需求量大幅增加因而使公司之收入增加。

(4)價格降低但是需求量仍然只是微幅增加而使得公司之收入仍然減少。

一般說來，想要使收入增加之正確策略與需求量如何隨著產品價格之變動而波動有關。我們需要知道需求量之相對變率與價格之相對變率它們之間的關係。這兩個相對變率的比值稱爲**價格爲 p 時之需求彈性**，一般以符號 $E_D(p)$ 來記之。因爲

$$E_D(p)=\frac{D(p)\text{之相對變率}}{p\text{之相對變率}}$$

$$=\frac{\frac{D'(p)}{D(p)}}{\frac{(p)'}{p}}=\frac{\frac{D'(p)}{D(p)}}{\frac{1}{p}}$$

$$=\frac{pD'(p)}{D(p)}$$

所以我們有底下之公式。

價格爲 p 時之需求彈性：

$$E_D(p)=\frac{pD'(p)}{D(p)}$$

同學宜注意需求彈性與 p 有關，它並不是一個定數。另外，由於p（價格）與$D(p)$（需求量）都是非負的，而 $D'(p)$ 是負數，所以對任意 p 而言，$E_D(p)\leq 0$。

我們現在來討論 $E_D(p)$ 與收入函數 $R(x)$ 之關係。首先我們注意到收入函數 R 亦可以表爲 p 之函數，事實上 $R(p)=pD(p)$。因此

$$\begin{aligned}R'(p)=(pD(p))'&=D(p)+pD'(p)\\&=D(p)\left(1+\frac{pD'(p)}{D(p)}\right)\\&=D(p)(1+E_D(p))\end{aligned}$$

我們知道若 $R'(p)>0(<0)$ 則 $R(p)$ 爲增（減）函數，而因爲 $D(p)\geq 0$ 故 $R'(p)$ 之正負與 $1+E_D(p)$ 之正負一致，因此，我們有

(i)若$E_D(p)+1>0$，即 $E_D(p)>-1$，則價格調高將使收入增加。

(ii)若 $E_D(p)+1<0$，即 $E_D(p)<-1$，則價格調高將導致收入減少。

例 5　設某一作業簿製造廠所生產之作業簿，其每一本價格爲 p 時的市場需求量爲 $D(p)=\frac{2000}{p^2}+\frac{400}{p}+10$。試求當 $p=5$（元）

及 20（元）時，其需求彈性各爲多少?

解　由 $D'(p)=-4000p^{-3}-400p^{-2}$，得 $D'(5)=-48$。因爲 $D(5)=170$，得

$$E_D(5)=5\left(\frac{-48}{170}\right)\doteqdot -1.41$$

注意，由於 $E_D(5)+1\doteqdot -0.41<0$，因此，若調高售價（即價格大於 5 元）則將導致工廠之收入減少。

當 $p=20$時，$D(20)=35$　且　$D'(20)=-1.5$, 因此

$$E_D(20)=20\left(\frac{-1.5}{35}\right)\doteqdot -0.86$$

因爲 $E_D(20)+1\doteqdot 0.14>0$，因此若調高價格（即 $p>20$ 元）則將使該廠之收入增加。 ■

習 題 4–6

1 ～ 5 題，求給定之成本函數爲 $C(x)$ 時，$x=100$ 處的邊際成本。

1.$C(x)=0.01x^2+10x+30$

2.$C(x)=0.0002x^3+0.03x+50$

3.$C(x)=0.004x^3-0.02x^2+50x+120$

4.$C(x)=0.05x^3-0.2x^2+2x+5000$

5.$C(x)=10x+8\sqrt{x}+2500$

6 ～ 10 題，求給定之收入函數爲$R(x)$ 時，$x=100$ 處的邊際收入。

6.$R(x)=2x^3+3x^2+40x$

7.$R(x)=2x^3-3x^2+25x$

8.$R(x)=0.1x^4+3x^3+20x$

9.$R(x)=2x^3-10x^2+1000x$

10.$R(x)=0.1x^3-4x^2+20x$

11.設生產某物品的成本函數為

$$C(x)=\frac{1}{3}x^3-25x^2+640x+1500\text{（元）}$$

(i)求固定成本為何

(ii)求邊際成本函數

(iii)求最小之邊際成本

12 ～ 16 題，對給定之成本函數 $C(x)$ 及收入函數 $R(x)$，求最佳生產數量並計算最大利潤。

12. $C(x)=3x^2+4$，$R(x)=x^2+40x$

13. $C(x)=5x^2+17$，$R(x)=2x^2+24x$

14. $C(x)=\frac{1}{3}x^3+2x^2+5$，$R(x)=3x^2+3x$

15. $C(x)=10x+220$，$R(x)=-0.02x^2+110x$

16. $C(x)=-0.5x^2+6x+100$，$R(x)=-x^2+10x$

17～20 題，求各函數之相對變率。

17. $f(x)=x^2+2$

18. $f(x)=\sqrt{x^3-1}$

19. $f(x)=4x+9$

20. $f(x)=x+\frac{1}{x}$

21.設某唱片公司所出產之唱片其需求函數為

$$D(p)=-2p^2-50p+600\text{（千張）}$$

試求當 $p=100$（元）及 $p=200$（元）時之需求彈性各為多少?

第五章　積分與應用

5–1　積分的意義及性質
5–2　反導函數與不定積分
5–3　微積分的基本定理
5–4　變數變換
5–5　應用定積分求面積與體積及在經濟學上的應用

5–1　積分的意義及性質

微分與積分為微積分課程的兩大主體，本書在此之前的主要內容為介紹函數的導函數，探討導函數之各種性質並介紹一些導函數之應用。本章的目的則在於介紹積分以及積分的一些應用。積分早期所要對付的即是求面積的問題，本節首先介紹積分的解析定義，並討論積分的一些性質。在本章的最後一節，我們再來看如何利用積分來幫助我們解決一些求面積，體積及經濟上的問題。

為此，我們先引進求和符號。我們用 $\sum_{k=1}^{n} a_k$ 來表示 $a_1+a_2+\cdots+a_n$； a_j 稱為此和之**第** j **項**；變數 k 稱為此和之**足碼**，其值為從 1 到 n 之所有自然數。 1 稱為此和之**下限**而 n 稱為此和之**上限**； $\sum$ 為一希臘字母，讀做 “Sigma”。我們提醒同學注意求和符號中之下限並不一定是 1，它可以是任何整數。

例 1

$$\sum_{k=1}^{5} k = 1+2+3+4+5=15$$

$$\begin{aligned}\sum_{k=2}^{4} (-1)^k k^2 &= (-1)^2(2)^2+(-1)^3(3)^2+(-1)^4(4)^2\\ &= 4-9+16=11 \quad ■\end{aligned}$$

在做有限和的運算時，我們可以利用下列規則。

$$\sum_{k=1}^{n} (a_k+b_k) = \sum_{k=1}^{n} a_k + \sum_{k=1}^{n} b_k \tag{1}$$

$$\sum_{k=1}^{n} (a_k-b_k) = \sum_{k=1}^{n} a_k - \sum_{k=1}^{n} b_k \tag{2}$$

$$\sum_{k=1}^{n} ca_k = c\cdot \sum_{k=1}^{n} a_k \qquad (c\text{為任意數}) \tag{3}$$

$$\sum_{k=1}^{n} d = n \cdot d \qquad (d\text{為任意常數}) \tag{4}$$

例 2
$$\sum_{k=1}^{3}(2k-k^2) = \sum_{k=1}^{3} 2k - \sum_{k=1}^{3} k^2 = 2\sum_{k=1}^{3} k - \sum_{k=1}^{3} k^2$$
$$= 2(1+2+3) - (1^2+2^2+3^2)$$
$$= 12 - 14 = -2 \quad \blacksquare$$

利用數學歸納法我們可以證明下列公式。

$$\sum_{k=1}^{n} k = \frac{n(n+1)}{2} \tag{5}$$

$$\sum_{k=1}^{n} k^2 = \frac{n(n+1)(2n+1)}{6} \tag{6}$$

$$\sum_{k=1}^{n} k^3 = \left(\frac{n(n+1)}{2}\right)^2 \tag{7}$$

例 3
$$\sum_{k=1}^{4}(k^2-2k) = \sum_{k=1}^{4} k^2 - 2\sum_{k=1}^{4} k$$
$$= \frac{4(4+1)(8+1)}{6} - 2\left(\frac{4(4+1)}{2}\right)$$
$$= 30 - 20 = 10 \quad \blacksquare$$

接下來，我們要進入本節的主要內容。設函數 f 為閉區間 $[a,b]$ 上的一**有界**函數，亦即存在正數 M 使得對任意 $x \in [a,b]$，我們皆有

$$|f(x)| \leq M$$

在 a 與 b 之間我們選取 $n-1$ 個點，$x_1, x_2, \cdots, x_{n-1}$ 滿足下列條件

$$a < x_1 < x_2 < \cdots < x_{n-1} < b$$

則這 $n-1$ 個點把 $[a,b]$ 分成 n 個小區間。為了使符號能夠一致起見，我們通常把a 記成 x_0 而把 b 記成 x_n。集合

$$P=\{x_0,x_1,\cdots,x_n\}$$

稱做是 $[a,b]$ 上的一**分割**，而閉區間 $[x_{k-1},x_k]$ 稱爲此分割 P 的**第 k 個小區間**，我們以 Δx_k 表示分割 P 其第 k 個小區間之長度，亦即

$$\Delta x_k=x_k-x_{k-1}$$

在每一個小區間 $[x_{k-1},x_k]$ 上，任取一點 c_k，則集合

$$\{c_k|k=1,2,\cdots,n\}$$

稱爲對於分割 P 的一組**樣本**。同學宜注意對於 $[a,b]$ 上之任一分割而言，其可以有無限多組樣本。對於每一個樣本 c_k，其對應之函數值爲 $f(c_k)$。我們把 n 個積 $f(c_k)\Delta x_k$ 相加得到下列之和

$$S_P=\sum_{k=1}^{n}f(c_k)\Delta x_k \tag{8}$$

我們稱 S_P 爲 f 在 $[a,b]$ 上之一**黎曼和**。同學們宜注意 S_P 與選取之分割 P 及樣本 c_k 有關。

例 4　設 $f(x)=x^2$, $x\in[0,2]$，則

(i)當 $P=\{0,1,2\}, c_1=\dfrac{1}{2}=0.5, c_2=1.5$ 時，因爲 $\Delta x_k=1$, $k=1,2$，所以

$$S_P=\sum_{k=1}^{2}f(c_k)\ \Delta x_k=\sum_{k=1}^{2}c_k^2\cdot 1$$

$$=\sum_{k=1}^{2}c_k^2=(0.5)^2+(1.5)^2=2.5$$

(ii)當 $P=\{0,0.5,1,1.5,2\}, c_1=0.5, c_2=1, c_3=1.5, c_4=2$ 時，因爲 $\Delta x_k=0.5$，$k=1,2,3,4$，我們有

$$S_P=\sum_{k=1}^{4}f(c_k)\Delta x_k=\sum_{k=1}^{4}c_k^2\cdot(0.5)$$

$$=0.5\cdot\sum_{k=1}^{4}c_k^2=0.5[(0.5)^2+1^2+(1.5)^2+2^2]$$

$$=0.5\cdot(7.5)=3.75 \quad ■$$

我們來看黎曼和的幾何意義。設 $f(x)$ 為定義在閉區間 $[a,b]$ 上的連續函數滿足 $f(x) \geq 0,\ x \in [a,b]$，其函數圖形如下列所示。令由曲線 $y = f(x)$ 及直線 $x = a, x = b$ 及 $y = 0$ 所圍成的區域為 R。

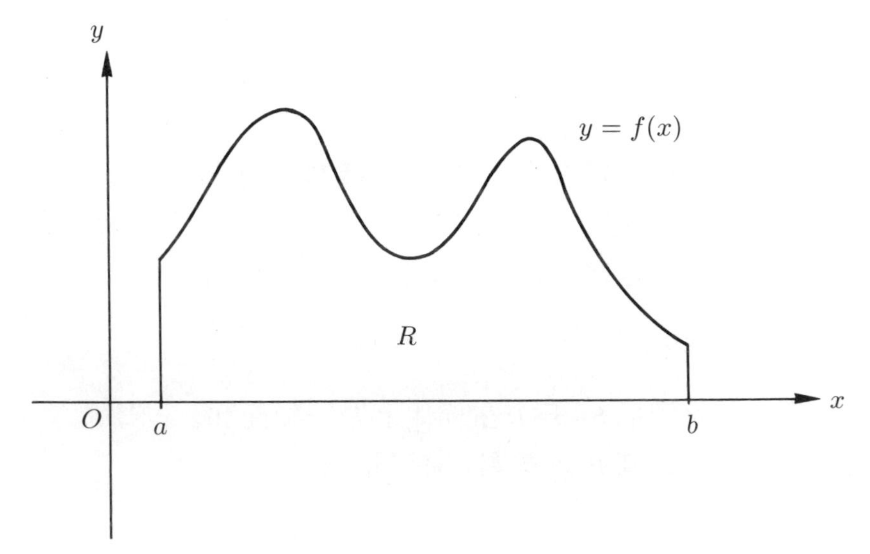

設 $P = \{x_0, x_1, \cdots, x_n\}$ 為 $[a,b]$ 上的一分割且 $\{c_k | c_k \in [x_{k-1}, x_k], k = 1, 2, \cdots, n\}$ 為一組樣本點。對 $[a,b]$ 的第 k 個小區間 $[x_{k-1}, x_k]$，我們以 $\Delta x_k = x_k - x_{k-1}$ 為寬，且 $f(c_k)$ 為長做一矩形。設此小矩形的面積為 ΔA_k，則由矩形的面積公式，我們有

$$\Delta A_k = f(c_k)\Delta x_k, \quad k = 1, 2, \cdots, n$$

下圖為 $n = 4$ 之情形:

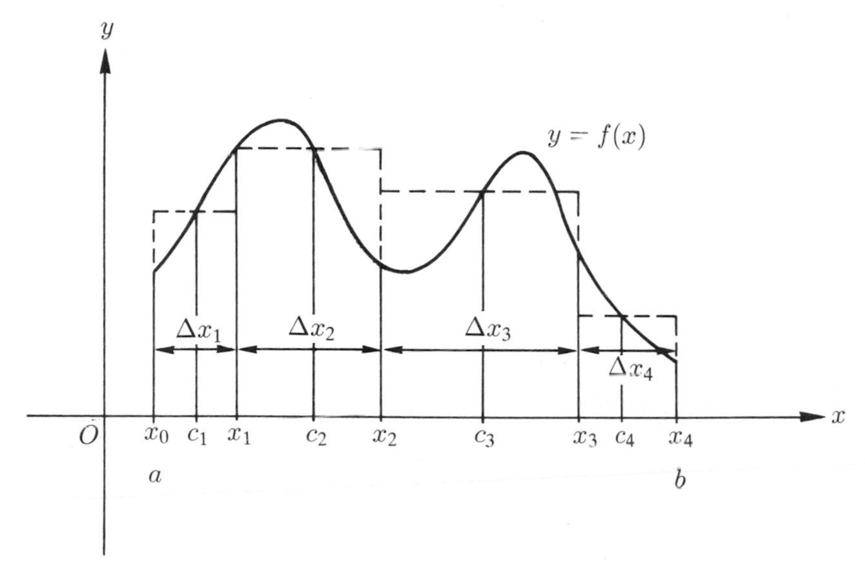

如果我們令區域 R 的面積爲A，則我們知道這些小矩形的面積和可以當做是 A 的估計值，亦即

$$A \doteqdot \sum_{k=1}^{n} \Delta A_k$$
$$= \sum_{k=1}^{n} f(c_k)\Delta x_k$$

但是由定義，我們知道 $\sum_{k=1}^{n} f(c_k)\Delta x_k$爲函數 f 在 $[a,b]$ 上的一黎曼和，因此若f 爲在 $[a,b]$上的正連續函數，則f 在 $[a,b]$ 上的任一黎曼和即是由 f 的圖形及直線 $x=a, x=b, y=0$ 所圍成區域之面積的近似值。

設 P 爲 $[a,b]$ 上之一分割，分割 P 的**範數**定義爲此分割其諸小區間長中之最大者，並以符號 $\|P\|$ 記之，亦即若 $P=\{x_0, x_1, \cdots, x_n\}$，則 $\|P\|$ 是 $\Delta x_1, \Delta x_2, \cdots, \Delta x_n$ 中之最大者，記爲

$$\|P\| = \max\{\Delta x_i | i=1,2,\cdots,n\}$$

例 5　令 $P=\{0, 0.3, 0.5, 1, 1.5, 2\}$ 爲 $[0,2]$ 之一分割，則 P 有 5 個小區間：$[0,0.3], [0.3,0.5], [0.5,1], [1,1.5], [1.5,2]$。每個小區間之長分

別爲 $\Delta x_1 = 0.3, \Delta x_2 = 0.2, \Delta x_3 = 0.5, \Delta x_4 = 0.5, \Delta x_5 = 0.5$，由於小區間長之最大者爲0.5，因此 $\|P\| = 0.5$。 ■

例 6 設 $P_1 = \{0,1,2,3\}$ 及 $P_2 = \{0,1.5,3\}$ 分別爲 $[0,3]$ 之二分割，則易知 $\|P_1\| = 1$ 且 $\|P_2\| = 1.5$。由此例，我們可以看出一分割範數之大小與此分割其分割點的數目無關。 ■

定義 5.1

設 f 爲定義在閉區間 $[a,b]$ 上之有界的實函數且 I 爲某一實數。如果對任意 $\varepsilon > 0$，存在有一正數 δ，使得對任意 $[a,b]$ 上之分割 P，只要 $\|P\| < \delta$，則

$$\left| \sum_{k=1}^{n} f(c_k)\Delta x_k - I \right| < \varepsilon$$

其中 $P = \{x_0, x_1, \cdots, x_n\}$ 且 $\{c_k \mid k = 1, 2, \cdots, n\}$ 爲任意之樣本組，那麼我們就說 f 在 $[a,b]$ 上**可積分**，並稱 I 爲 f 在 $[a,b]$ 上之**定積分**，而且我們說 f 在 $[a,b]$ 上之黎曼和趨近 I。通常我們以符號 $\int_a^b f(x)dx$ 來表示 I，並讀做「f 從 a 到 b 之積分」。因此，若 f 在 $[a,b]$ 上黎曼和之極限存在，那麼

$$\lim_{\|P\| \to 0} \sum_{k=1}^{n} f(c_k)\Delta x_k = \int_a^b f(x)dx$$

在符號 $\int_a^b f(x)dx$ 中，我們稱 $[a,b]$ 爲**積分區間**，a 與 b 分別稱爲定積分的**下限**與**上限**，而 $f(x)$ 則稱爲**被積分函數**。

在此，我們提醒同學們宜注意到定積分 $\int_a^b f(x)dx$ 之值只和函數 f 有關，而與代表此函數中自變數的符號無關，也就是說我們也可以選取 t 或 v 來表示自變數並且它們所對應之定積分都一樣，亦即

$$\int_a^b f(x)dx = \int_a^b f(t)dt = \int_a^b f(v)dv$$

例 7　試證若$f(x) = c, x \in [a,b]$，其中 c 為一固定常數，則

$$\int_a^b f(x)dx = \int_a^b cdx = c(b-a)$$

解　我們從定義5.1 來證明本例。設 $P = \{x_0, x_1, \cdots, x_n\}$ 為 $[a,b]$ 上之任一分割。對任意樣本組 $\{c_k | k = 1, 2, \cdots, n\}$ 而言，因為 f 為常數函數，所以，$f(c_k) = c, k = 1, 2, \cdots, n$。因而對此分割及此組樣本而言，其所對應之黎曼和

$$\begin{aligned} S_P &= \sum_{k=1}^{n} f(c_k)\Delta x_k = \sum_{k=1}^{n} c \cdot \Delta x_k \\ &= c \cdot \sum_{k=1}^{n} \Delta x_k \\ &= c(b-a) \end{aligned}$$

也就是說，f 在 $[a,b]$ 上之任意黎曼和皆為 $c(b-a)$，故

$$\lim_{\|P\| \to 0} \sum_{k=1}^{n} f(c_k)\Delta x_k = c(b-a)$$

所以，得證

$$\int_a^b f(x)dx = \int_a^b cdx = c(b-a)$$ ■

關於定積分，我們有兩大問題需要解決，任給閉區間 $[a,b]$ 及其上之實函數 f，我們有興趣的是定積分 $\int_a^b f(x)dx$ 是否存在？以及若定積分存在的話，那其值是多少？關於第一個問題我們有下列之部分解答，至於第二個問題則留待後續的章節再做討論。

定理 5.2

若函數 f 在閉區間 $[a,b]$ 上連續，則定積分 $\int_a^b f(x)dx$ 存在。

定理 5.2 之證明由於需用到連續函數較深入的性質，因此我們將省略。同學們宜注意從定理 5.2 我們得知函數的連續性只是定積分存在的充分條件。

底下，我們看一些定積分的實例計算。

例 8 試求 $\int_0^1 x^2dx$。

解 令 $P_n=\left\{0,\frac{1}{n},\frac{2}{n},\cdots,\frac{k}{n},\cdots,\frac{n-1}{n},1\right\}$爲$[0,1]$ 上之分割（即 $x_k=\frac{k}{n}$），並取樣本點 $c_k=\frac{k}{n}, k=1,2,\cdots,n$ 則 $f(c_k)=c_k^2=\left(\frac{k}{n}\right)^2=\frac{k^2}{n^2}$，且 $\Delta x_k=\frac{1}{n}$，因此對應之黎曼和爲

$$
\begin{aligned}
S_{P_n}&=\sum_{k=1}^{n} f(c_k)\Delta x_k=\sum_{k=1}^{n}\frac{k^2}{n^2}\cdot\frac{1}{n}\\
&=\sum_{k=1}^{n}\frac{k^2}{n^3}=\frac{1}{n^3}\sum_{k=1}^{n}k^2\\
&=\frac{1}{n^3}\cdot\frac{n(n+1)(2n+1)}{6} \qquad (\text{由}(6))\\
&=\frac{(n+1)(2n+1)}{6n^2}=\frac{2n^2+3n+1}{6n^2}
\end{aligned}
$$

因爲 $f(x)=x^2$ 爲連續函數，故由定理 5.2，$\int_0^1 x^2dx$ 存在。又由於 $\|P_n\|=\frac{1}{n}\longrightarrow 0$，當 $n\longrightarrow\infty$，所以由定積分之定義，我們有

$$
\begin{aligned}
\int_0^1 x^2dx&=\lim_{n\to\infty} S_{P_n}\\
&=\lim_{n\to\infty}\frac{2n^2+3n+1}{6n^2}
\end{aligned}
$$

$$=\frac{2}{6}=\frac{1}{3}$$ ■

一般說來，利用定義 5.1 來求定積分的方法是行不通的。在下面兩節裡，我們將討論利用反導函數的概念來求定積分。底下，我們來看一些定積分的性質。它們的證明則予以省略。

定理 5.3

設 $\int_a^b f(x)dx$ 存在且 β 爲任意常數，則

$$\int_a^b \beta f(x)dx=\beta\int_a^b f(x)dx$$

定理 5.4

設 $\int_a^b f(x)dx$ 及 $\int_a^b g(x)dx$ 存在，則

$$\int_a^b (f(x)+g(x))dx=\int_a^b f(x)dx+\int_a^b g(x)dx$$

定理 5.5

設 $\int_a^c f(x)dx$ 及 $\int_c^b f(x)dx$ 存在，則

$$\int_a^c f(x)dx+\int_c^b f(x)dx=\int_a^b f(x)dx$$

例 9　設 $\int_0^1 xdx=\frac{1}{2},\int_0^1 x^3dx=\frac{1}{4},\int_0^1 x^4dx=\frac{1}{5}$，求

$\int_0^1 (2x^4-3x^3+x)dx$。

解　由定理 5.3 及5.4，得

$$\int_0^1 (2x^4 - 3x^3 + x)dx = 2\int_0^1 x^4 dx - 3\int_0^1 x^3 dx + \int_0^1 x dx$$

$$= 2\left(\frac{1}{5}\right) - 3\left(\frac{1}{4}\right) + \frac{1}{2}$$

$$= \frac{2}{5} - \frac{3}{4} + \frac{1}{2} = \frac{3}{20} \quad ■$$

定理 5.6

設對所有的 $x \in [a, b]$， $f(x) \le g(x)$, 且 $\int_a^b f(x)dx$ 及 $\int_a^b g(x)dx$ 均存在，則

$$\int_a^b f(x)dx \le \int_a^b g(x)dx$$

定理 5.7

（積分均值定理）

設 f 在 $[a, b]$ 上連續，則存在 $c \in [a, b]$，使得

$$f(c) = \frac{1}{b-a}\int_a^b f(x)dx$$

證明　因爲 f 在 $[a, b]$ 上連續，由定理 4.1，知存在 α 及 $\beta \in [a, b]$，使得

$$f(\alpha) \le f(x) \le f(\beta), x \in [a, b]$$

再由定理 5.6 得

$$\int_a^b f(\alpha)dx \le \int_a^b f(x)dx \le \int_a^b f(\beta)dx$$

因爲 $f(\alpha)$ 及 $f(\beta)$ 爲常數，故得

$$f(\alpha)(b-a) \le \int_a^b f(x)dx \le f(\beta)(b-a)$$

亦即

$$f(\alpha) \leq \frac{1}{b-a}\int_a^b f(x)dx \leq f(\beta)$$

由中間值定理（定理 2.16），我們知存在 $c \in [a,b]$ 使得

$$f(c) = \frac{1}{b-a}\int_a^b f(x)dx$$ ■

在定理 5.7 中，數值 $\frac{1}{b-a}\int_a^b f(x)dx$ 稱爲函數 f 在 $[a,b]$ 上的**平均值**。由積分均值定理，我們知道對連續函數 f 而言，至少存有一點 $c \in [a,b]$，使得 $f(c)$ 等於 f 在 $[a,b]$ 上的平均值。

例 10　設 f 在 $[a,b]$ 上連續且 $\int_a^b f(x)dx = 0$，試證明 f 在 $[a,b]$ 上至少有一根，亦即存在 $c \in [a,b]$ 使得 $f(c) = 0$。

解　由定理 5.7 知存在 $c \in [a,b]$ 使得

$$f(c) = \frac{1}{b-a}\int_a^b f(x)dx = \frac{1}{b-a} \cdot 0 = 0$$

故得證。 ■

例 11　試證明 $\int_0^1 \sqrt{1+\sin x}dx$ 之值不可能等於 2。

解　因爲 $\sin x \leq 1, x \in [0,1]$，所以 $\sqrt{1+\sin x} < \sqrt{1+1} = \sqrt{2}$, $x \in [0,1]$。故由定理 5.6 知

$$\int_0^1 \sqrt{1+\sin x}dx \leq \int_0^1 \sqrt{2}dx = \sqrt{2}(1-0) = \sqrt{2} < 2$$

因此，$\int_0^1 \sqrt{1+\sin x}dx$ 不可能等於 2。 ■

習 題 5–1

1.設函數

$$f(x)=\begin{cases}1, & x\text{爲有理數}\\ 0, & x\text{爲無理數}\end{cases}$$

試證明 $\int_0^1 f(x)dx$ 不存在。

2.仿例 8，試證 $\int_0^1 xdx=\frac{1}{2}$。

3.仿例 8，試證 $\int_0^1 x^3dx=\frac{1}{4}$。

4.試證明 $\int_0^1 \sqrt{1+\cos x}dx$ 之值不可能等於 2。

5.本習題之目的在於利用一些已知三角恆等式來求定積分。已知對任意實數 x，我們有

$$\sum_{k=1}^{n}\sin kx=\sin x+\sin 2x+\cdots+\sin nx$$

$$=\frac{\cos\frac{x}{2}-\cos\left(n+\frac{1}{2}\right)x}{2\sin\frac{x}{2}}$$

令 $P_n=\left\{0,\frac{\pi}{n},\frac{2\pi}{n},\cdots,\frac{n\pi}{n}\right\}$ （即 $x_k=\frac{k\pi}{n}$）爲 $[0,\pi]$ 之一分割且取樣本點 $c_k=\frac{k\pi}{n},k=1,2,\cdots,n$。令 $f(x)=\sin x$。試求 S_{P_n}，並求 $\lim\limits_{n\to\infty}S_{P_n}$，由此證明

$$\int_0^\pi \sin xdx=\lim_{n\to\infty}S_{P_n}=2$$

5–2　反導函數與不定積分

在第三章裡，我們主要介紹了導函數的概念，也就是說給定一個函數 $f(x)$，那麼它的導函數 $f'(x)$ 會等於什麼？例如，若 f 定義為

$$f(x) = 5x^3 - 7x^2 + 6x + 1$$

則我們知道

$$f'(x) = 15x^2 - 14x + 6$$

現在，反過來我們要問下列之問題。給定一函數 f，是否存在一函數 F，使得 F 的導函數是 f，亦即是否存在一函數 F 使得

$$F'(x) = f(x)$$

例如，若 $f(x) = 2x + 1$ 且 $F(x) = x^2 + x$，則易知 $F'(x) = f(x)$。對於上面所看到的例子，我們給 F 一個特殊的名稱。

定義 5.8

如果 $F'(x) = f(x)$，那麼就稱函數 F 為函數 f 的**反導函數**。

例 1　設 $f(x) = 3x^2 + 1, G(x) = x^3 + x + 1, F(x) = x^3 + x + 9$，則易知

$$G'(x) = f(x) \quad 且 \quad F'(x) = f(x)$$

亦即，函數 F 與 G 皆是函數 f 之反導函數。　■

由例 1，我們可以看出一個函數 f 可能有許多個不同的反導函數。事實上，若 $F(x)$ 為 $f(x)$ 之反導函數，那麼對任意常數 C 而言，$F(x) + C$ 亦是 $f(x)$ 之反導函數。反過來說，由定理 4.4，我們知若函數 F 與 G 在一區間上之導函數相等，那麼 F

與G 只差一個常數。綜合以上討論，我們有

定理 5.9

函數 F 與 G 是函數 f 之反導函數，若且唯若存在一常數 C 使得

$$F(x) = G(x) + C$$

例 2 底下我們列出一些函數及其一般之反導函數，同學們可以利用已知之導數公式來驗證。

函數 $f(x)$	一般之反導函數
$\sin x$	$-\cos x + C$
$\cos x$	$\sin x + C$
x^5	$\frac{1}{6}x^6 + C$
$\sqrt{x}$	$\frac{2}{3}x^{\frac{3}{2}} + C$
$\frac{1}{\sqrt{x}}$	$2\sqrt{x} + C$
$\cos 3x$	$\frac{1}{3}\sin 3x + C$
$-x^2 + 5x + 1$	$-\frac{1}{3}x^3 + \frac{5}{2}x^2 + x + C$

■

我們現在定義一個函數的不定積分如下。

定義 5.10

設 f 爲某一個函數之導函數，則所有 f 之反導函數所成之集合稱爲 f 之**不定積分**，並以下列符號記之

$$\int f(x)dx$$

符號 $\int$ 稱爲**積分符號**，函數 f 稱爲**被積分函數**，而 x 稱爲**積分變數**。

由上面定義，我們知道

$$\int f(x)dx = \{F|F' = f\}$$

但是由定理 5.9 我們知道如果 $F(x)$ 是 $f(x)$ 之一反導函數，那麼所有 f 之反導函數和 F 只差一個常數。因此，我們可以用下列新的記號來表示這個事實。

$$\int f(x)dx = F(x) + C \tag{1}$$

常數 C 稱爲**積分常數**或**任意常數**。通常等式(1)可以讀成「f 對 x 的不定積分是 $F(x)+C$」。

例 3 因爲 $F(x) = \dfrac{1}{8}x^8$ 爲 $f(x) = x^7$ 之一反導函數，所以

$$\int x^7 dx = \frac{1}{8}x^8 + C$$

■

從例 2，我們可以得到求不定積分的兩個步驟。當我們想求 $\int f(x)dx$ 時，首先求 $f(x)$ 之一個反導函數 $F(x)$，然後再加上常數 C，則

$$\int f(x)dx = F(x) + C$$

利用第三章所得到一些特殊函數的導函數，我們有下列積分公式

表 5–1 積分公式

1. $\displaystyle\int x^n dx = \frac{x^{n+1}}{n+1} + C \quad (n \neq -1)$

2. $\displaystyle\int \sin ax dx = \frac{-\cos ax}{a} + C$

3. $\int \cos ax dx = \frac{\sin ax}{a} + C$

4. $\int \sec^2 x dx = \tan x + C$

5. $\int \csc^2 x dx = -\cot x + C$

6. $\int \sec x \tan x dx = \sec x + C$

7. $\int \csc x \cot x dx = -\csc x + C$

8. $\int \frac{1}{x} dx = \ln x + C \qquad (x > 0)$

9. $\int a^x dx = \frac{a^x}{\ln a} + C \qquad (a > 0, a \neq 1)$

10. $\int e^x dx = e^x + C$

11. $\int \frac{dx}{\sqrt{a^2 - x^2}} = \sin^{-1}\left(\frac{x}{a}\right) + C \qquad (a \neq 0, x^2 < a^2)$

12. $\int \frac{dx}{a^2 + x^2} = \frac{1}{a} \tan^{-1}\left(\frac{x}{a}\right) + C \qquad (a \neq 0)$

13. $\int \frac{dx}{x\sqrt{x^2 - a^2}} = \frac{1}{a} \sec^{-1}\left(\frac{x}{a}\right) + C \qquad (a > 0, x > a)$

例 4 (a)由表5-1，公式3，得

$$\int \cos 5x dx = \frac{\sin 5x}{5} + C$$

(b)由表 5-1，公式1，得

$$\int x^{-3} dx = -\frac{x^{-2}}{2} + C = -\frac{1}{2x^2} + C$$

(c)由表 5–1，公式11，得

$$\int \frac{dx}{\sqrt{4-x^2}}=\sin^{-1}\left(\frac{x}{2}\right)+C$$

(d)由表 5–1，公式9，得

$$\int 2^x dx=\frac{2^x}{\ln 2}+C \quad ■$$

關於不定積分的運算規則我們有下列定理，其證明則留作習題。

定理 5.11

(i) $\int kf(x)dx=k\int f(x)dx, k$ 爲一常數

(ii) $\int -f(x)dx=-\int f(x)dx$

(iii) $\int [f(x)+g(x)]dx=\int f(x)dx+\int g(x)dx$

(iv) $\int [f(x)-g(x)]dx=\int f(x)dx-\int g(x)dx$

利用定理 5.11 及表 5–1 公式 1，我們可以求得任意多項式之不定積分。

例 5　求 $\int(2x^2+3x-1)dx$。

解

$$\begin{aligned}\int(2x^2+3x-1)dx&=\int 2x^2dx+\int 3xdx+\int(-1)dx\\&=2\int x^2dx+3\int xdx-\int 1dx\\&=2\cdot\frac{x^3}{3}+3\cdot\frac{x^2}{2}-x+C\end{aligned}$$

$$=\frac{2x^3}{3}+\frac{3x^2}{2}-x+C \quad \blacksquare$$

同學們宜注意在例5之第三個步驟中，其實我們應該寫成 $\frac{2x^2}{3}+C_1+\frac{3x^2}{2}+C_2-x+C_3=\frac{2x^2}{3}+\frac{3x^2}{2}-x+C_1+C_2+C_3$，其中 C_1, C_2 及 C_3 皆是常數。如果我們把 $C_1+C_2+C_3$ 用一個常數 C 來表示，那麼我們就得到了例5中第四個式子，這樣一來也可以簡化我們的答案。

例 6 求 $\int \cos^2 x dx$。

解 由 $\cos^2 x=\frac{1+\cos 2x}{2}$，得

$$\begin{aligned}\int \cos^2 x dx &= \int \frac{1+\cos 2x}{2} dx \\ &= \int \left(\frac{1}{2}+\frac{1}{2}\cos 2x\right) dx \\ &= \frac{1}{2}\int 1\cdot dx+\frac{1}{2}\int \cos 2x dx \\ &= \frac{1}{2}x+\frac{1}{2}\cdot\frac{1}{2}\sin 2x+C \\ &= \frac{x}{2}+\frac{1}{4}\sin 2x+C \quad \blacksquare\end{aligned}$$

例 7 求 $\int (2\sec x\tan x-\sec^2 x)dx$。

解 由定理5.11，表5–1中公式4及6，我們得

$$\begin{aligned}&\int (2\sec x\tan x-\sec^2 x)dx \\ &=2\int \sec x\tan x dx-\int \sec^2 x dx \\ &=2\sec x-\tan x+C \quad \blacksquare\end{aligned}$$

習題 5-2

1.證明定理 5.11。

2 ～ 30 題，求不定積分。

2. $\int (x+2)dx$

3. $\int (4-7x)dx$

4. $\int \left(3t^2 + \frac{t}{4}\right) dt$

5. $\int (t^2+5t^4)dt$

6. $\int \left(3x^3-5x^2+7x+9\right) dx$

7. $\int (2-x-x^2)dx$

8. $\int \left(\frac{1}{x^2}-x\right) dx$

9. $\int \left(1-\frac{2}{x^4}+x\right) dx$

10. $\int x^{-\frac{1}{4}} dx$

11. $\int x^{-\frac{5}{3}} dx$

12. $\int (\sqrt{x}+\sqrt[4]{x})dx$

13. $\int \left(\sqrt{x}+\frac{1}{\sqrt{x}}\right) dx$

14. $\int \left(6y-\frac{12}{\sqrt{y}}\right) dy$

15. $\int x(1-x^3)dx$

16. $\int x^{-3}(x^2+x+1)dx$

17. $\int \left(\frac{2+\sqrt{t}}{t^2}\right) dt$

18. $\int (-3\cos x)dx$

19. $\int \cos\frac{\theta}{3}d\theta$

20. $\int (-5\csc^2 x)dx$

21. $\int \left(-\frac{\sec^2 x}{2}\right) dx$

22. $\int \frac{1}{3}\sec x \tan x dx$

23. $\int \frac{\csc x \cot x}{4}dx$

24. $\int (2\sec x\tan x-3\csc^2 x)dx$

25. $\int (\sin 3x-\cos 2x)dx$

26. $\int \sin^2 x dx$　（提示：利用 $\sin^2 x = \dfrac{1-\cos 2x}{2}$）

27. $\int 2\cos^2 x dx$　（提示：$\cos^2 x + \sin^2 x = 1$）

28. $\int \dfrac{x+\cos x}{3} dx$

29. $\int (3+\tan^2 x) dx$　（提示：$1+\tan^2 x = \sec^2 x$）

30. $\int \cot^2 x dx$　（提示：$1+\cot^2 x = \csc^2 x$）

31 ～ 34 題，利用計算每題右邊函數之導函數的方法來證明下列各不定積分之結果正確。

31. $\int (x+1)^{-2} dx = -\dfrac{1}{x+1} + C$

32. $\int x\cos x dx = x\sin x + \cos x + C$

33. $\int (3x+5)^3 dx = \dfrac{1}{12}(3x+5)^4 + C$

34. $\int \dfrac{1}{5x+6} dx = \dfrac{1}{5}\ln(5x+6) + C, \quad x > \dfrac{-6}{5}$

5–3　微積分的基本定理

在 5–1 節裡，我們介紹了函數定積分的定義，並且看了一些由定義直接算出來的定積分之例子。一般說來，要利用定積分的定義直接來求給定函數的定積分是一件非常困難的工作。因而本節的目的即是要介紹利用不定積分來求定積分的方法，亦即所謂的**微積分基本定理**。爲了擴大定積分之定義，我們有下列之定義。

定義 5.12

設函數 f 在 $[a,b]$ 上可積分，則

(i) $\int_a^a f(x)dx = 0$

(ii) $\int_b^a f(x)dx = -\int_a^b f(x)dx$

假設函數 f 在 $[a,b]$ 上可積分。那麼，對任意 $x \in [a,b]$，定積分 $\int_a^x f(t)dt$ 存在，因此我們可以定義一新的函數如下:

$$F(x) = \int_a^x f(t)dt,\ x \in [a,b]$$

微積分基本定理告訴我們二件事實：一是如果 f 是連續函數，那麼 $F'(x) = f(x)$；二是 $f(x)$ 在 $[a,b]$ 上的定積分等於 $F(b) - F(a)$。我們現在把這兩件事實寫成下列的結果:

定理 5.13

（微積分基本定理第一部分）
假設 f 在 $[a,b]$ 上連續，則函數 $F(x)=\int_a^x f(t)dt$ 在 $[a,b]$ 上可微分而且對每一 $x\in[a,b]$

$$F'(x)=f(x)$$

證明 由導數的定義，我們有

$$F'(x)=\lim_{h\to 0}\frac{F(x+h)-F(x)}{h}$$

$$=\lim_{h\to 0}\frac{\int_a^{x+h} f(t)dt-\int_a^x f(t)dt}{h}$$

$$=\lim_{h\to 0}\frac{\int_x^{x+h} f(t)dt}{h}$$

利用定積分之均值定理，我們知道存在一 c 介於 x 與 $x+h$ 之間使得

$$\int_x^{x+h} f(t)dt=f(c)(x+h-x)=f(c)h$$

因爲 f 爲連續函數，因此當 $h\longrightarrow 0$ 時，$f(c)\longrightarrow f(x)$。故我們有

$$F'(x)=\lim_{h\to 0}\frac{\int_x^{x+h} f(t)dt}{h}$$

$$=\lim_{h\to 0}\frac{f(c)h}{h}$$

$$=\lim_{h\to 0} f(c)$$

$$=f(x) \quad \blacksquare$$

例 1　令 $F(x)=\int_0^x \frac{t}{1+t^2}dt$。求 $F'(1)$。

解　由定理 5.13 知

$$F'(x)=\frac{x}{1+x^2}$$

因此，$F'(1)=\frac{1}{1+1^2}=\frac{1}{2}$ $\blacksquare$

例 2　令 $G(x)=\int_0^{x^3} \frac{1}{1+t}dt$，求 $G'(1)$。

解　首先我們注意到定積分的上限是 x^3 不是 x，因此

$$G'(x)\neq \frac{1}{1+x^3}$$

本題必須用連鎖律來處理。令 $g(x)=\int_0^x \frac{dt}{1+t}$，$h(x)=x^3$，則

$$G(x)=g(h(x))$$

因爲 $g'(x)=\frac{1}{1+x}$（定理 5.13）且 $h'(x)=3x^2$，所以利用連鎖律，我們有

$$G'(x)=g'(h(x))\cdot h'(x)$$

$$=\frac{1}{1+x^3}(3x^2)$$

$$=\frac{3x^2}{1+x^3}$$

因此，所求 $G'(1)=\frac{3(1)^2}{1+1^3}=\frac{3}{2}$ $\blacksquare$

例 3　令 $H(x)=\int_{x^2}^{1}\cos t dt$，求 $H'(\pi)$。

解　首先我們注意到 $H(x)=-\int_{1}^{x^2}\cos t dt$。令 $f(x)=-\int_{1}^{x}\cos t dt$，$g(x)=x^2$，則 $H(x)=f(g(x))$。利用連鎖律及定理5.13，我們有

$$
\begin{aligned}
H'(x)&=f'(g(x))g'(x)\\
&=(-\cos x^2)\cdot 2x\\
&=-2x\cos x^2
\end{aligned}
$$

因此，$H'(\pi)=-2\pi\cos\pi^2$ ■

利用例2及例3的方法，我們可以證明下列事實。設

$$F(x)=\int_{\alpha(x)}^{\beta(x)}f(t)dt$$

則

$$F'(x)=f(\beta(x))\beta'(x)-f(\alpha(x))\alpha'(x) \tag{1}$$

例 4　設 $F(x)=\int_{x^2}^{x^3}\frac{t}{1+t}dt$，求 $F'(x)$。

解　由公式(1)，我們有

$$
\begin{aligned}
F'(x)&=\frac{x^3}{1+x^3}(3x^2)-\frac{x^2}{1+x^2}(2x)\\
&=\frac{3x^5}{1+x^3}-\frac{2x^3}{1+x^2}\\
&=\frac{x^3[3x^2(1+x^2)-2(1+x^3)]}{(1+x^3)(1+x^2)}\\
&=\frac{x^3(3x^4-2x^3+3x^2-2)}{(1+x^3)(1+x^2)}
\end{aligned}
$$

■

接下來，我們來看微積分基本定理第二部分。

定理 5.14

（微積分基本定理第二部分）
設函數 f 在 $[a,b]$ 上連續且 F 是 f 在 $[a,b]$ 上之任一反導函數，則

$$\int_a^b f(x)dx = F(b) - F(a)$$

證明　由定理 5.13 我們知道函數

$$G(x) = \int_a^x f(t)dt,\ x \in [a,b]$$

為 f 之一反導函數，因為 f 之任二個反導函數只差一個常數（定理 5.9），所以存在一常數 C 使得

$$F(x) = G(x) + C,\ x \in [a,b]$$

因此

$$\begin{aligned} F(b) - F(a) &= (G(b) + C) - (G(a) + C) \\ &= G(b) - G(a) \\ &= \int_a^b f(t)dt - \int_a^a f(t)dt \\ &= \int_a^b f(t)dt \quad \left(\text{由定義 5.12 (i)得} \int_a^a f(t)dt = 0\right) \end{aligned}$$

故得證。 ■

定理 5.14 告訴我們如果想計算一連續函數 f 從 a 到 b 的定積分，我們只要找出 f 的一個反導函數 F，然後計算 $F(b) - F(a)$，則所得之值即為我們所要求之定積分。而求函數 f 的反導函數相當於求 f 之不定積分 $\int f(x)dx$。因此，我們要利用不定積分

來計算定積分，而計算不定積分的方法則留待下一節及下一章再做詳細之討論。

習慣上，我們用記號 $F(x)\Big|_a^b$ 來表示 $F(b)-F(a)$。

例 5 因爲 $\sin x$ 爲 $\cos x$ 之一反導函數，因此

$$\int_{-\frac{\pi}{2}}^{\frac{\pi}{2}} \cos x dx=\sin x\Big|_{-\frac{\pi}{2}}^{\frac{\pi}{2}}$$

$$=\sin\left(\frac{\pi}{2}\right)-\sin\left(-\frac{\pi}{2}\right)=1-(-1)=2$$ ■

例 6 因爲 $\dfrac{x^2}{2}$ 爲 x 之反導函數，因此

$$\int_0^1 xdx=\frac{x^2}{2}\Big|_0^1=\frac{(1)^2}{2}-\frac{0}{2}=\frac{1}{2}$$ ■

利用 5–2 節表 5–1 之一些不定積分之公式及不定積分之運算規則，我們可以求出許多特殊函數其定積分之值。請看下面的例子。

例 7 求 $\int_0^1 (3x^2+2x+1)dx$。

解 我們分下列兩個步驟來處理。

(i) $$\int(3x^2+2x+1)dx=3\int x^2dx+2\int xdx+\int 1dx$$

$$=3\cdot\frac{x^3}{3}+2\cdot\frac{x^2}{2}+x+C$$

$$=x^3+x^2+x+C$$

(ii)所求之定積分爲

$$\int_0^1 (3x^2+2x+1)dx=(x^3+x^2+1)\Big|_0^1$$

$$=(1^3+1^2+1)-(0^3+0^2+1)$$

$$=3-1=2$$ ■

我們在此提醒同學注意的是在例 7 中第一個步驟主要是求函數 $3x^2+2x+1$ 之一個反導函數，因爲 $\int(3x^2+2x+1)dx$ 求出來的是所有 $3x^2+2x+1$ 之反導函數，但是由於任意兩個反導函數只差一個常數 C，所以在第二個步驟裡，我們就略去 C。

例 8　求 $\int_1^4 x^{-\frac{1}{2}}dx$。

解　因爲 $\int x^{-\frac{1}{2}}dx=\dfrac{1}{1-\frac{1}{2}}\cdot x^{-\frac{1}{2}+1}+C=2x^{\frac{1}{2}}+C$，所以

$$\int_1^4 x^{-\frac{1}{2}}dx=2(4)^{\frac{1}{2}}-2(1)^{\frac{1}{2}}=2(2)-2=4-2=2$$ ■

例 9　求 $\int_0^1 (x+1)^2dx$。

解　由 $(x+1)^2=x^2+2x+1$，得

$$\int(x+1)^2dx=\int(x^2+2x+1)dx$$

$$=\int x^2dx+2\int xdx+\int 1dx$$

$$=\frac{x^3}{3}+2\cdot\frac{x^2}{2}+x+C$$

$$=\frac{x^3}{3}+x^2+x+C$$

所以

$$\int_0^1(x+1)^2dx=\left(\frac{x^3}{3}+x^2+x\right)\Big|_0^1=\left(\frac{1}{3}+1+1\right)-(0+0+0)$$

$$=\frac{7}{3}$$ ■

習題 5–3

1 ～ 10 題，求各函數 $f(x)$ 之導函數 $f'(x)$。

1. $\int_0^x \sqrt{1+t^2}dt$
2. $\int_1^x \cos t^2 dt$
3. $\int_2^{x^2} \sin t dt$
4. $\int_5^{x^3} \frac{1}{\sqrt{1+t^2}}dt$
5. $\int_0^{\cos x} 2t dt$
6. $\int_1^{\sin x} 3t^2 dt$
7. $\int_0^{\tan x} \csc t dt$
8. $\int_x^{x^2} (1+t)dt$
9. $\int_{\sqrt{x}}^1 t dt$
10. $\int_{10}^{x^4} \frac{1}{t}dt, x>0$

11 ～ 30 題，求定積分。

11. $\int_{-1}^1 (1+x)dx$
12. $\int_0^{\pi} \cos x dx$
13. $\int_{-1}^1 (x+1)^2 dx$
14. $\int_1^{\sqrt{2}} \left(\frac{x^7}{2}-\frac{1}{x^3}\right)dx$
15. $\int_4^9 \frac{1+\sqrt{x}}{\sqrt{x}}dx$
16. $\int_0^{\frac{\pi}{2}} (1+\sin x)dx$
17. $\int_{-2}^{-1} \frac{1}{x^2}dx$
18. $\int_0^1 (x+1)(x+2)dx$

（提示：先展開）

19. $\int_{-1}^{8}(x^{\frac{1}{3}}-x)dx$

20. $\int_{-1}^{1}(x^{3}-4x)dx$

21. $\int_{-2}^{2}(-x^{2}+2x)dx$

22. $\int_{0}^{\frac{\pi}{3}}\sec x\tan xdx$

23. $\int_{0}^{\frac{\pi}{4}}\sec^{2}xdx$

24. $\int_{\frac{\pi}{4}}^{\frac{\pi}{2}}2\csc x\cot xdx$

25. $\int_{0}^{\frac{\pi}{2}}(x+\sin x)dx$

26. $\int_{0}^{2}(x^{3}-x^{2}-2x)dx$

27. $\int_{-1}^{8}x^{\frac{1}{3}}dx$

28. $\int_{0}^{1}\frac{1}{1+x^{2}}dx$

29. $\int_{0}^{1}(\sqrt{x}+x^{2}+x^{3})dx$

30. $\int_{0}^{\pi}\sin 2xdx$

5–4 變數變換

在計算積分時，有時候經過變數變換的方法，我們可以把看起來不熟悉的積分轉換成我們熟悉且能計算的式子。積分的變數變換是計算積分主要的方法之一。本節的目的即在於介紹積分之變數變換方法，討論其原理並舉些實際計算的例子。

假設函數 F 爲函數 f 之反導函數。現在我們想求下列不定積分

$$\int f(g(x))g'(x)dx \tag{1}$$

令 $u = g(x)$，則 $du = g'(x)dx$。將(1)式換成以 u 爲變數之不定積分，得

$$\begin{aligned}\int f(g(x))g'(x)dx &= \int f(u)du \\ &= F(u) + C \\ &= F(g(x)) + C\end{aligned}$$

上述變數變換的主要依據是連鎖律。的確，由連鎖律，我們有

$$\begin{aligned}[F(g(x))]' &= F'(g(x))g'(x) \\ &= f(g(x))g'(x) \quad （因爲 F' = f）\end{aligned}$$

例 1 求 $\int (x+2)^5 dx$。

解 令 $u = x+2$，則 $du = d(x+2) = dx+d2 = dx$（因爲 $d2 = 0$），故

$$\int (x+2)^5 dx = \int u^5 du = \frac{1}{6}u^6 + C = \frac{(x+2)^6}{6} + C \quad \blacksquare$$

例 2　求 $\int x\sqrt{x^2+1}dx$。

解　令 $u = x^2+1$，則 $du = 2xdx$，故

$$\begin{aligned}\int x\sqrt{x^2+1}dx &= \frac{1}{2}\int \sqrt{x^2+1}(2xdx)\\ &= \frac{1}{2}\int \sqrt{u}du\\ &= \frac{1}{2}\int u^{\frac{1}{2}}du\\ &= \frac{1}{2}\cdot\frac{2}{3}u^{\frac{3}{2}} + C\\ &= \frac{1}{3}(x^2+1)^{\frac{3}{2}} + C \quad \blacksquare\end{aligned}$$

例 3　求 $\int \sin x\cos^3 xdx$。

解　令 $u = \cos x$，則 $du = -\sin xdx$。故

$$\begin{aligned}\int \sin x\cos^3 xdx &= -\int \cos^3 x(-\sin xdx)\\ &= -\int u^3 du\\ &= -\frac{1}{4}u^4 + C\\ &= -\frac{1}{4}\cos^4 x + C \quad \blacksquare\end{aligned}$$

對於定積分的計算，我們也可以使用變數變換的方法來處理。利用變數變換求定積分的公式如下

$$\int_a^b f(g(x))g'(x)dx = \int_{g(a)}^{g(b)} f(u)du \tag{2}$$

其中 $u=g(x)$。

一般說來，我們有兩種方法來作定積分的變數變換。方法一是如公式(2)所述。方法二是先不管積分的上、下限，待利用不定積分變數變換法求出 $\int f(g(x))g'(x)dx$ 之後，再分別代入 b 與a 求函數值並求其差。我們看下面的例子。

例 4 求 $\int_0^1 2x\sqrt{x^2+1}dx$。

解 方法一：令 $u=g(x)=x^2+1$，則$du=2xdx, g(0)=1, g(1)=2$，故由公式(2)得

$$\begin{aligned}\int_0^1 2x\sqrt{x^2+1}dx &= \int_1^2 u^{\frac{1}{2}}du \\ &= \frac{2}{3}u^{\frac{3}{2}}\Big|_1^2 \\ &= \frac{2}{3}2^{\frac{3}{2}}-\frac{2}{3} \\ &= \frac{2}{3}(2\sqrt{2}-1)\end{aligned}$$

方法二：令 $u=x^2+1$，則$du=2xdu$，故

$$\begin{aligned}\int 2x\sqrt{x^2+1}dx &= \int \sqrt{x^2+1}(2xdx) \\ &= \int u^{\frac{1}{2}}du \\ &= \frac{2}{3}u^{\frac{3}{2}}+C \\ &= \frac{2}{3}(x^2+1)^{\frac{3}{2}}+C\end{aligned}$$

因此

$$\int_0^1 2x\sqrt{x^2+1}dx = \frac{2}{3}(x^2+1)^{\frac{3}{2}}\Big|_0^1$$

$$=\frac{2}{3}(1+1)^{\frac{3}{2}}-\frac{2}{3}(0+1)^{\frac{3}{2}}$$

$$=\frac{2}{3}2^{\frac{3}{2}}-\frac{2}{3}=\frac{2}{3}(2\sqrt{2}-1) \quad \blacksquare$$

同學也許要問像例 4 中的兩種方法，那一種較好呢？一般說來，有的問題利用方法一較易處理，而有些則利用方法二較易計算。同學宜熟悉此兩種方法。

有的時候，我們無法一眼看出是否可以使用變數變換的方法，但是，利用變數變換之後再經過適當的處理，那麼式子就會變成我們所熟悉的樣子。這類型的問題很多，唯有勤加練習，方能得心應手。請看下面的例子。

例 5　求 $\int \frac{x^2}{\sqrt{2-x}}dx$。

解　本題初見之下似乎無法使用變數變換。其實不然，令 $u=2-x$，則 $du=-dx$。由 $x=2-u$，我們有

$$\int \frac{x^2}{\sqrt{2-x}}dx=-\int \frac{x^2}{\sqrt{2-x}}(-dx)$$

$$=-\int \frac{(2-u)^2}{\sqrt{u}}du$$

$$=-\int \frac{4-4u+u^2}{\sqrt{u}}du \qquad \text{（對 } (2-u)^2 \text{ 展開）}$$

$$=-\int \left(4u^{-\frac{1}{2}}-4u^{\frac{1}{2}}+u^{\frac{3}{2}}\right)du$$

$$=-\left[4\int u^{-\frac{1}{2}}du-4\int u^{\frac{1}{2}}du+\int u^{\frac{3}{2}}du\right]$$

$$=-\left(4\cdot 2u^{\frac{1}{2}}-4\cdot\frac{2}{3}u^{\frac{3}{2}}+\frac{2}{5}u^{\frac{5}{2}}\right)+C$$

$$=-8u^{\frac{1}{2}}+\frac{8}{3}u^{\frac{3}{2}}-\frac{2}{5}u^{\frac{5}{2}}+C$$

$$=-8\sqrt{2-x}+\frac{8}{3}(2-x)\sqrt{2-x}$$

$$-\frac{2}{5}(2-x)^2\sqrt{2-x}+C \qquad （代 u=2-x）$$ ■

習題 5–4

1～30題，求各積分值。

1. $\int \sqrt{x+3}dx$

2. $\int \frac{1}{\sqrt{2x+1}}dx$

3. $\int x\sqrt{1+x^2}dx$

4. $\int 2x\sqrt[3]{x^2+5}dx$

5. $\int \frac{4x^3}{\sqrt{x^4+1}}dx$

6. $\int \frac{5}{(5x-1)^2}dx$

7. $\int_1^3 2x\sqrt{x^2-1}dx$

8. $\int \frac{x}{\sqrt{1-x}}dx$（提示：令 $u=1-x$）

9. $\int_0^{\frac{\pi}{2}} \cos x \sin^2 x dx$

10. $\int_0^1 (2x-1)^3 dx$

11. $\int_{-1}^1 x(1-x^2)^4 dx$

12. $\int \frac{1}{\sqrt{x}(1+\sqrt{x})^2}dx$

13. $\int \frac{1}{x^2}\sqrt{1+\frac{1}{x}}dx$

14. $\int_0^{\frac{\pi}{4}} \sec^2 x(1+\tan x)^2 dx$

15. $\int \frac{x^2}{\sqrt{1+x}}dx$（仿例5之做法）

16. $\int \frac{x^3}{\sqrt{2+x}}dx$（仿例5之做法）

17. $\int \frac{2s+1}{\sqrt{s^2+s}}ds$

18. $\int \frac{s^2+1}{\sqrt{s^3+3s}}ds$

19. $\int (x+1)(x+2)^5 dx$

20. $\int \sqrt{1+\sqrt{x}}dx$（提示：利用兩次變數變換，先令 $u=\sqrt{x}$）

21. $\int 3\sec^3 x\tan x dx$（提示：令 $u=\sec x$）

22. $\int (\cos x)e^{\sin x} dx$（提示：令 $u=\sin x$）

23. $\int \tan x dx$（提示：注意 $\tan x=\dfrac{\sin x}{\cos x}$，令 $u=\cos x$）

24. $\int \cot x dx$

25. $\int \dfrac{x}{x-1}dx$

26. $\int \dfrac{x^2}{x+1}dx$

27. $\int (x+1)\cos(x^2+2x+3)dx$

28. $\int xe^{x^2}dx$

29.在 5–2，表 5–1 公式 8 裡，我們知道

$$\int \frac{1}{x}dx=\ln x+C, x>0$$

試利用變數變換方法證明:

$$\int \frac{1}{x}dx=\ln|x|+C, x\neq 0$$

30.在 5–2 表 5–1 公式 13 裡，我們知道

$$\int \frac{dx}{x\sqrt{x^2-a^2}}=\frac{1}{a}\sec^{-1}\left(\frac{x}{a}\right)+C, a>0, x>a$$

試利用變數變換方法證明:

$$\int \frac{dx}{x\sqrt{x^2-a^2}}=\frac{1}{a}\sec^{-1}\left|\frac{x}{a}\right|+C, a>0, x^2>a^2$$

5–5 應用定積分求面積與體積及在經濟學上的應用

現在，我們來看一些定積分之應用。首先我們來計算介於函數 f 及 g 之圖形之間，由 a 至 b 的區域之面積。設 f 及 g 在 $[a,b]$ 上爲連續函數且對任意 $x\in[a,b]$。

$$f(x)\geq g(x)$$

設 R 爲介於函數 f 及 g 之圖形之間，由 a 至 b 的區域。如下圖所示:

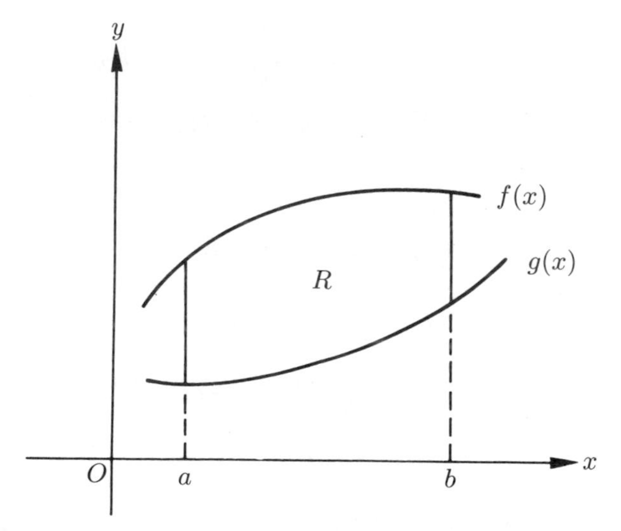

我們有興趣的是想求出區域 R 的面積。爲此，令 $P=\{x_0,x_1,\cdots,x_n\}$ 爲 $[a,b]$ 上之一分割，且 $\{c_k|c_k\in[x_{k-1},x_k],k=1,2,\cdots,n\}$ 爲一組樣本點。對 $[a,b]$ 的第 k 個小區間 $[x_{k-1},x_k]$，我們以 $\Delta x_k=x_k-x_{k-1}$ 爲寬，且 $f(c_k)-g(c_k)$ 爲長做一矩形。設此小矩形的面積爲 ΔA_k，則由矩形的面積公式，我們有

$$\Delta A_k=[f(c_k)-g(c_k)]\Delta x_k$$

參考下圖:

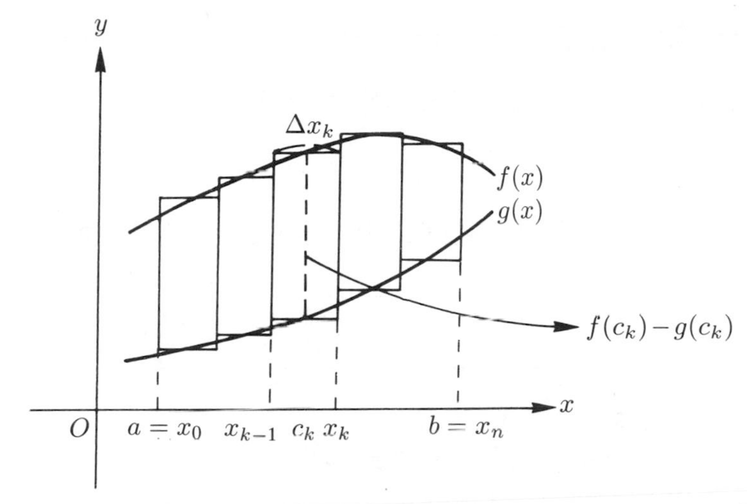

由上圖我們可以看出這 n 個小矩形的面積和是區域 R 之面積之近似值，而且若分割的範數越小，那麼對應的近似值就越精確。因此如果令 A 為區域 R 的面積，我們則有

$$A \doteqdot \sum_{k=1}^{n} [f(c_k) - g(c_k)]\Delta x_k$$

而且當 $\|P\| \longrightarrow 0$ 時，對應的小矩形之面積和會趨近 R 的面積。但是由定積分的定義，我們有

$$\lim_{\|P\|\to 0} \sum_{k=1}^{n} [f(c_k) - g(c_k)]\Delta x_k = \int_a^b [f(x) - g(x)]dx$$

注意，由於 f 與 g 在 $[a, b]$ 上連續，所以上式右邊之定積分存在。因此，區域 R 的面積 A 為

$$A = \int_a^b [f(x) - g(x)]dx$$

我們把上面的討論寫成下列結果。

定理 5.15

若 f 及 g 在 $[a,b]$ 上爲連續函數且對任意 $x \in [a,b]$，

$$f(x) \geq g(x)$$

則介於 f 及 g 之圖形之間，由 a 至 b 之區域 R 之面積 A 爲

$$A = \int_a^b [f(x) - g(x)]dx$$

例 1 設函數 f 定義爲

$$f(x) = -x^2 + 3x$$

試求由 $x = 0, x = 3, y = 0$ 及 $f(x)$ 圖形所圍出來區域之面積。

解 令 $g(x) = 0, x \in [0,3]$，則題目中之區域如下圖所示

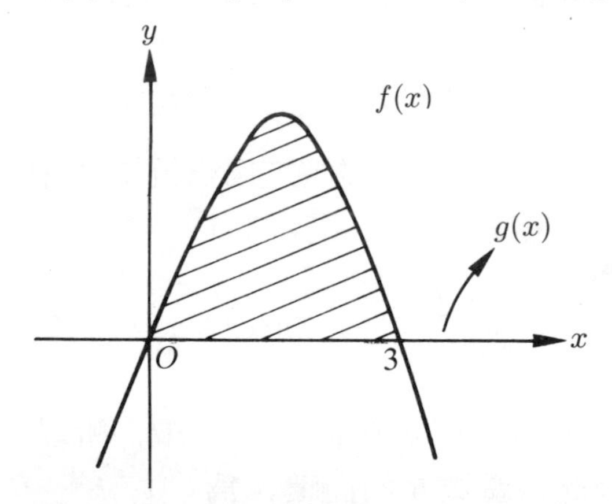

因此，由定理 5.15 所求之面積爲

$$A = \int_0^3 [f(x) - g(x)]dx$$

$$= \int_0^3 (-x^2 + 3x)dx$$

$$= \left(-\frac{x^3}{3} + \frac{3}{2}x^2\right)\Bigg|_0^3$$

$$=-\frac{3^3}{3}+\frac{3}{2}(3)^2=-9+\frac{27}{2}=\frac{9}{2}\quad\blacksquare$$

例 2　試求半徑爲 r 之圓的面積。

解　不失一般性，我們可令此圓的圓心在原點，則其方程式爲 $x^2+y^2=r^2$，因此，$y=\pm\sqrt{r^2-x^2}$。若令 $f(x)=\sqrt{r^2-x^2}$ 而 $g(x)=-\sqrt{r^2-x^2}$ 則 $f(x)\geq g(x), x\in[-r,r]$，且圓的面積即是介於 f 與 g 之圖形由 0 至 r 的區域之面積的 2 倍，見下圖

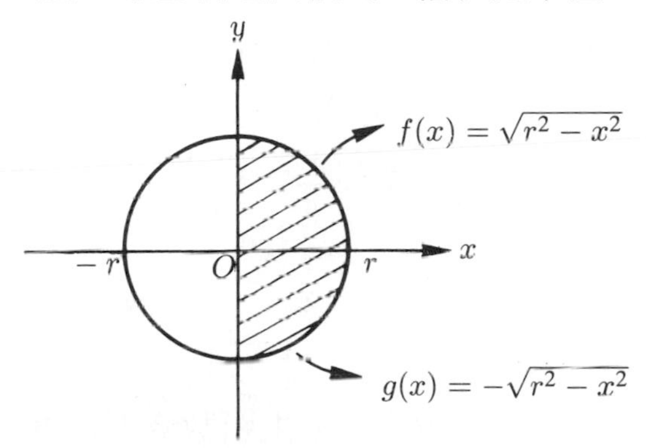

由定理 5.15 知，此圓的面積 A 爲

$$A=2\int_0^r[f(x)-g(x)]dx$$

$$=2\int_0^r 2\sqrt{r^2-x^2}dx$$

$$=4\int_0^r\sqrt{r^2-x^2}dx$$

令 $x=r\sin\theta$，則 $dx=r\cos\theta d\theta$ 且 $\sqrt{r^2-x^2}=\sqrt{r^2-r^2\sin^2\theta}=\sqrt{r^2(1-\sin^2\theta)}=\sqrt{r^2\cos^2\theta}=r\cos\theta$。再者，當 $x=0$ 時，$\theta=0$；且當 $x=r$ 時，$r\sin\theta=r$，即 $\sin\theta=1$、故 $\theta=\frac{\pi}{2}$。因此

$$A=4\int_0^r\sqrt{r^2-x^2}dx$$

$$=4\int_0^{\frac{\pi}{2}}(r\cos\theta)(r\cos\theta)d\theta$$

$$=4\int_0^{\frac{\pi}{2}} r^2\cos^2\theta d\theta$$

$$=4r^2\int_0^{\frac{\pi}{2}} \cos^2\theta d\theta$$

$$=4r^2\int_0^{\frac{\pi}{2}} \frac{1+\cos 2\theta}{2}d\theta$$

$$=2r^2\int_0^{\frac{\pi}{2}} (1+\cos 2\theta)d\theta$$

$$=2r^2\left(\theta+\frac{\sin 2\theta}{2}\right)\Big|_0^{\frac{\pi}{2}}$$

$$=2r^2\left[\frac{\pi}{2}+\frac{\sin\pi}{2}-\left(0+\frac{\sin 0}{2}\right)\right]$$

$$=2r^2\left(\frac{\pi}{2}\right)=\pi r^2$$ ■

一般說來，求由函數圖形所圍成區域的面積有下列 4 個步驟：

(1)描繪函數圖形以決定何者是區域的上界曲線 $(f(x))$ 以及何者是區域的下界曲線 $(g(x))$。

(2)求出定積分的上下限，設分別為 b 及 a。

(3)化簡 $f(x)-g(x)$。

(4)求 $\int_a^b (f(x)-g(x))dx$。

例 3　求由拋物線 $y=3-x^2$ 及直線 $y=-2x$ 所圍區域之面積。

解　我們分成下列 4 個步驟來處理本題。

(1)先繪出拋物線及直線之圖形，且我們由圖形知道區域的上界曲線為 $f(x)=3-x^2$，且下界曲線為 $g(x)=-2x$。

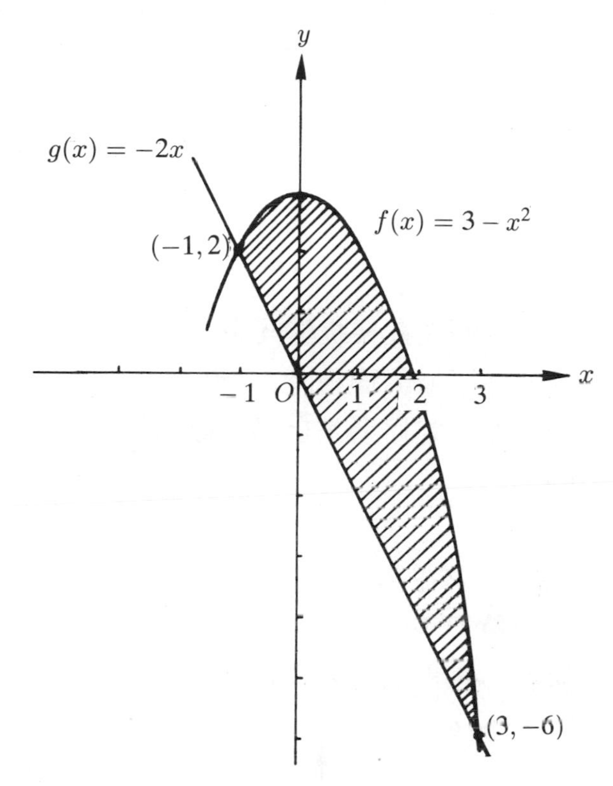

(2)接著我們求積分的上下限，我們可以解 $3 - x^2 = -2x$ 來求得，亦即

$$x^2 - 2x - 3 = (x+1)(x-3) = 0$$

故 $x = -1$ 或 $x = 3$。因此下限爲 -1 而上限爲 3。

(3)我們化簡 $f(x) - g(x)$ 得 $3 - x^2 - (-2x) = 3 - x^2 + 2x = 3 + 2x - x^2$。

(4)最後，所求之區域面積爲

$$\int_{-1}^{3} [f(x) - g(x)]dx = \int_{-1}^{3} (3 + 2x - x^2)dx$$

$$= \left(3x + 2 \cdot \frac{x^2}{2} - \frac{x^3}{3}\right)\Bigg|_{-1}^{3}$$

$$= \left(3x + x^2 - \frac{x^3}{3}\right)\Bigg|_{-1}^{3}$$

$$=\left(3(3)+3^2-\frac{3^3}{3}\right)-\left(3(-1)+(-1)^2-\frac{(-1)^3}{3}\right)$$

$$=(9+9-9)-\left(-3+1+\frac{1}{3}\right)$$

$$=9+\frac{5}{3}=\frac{32}{3} \quad ■$$

我們在此要提醒同學注意的是當我們要計算由曲線所包圍而成之區域的面積時，一定要先大略地繪出函數圖形，據此我們才能決定何者是上界曲線而何者是下界曲線。請看下例的說明。

例 4　求在第一象限內由函數 $y=\sqrt{x+1}$ 及 $y=x-1$ 所圍區域的面積。

解　按題意，我們把所求面積之區域繪出如下:

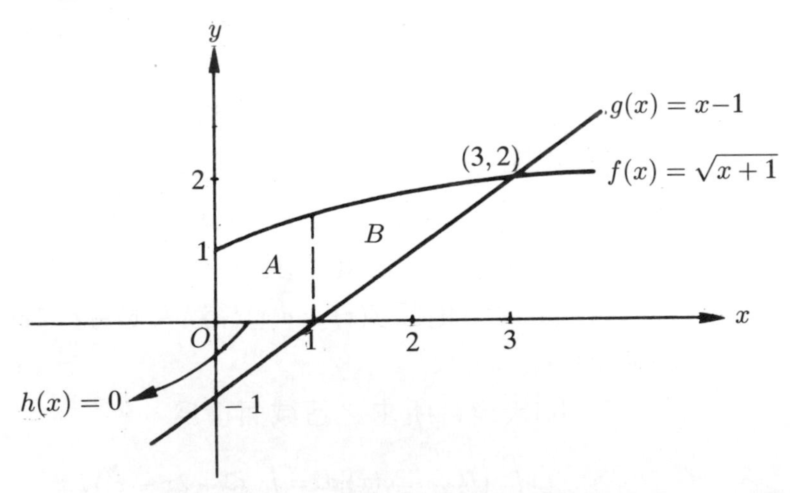

在上圖中，我們把區域分成 A 與 B 兩個區域，理由是區域 A 中之下界函數 $h(x)=0$ 與區域 B 中的下界函數 $g(x)=x-1$ 不相同。因此，我們必須分別求出 A 與 B 的面積，然後再相加即是我們所要求的面積。利用例 3 的做法，我們得

所求之面積=區域 A 的面積 + 區域 B 的面積

$$=\int_0^1[f(x)-h(x)]dx+\int_1^3[f(x)-g(x)]dx$$

$$=\int_0^1\sqrt{x+1}dx+\int_1^3(\sqrt{x+1}-x+1)dx$$

$$=\frac{2}{3}(x+1)^{\frac{3}{2}}\Big|_0^1+\left(\frac{2}{3}(x+1)^{\frac{3}{2}}-\frac{x^2}{2}+x\right)\Big|_1^3$$

$$=\frac{2}{3}\left((2)^{\frac{3}{2}}-1\right)+\left(\frac{2}{3}(4)^{\frac{3}{2}}-\frac{3^2}{2}+3\right)-\left(\frac{2}{3}(2)^{\frac{3}{2}}-\frac{1^2}{2}+1\right)$$

$$=\frac{4}{3}\sqrt{2}-\frac{2}{3}+\left(\frac{16}{3}-\frac{9}{2}+3\right)-\left(\frac{4\sqrt{2}}{3}-\frac{1}{2}+1\right)$$

$$=\frac{14}{3}-2=\frac{8}{3}$$ ■

例 5　求由曲線 $y=\frac{x^3}{8}-x$ 與 $y=\frac{x}{8}$ 所圍區域之面積。

解　我們首先把區域圖繪出如下:

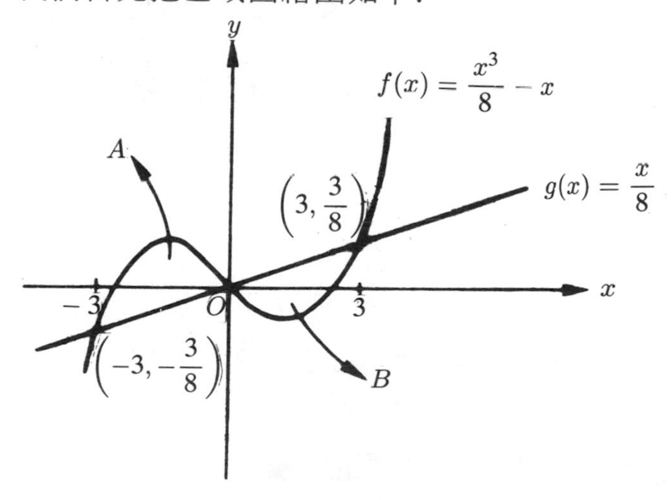

由上圖，我們清楚看得出來所要求面積區域爲區域 A 與 B 之面積和。值得注意的是區域 A 的上界曲線爲 $f(x)=\dfrac{x^3}{8}-x$，而下界曲線爲 $g(x)=\dfrac{x}{8}$。但是區域 B 的上下界曲線則正好與區域 A 的上下界曲線相反。由

$$\frac{x^3}{8}-x=\frac{x}{8}$$

得

$$\frac{x^3}{8}=\frac{9x}{8}$$

解之，得 $x=0,3$ 或 -3。故區域 A 的積分上下限分別爲 0 與 -3，而區域 B 的積分上下限則分別爲 3 與 0。仿例 3 之做法我們得

$$\begin{aligned}
\text{所求之面積} &= A\text{ 的面積} + B\text{ 的面積}\\
&=\int_{-3}^{0}\Big[f(x)-g(x)\Big]dx+\int_{0}^{3}\Big[g(x)-f(x)\Big]dx\\
&=\int_{-3}^{0}\left(\frac{x^3}{8}-x-\frac{x}{8}\right)dx+\int_{0}^{3}\left(\frac{x}{8}-\frac{x^3}{8}+x\right)dx\\
&=\left(\frac{x^4}{32}-\frac{x^2}{2}-\frac{x^2}{16}\right)\Bigg|_{-3}^{0}+\left(\frac{x^2}{16}-\frac{x^4}{32}+\frac{x^2}{2}\right)\Bigg|_{0}^{3}\\
&=(0-0-0)-\left[\frac{(-3)^4}{32}-\frac{(-3)^2}{2}-\frac{(-3)^2}{16}\right]\\
&\qquad+\left[\frac{(3)^2}{16}-\frac{(3)^4}{32}+\frac{(3)^2}{2}\right]-(0-0+0)\\
&=-\frac{3^4}{32}+\frac{3^2}{2}+\frac{3^2}{16}+\frac{3^2}{16}-\frac{3^4}{32}+\frac{3^2}{2}\\
&=9+\frac{9}{8}-\frac{81}{16}\\
&=\frac{81}{16}
\end{aligned}$$

■

例 6　試求橢圓 $\dfrac{x^2}{a^2}+\dfrac{y^2}{b^2}=1$ 之面積。

解　我們可設 $a>b$。此時橢圓之圖形如下

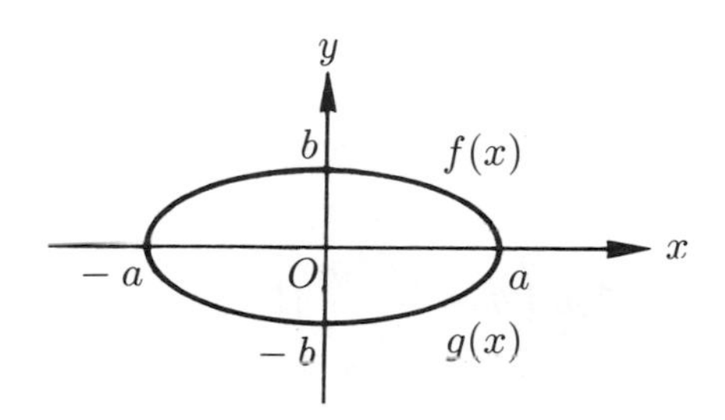

令 $f(x)=b\sqrt{1-\dfrac{x^2}{a^2}}$ 且 $g(x)=-b\sqrt{1-\dfrac{x^2}{a^2}}$，則易知 $f(x)$ 爲橢圓之上界函數，而 $g(x)$ 爲橢圓之下界函數。因此，如令橢圓之面積爲 A，則

$$\begin{aligned}A&=2\int_0^a[f(x)-g(x)]dx\\&=2\int_0^a 2b\sqrt{1-\frac{x^2}{a^2}}dx\\&=4b\int_0^a\sqrt{1-\frac{x^2}{a^2}}dx\end{aligned}$$

我們現在利用變數變換的方法來求 A，爲此，令 $x=a\sin\theta$，則 $dx=a\cos\theta d\theta$，且 $\sqrt{1-\dfrac{x^2}{a^2}}=\sqrt{1-\sin^2\theta}=\sqrt{\cos^2\theta}=\cos\theta$。當 $x=0$ 時 $\theta=0$，且 $x=a$ 時，$\theta=\dfrac{\pi}{2}$，因此

$$\begin{aligned}A&=4b\int_0^a\sqrt{1-\frac{x^2}{a^2}}dx\\&=4b\int_0^{\frac{\pi}{2}}(\cos\theta)(a\cos\theta d\theta)\end{aligned}$$

$$=4ab\int_0^{\frac{\pi}{2}}\cos^2\theta d\theta$$

$$=4ab\int_0^{\frac{\pi}{2}}\frac{1+\cos 2\theta}{2}d\theta \qquad \left(\cos^2\theta=\frac{1+\cos 2\theta}{2}\right)$$

$$=2ab\int_0^{\frac{\pi}{2}}(1+\cos 2\theta)d\theta$$

$$=2ab\left(\theta+\frac{\sin 2\theta}{2}\right)\Big|_0^{\frac{\pi}{2}}$$

$$=2ab\left(\frac{\pi}{2}+0-0\right)$$

$$=\pi ab \quad \blacksquare$$

注意當 $a=b$ 時，橢圓變成了以半徑爲 a 之圓，而此時橢圓的面積爲 πa^2，恰好正是圓的面積公式。

接下來，我們來看如何利用定積分來求**旋轉體**的體積。令 $f(x)$ 爲定義在 $[a,b]$ 上的一非負連續函數。將 $f(x)$ 的圖形 $x=a, x=b$ 及 $y=0$ 所圍成的區域繞 x 軸旋轉一圈，得到一立體區域，我們想求此旋轉體的體積。見下圖

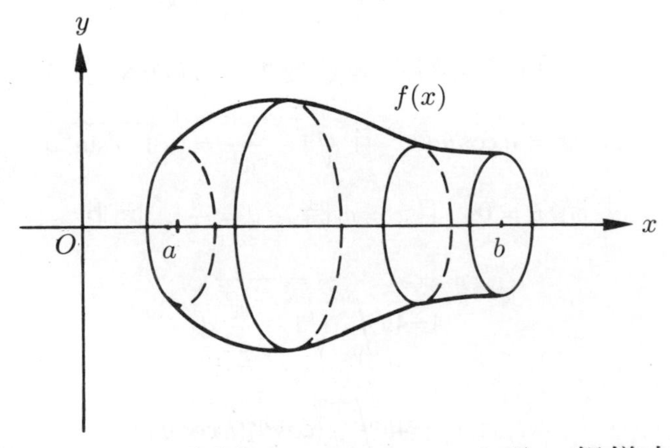

考慮 $[a,b]$ 上之一分割 $P=\{x_0,x_1,\cdots,x_n\}$ 及一組樣本點 $\{c_k \mid c_k\in[x_{k-1},x_k], k=1,2,\cdots,n\}$。對第 k 個小區間而言，我們以

$f(c_k)$ 爲長且 Δx_k 爲寬做一矩形。我們將此矩形對 x 軸旋轉一週，則得到一圓柱體 L_k，此圓柱體的高爲 Δx_k 且半徑爲 $f(c_k)$。見下圖

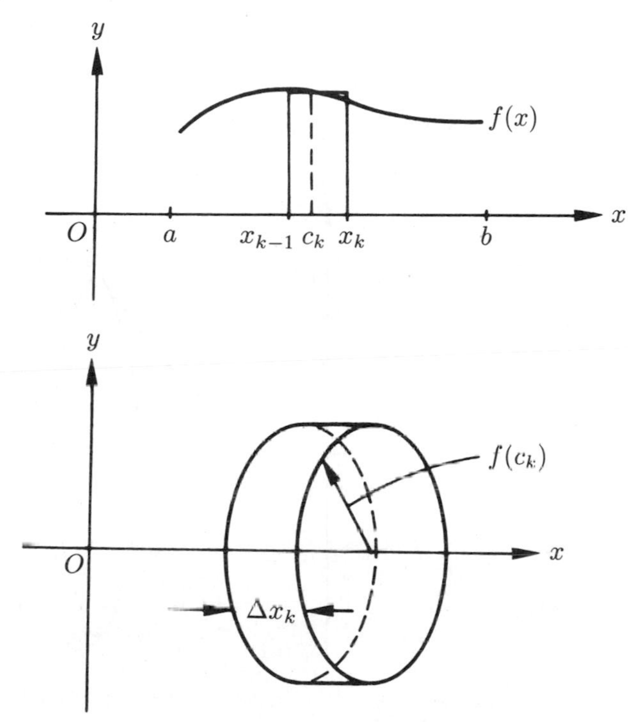

令圓柱體 L_k 之體積爲 ΔV_k，則

$$\Delta V_k = \pi[f(c_k)]^2 \Delta x_k$$

易知 $\sum_{k=1}^{n} \Delta V_k$ 爲所求旋轉體體積 (V) 之一近似值，即

$$V \doteqdot \sum_{k=1}^{n} \Delta V_k = \sum_{k=1}^{n} \pi[f(c_k)]^2 \Delta x_k$$

由定積分之定義，我們得

$$\begin{aligned} V &= \text{旋轉體之體積} \\ &= \lim_{\|P\| \to 0} \sum_{k=1}^{n} \pi[f(c_k)]^2 \Delta x_k \end{aligned}$$

$$=\int_a^b \pi[f(x)]^2 dx$$

例 7 設 $f(x)=x^2, x\in[1,2]$。將 f 的圖形繞 x 軸旋轉一週，得一旋轉體。試求此旋轉體的體積。

解 旋轉體如下圖所示。

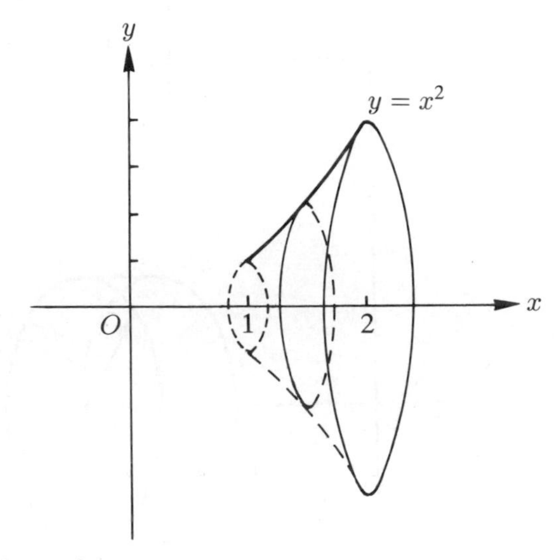

所求之體積 V 為

$$V=\int_1^2 \pi[f(x)]^2 dx=\int_1^2 \pi(x^2)^2 dx$$

$$=\pi\int_1^2 x^4 dx=\pi \left.\frac{x^5}{5}\right|_1^2$$

$$=\pi\frac{(2)^5}{5}-\pi\frac{(1)^5}{5}=\frac{31\pi}{5} \quad ■$$

例 8 求半徑為 a 之球體體積。

解 不失一般性，我們可設球體之球心在原點。令 $f(x)=\sqrt{a^2-x^2}$， $x\in[-a,a]$，亦即 f 的圖形為圓 $x^2+y^2=a^2$ 在上半平面的部分。我們明顯地可以看出將 f 對 x 軸旋轉一週所得之旋

轉體，即爲我們所要求體積之球體。因此，由旋轉體的體積公式，我們有

$$\text{半徑爲 } a \text{ 之球體體積} = \int_{-a}^{a} \pi[f(x)]^2 dx$$

$$= \pi \int_{-a}^{a} \left(\sqrt{a^2 - x^2}\right)^2 dx$$

$$= \pi \int_{-a}^{a} (a^2 - x^2) dx$$

$$= \pi \left(a^2 x - \frac{x^3}{3}\right)\Bigg|_{-a}^{a}$$

$$= \pi \left(a^3 - \frac{a^3}{3}\right) - \pi \left(-a^3 + \frac{a^3}{3}\right)$$

$$= \pi \left(2a^3 - \frac{2a^3}{3}\right)$$

$$= \frac{4}{3}\pi a^3$$

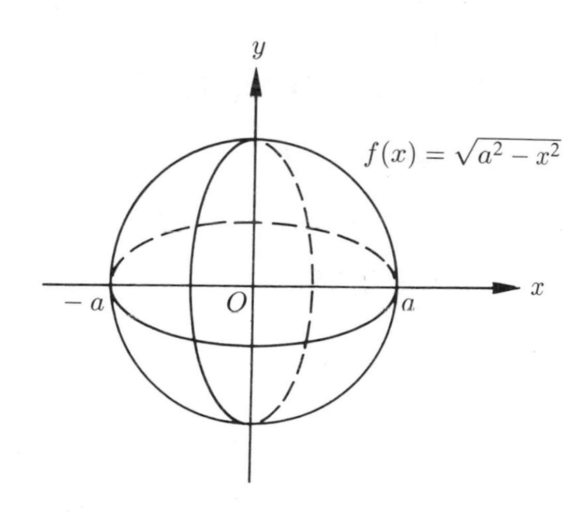

■

對於一般旋轉體體積之求法，我們有下列步驟:

(1)繪出平面區域之圖形並繪一窄窄的矩形，使得此矩形垂

直旋轉軸，而且此矩形的上邊要和所要旋轉的區域有相交。

(2)決定出此矩形之長度函數設為 r，並求 r^2。

(3)對 πr^2 求定積分，即得到我們所要求之旋轉體體積。

我們請同學注意，上面的二個例子事實上也可以按照上述步驟求得。我們舉一些例子來做說明。

例 9 設平面區域 A 為由曲線 $y=\sqrt{x}, y=1, x=9$ 所圍而成。今將 A 對 $y=1$ 旋轉一週，求此旋轉體之體積。

解 我們依照上面三步驟來處理本例。

(1)

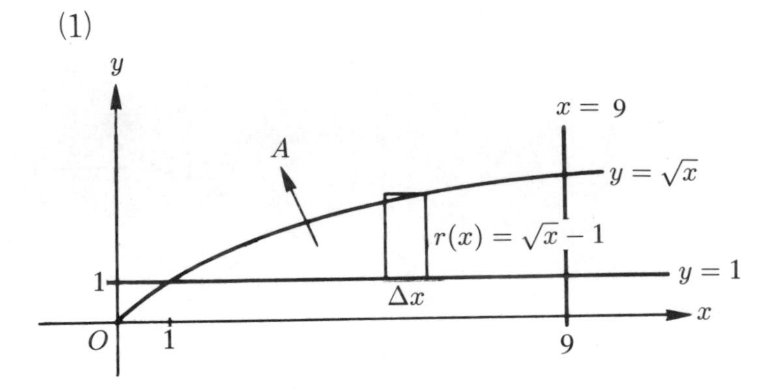

(2)由上圖，我們明顯地知道

$$r(x)=\sqrt{x}-1$$

因此，$[r(x)]^2=(\sqrt{x}-1)^2=x-2\sqrt{x}+1$

(3)所求之體積 V 為

$$\begin{aligned}V&=\int_1^9 \pi[r(x)]^2dx\\&=\pi\int_1^9 (x-2\sqrt{x}+1)\,dx\\&=\pi\left(\frac{x^2}{2}-2\left(\frac{2}{3}x^{\frac{3}{2}}\right)+x\right)\Big|_1^9\\&=\frac{40}{3}\pi\end{aligned}$$

■

最後，我們來看看定積分在經濟學上的一些應用。**消費者剩餘**是經濟學上的一個概念，它是用來度量消費者以低於其所願意付出的最高價格購買某種商品時所省下之金錢。

令某產品的需求函數爲

$$p = D(x)$$

其中 x 表產品數量而 p 表單位產品價格。注意在這裡 x 爲自變數而 p 爲應變數。需求函數 $p = D(x)$ 告訴我們當某產品的產品數量爲 x 時，消費者所願意付出的購買價格 (p)。

考慮某產品的需求函數及其圖形如下

$$p = D(x) = 600 - x^2 \text{（元）}$$

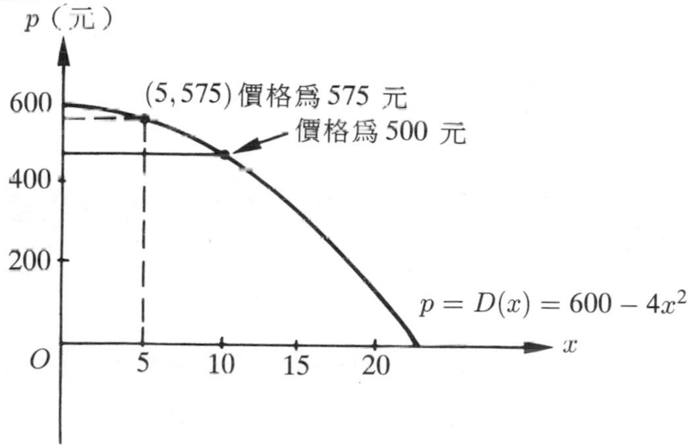

在上圖中，點(5,575)表示有 5 個產品能以每個售價575 元的價格銷售出去。如果這 5 位消費者以每個 500 元的價格買到產品的話，那麼，這 5 位消費者事實上節省了

$$5(575 - 500) = 375 \text{（元）}$$

像上面 5 位消費者所省下來的金錢(375 元)稱爲此 5 位消費者的**剩餘**。只要是消費者願意付出的最高購買價格大於實際銷售出去的價格，那麼就會產生剩餘，而所有的剩餘之總和即是經濟學家所通稱的**消費者剩餘**。

設某一產品之需求函數 $p = D(x)$ 其函數圖形如下圖所示

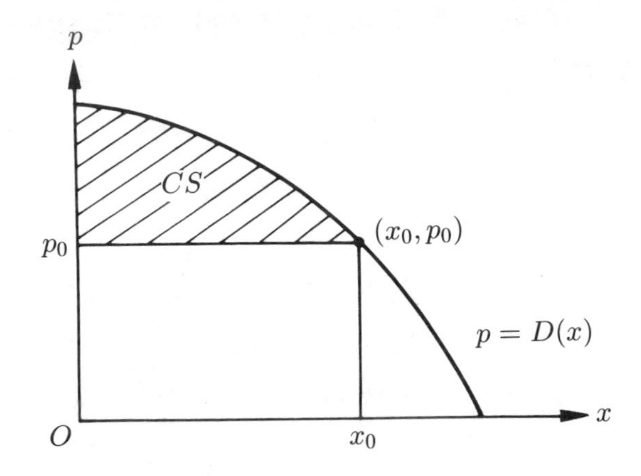

假設此產品之實際銷售價格為 p_0 且 x_0 為對應之需求量使得 $p_0 = D(x_0)$，則上圖斜線部分之面積即為消費者剩餘。令 CS 表示消費者剩餘，則

$$CS = \int_0^{x_0} [D(x) - p_0] dx$$

在上面 CS 的計算公式中，同學宜注意 p_0 為實際之銷售價格而且 $D(x_0) = p_0$。

例10 設某一種商品之需求函數為

$$p = D(x) = 400 - 0.02x$$

試求當實際銷售價格 $p_0 = 340$ 時之消費者剩餘。

解 設 x_0 為對應價格 $p_0 = 340$ 之需求量，亦即

$$D(x_0) = 400 - 0.02x_0 = 340$$

解上面一元一次方程式得 $x_0 = 3000$。因此所求為

$$CS = \int_0^{3000} (400 - 0.02x - 340) dx$$

$$= \int_0^{3000} (60 - 0.02x) dx$$

$$= \left(60x - \frac{0.02}{2}x^2\right)\Big|_0^{3000}$$

$=[60(3000)-0.01(3000)^2]-0$

$=90000$（元）　■

習題 5-5

在下列各題（1～11）中，求由曲線或直線所圍成區域之面積。

1. $f(x)=x, g(x)=2x, x=0, x=2$

2. $f(x)=x, g(x)=x^2$

3. $f(x)=8-x^2, g(x)=x^2$

4. $f(x)=-2x^2+2, g(x)=0$

5. $f(x)=4, g(x)=x^2$

6. $f(x)=6, g(x)=x, x=0$

7. $f(x)=x+1, g(x)=x, x=-2, x=2$

8. $f(x)=\sqrt{x}, g(x)=x^2$

9. $f(x)=\sin x, g(x)=0, x=0, x=\pi$

10. $f(x)=\sin x, g(x)=0, x=0, x=2\pi$

11. $f(x)=x, g(x)=x^3$

在下列各題（12 ～ 20）中，求由曲線或直線所圍之區域繞 x 軸旋轉所得旋轉體之體積。

12. $f(x)=\sqrt{x}, y=0, 0\le x\le 8$

13. $f(x)=\dfrac{2-x}{2}, y=0, 0\le x\le 2$

14. $f(x)=\sin x, y=0, 0\le x\le \pi$

15. $f(x)=\cos x, y=0, 0\le x\le \dfrac{\pi}{2}$

16. $f(x)=\sqrt{\cos x}, y=0, 0\leq x\leq \frac{\pi}{2}$

17. $f(x)=\sqrt{4-x^2}, y=0, -2\leq x\leq 2$

18. $f(x)=x^2, y=0, 0\leq x\leq 2$

19. $f(x)=e^{\frac{x}{2}}, y=0, 0\leq x\leq 1$

20. $f(x)=e^x-1, y=0, 0\leq x\leq 2$

21. 設某產品之需求函數爲$p=D(x)=40-0.002x$，求當實際銷售價格$p_0=30$時之消費者剩餘。

第六章　積分的技巧

6–1 基本公式

在第五章裡，我們介紹了定積分並看了一些定積分計算的例子。同學們也許已注意到了要直接由定義來求一函數之定積分是一件非常困難的事情，所幸，利用微積分基本定理，我們可以利用反導函數來計算定積分，而求反導函數的工作基本上與求不定積分的工作是等價的。爲了能計算更多函數的定積分值，我們就必須先能計算出更多函數的不定積分，本章的目的即在於介紹一些方法，使得同學們能結合一些基本的不定積分公式，而求出更多函數的不定積分。

我們首先來複習一些不定積分的基本公式，同學宜先熟悉這些基本公式。

表 6–1

1. $\int dx = x + C$

2. $\int [a_1 f_1(x) + \cdots + a_m f_m(x)] dx$

$= a_1 \int f_1(x)dx + \cdots + a_m \int f_m(x)dx$（$a_1, \cdots, a_m$ 爲任意常數）

3. $\int x^n dx = \dfrac{x^{n+1}}{n+1} + C \qquad (n \neq -1)$

4. $\int a^x dx = \dfrac{a^x}{\ln a} + C \qquad (a > 0,\ a \neq 1)$

5. $\int e^x dx = e^x + C$

6. $\int \dfrac{1}{x} dx = \ln |x| + C$

7. $\int \sin x dx = -\cos x + C$

8. $\int \cos x dx = \sin x + C$

9. $\int \sec^2 x dx = \tan x + C$

10. $\int \csc^2 x dx = -\cot x + C$

11. $\int \sec x \tan x dx = \sec x + C$

12. $\int \csc x \cot x dx = -\csc x + C$

13. $\int \frac{dx}{\sqrt{1-x^2}} = \sin^{-1} x + C$

14. $\int \frac{dx}{1+x^2} = \tan^{-1} x + C$

15. $\int \frac{dx}{x\sqrt{x^2-1}} = \sec^{-1} |x| + C$

利用基本公式的一個原則是把所欲計算的積分轉換成表6–1中的其中一種或數種公式，而轉換的方法則不外乎是一些代數運算或是變數變換，或是這些方法的結合。我們底下舉出一些典型的例子來說明。

例 1 求 $\int (\csc x + \cot x)^2 dx$。

解 對被積分函數展開並利用

$$\cot^2 x + 1 = \csc^2 x, \cot^2 x = \csc^2 x - 1$$

我們有

$$\int (\csc x + \cot x)^2 dx$$

$$=\int(\csc^2 x+2\csc x\cot x+\cot^2 x)dx$$

$$=\int(\csc^2 x+2\csc x\cot x+\csc^2 x-1)dx$$

$$=\int(2\csc^2 x+2\csc x\cot x-1)dx$$

$$=2\int\csc^2 x dx+2\int\csc x\cot x dx-\int 1dx \text{（表6–1，公式2）}$$

$$=-2\cot x-2\csc x-x+C \text{（表6–1，公式10, 12 及1）}$$ ■

例 2　求 $\int\frac{dx}{2x+1}$。

解　我們利用變數變換的方法來把本題改寫成表 6–1 中之公式 6 的型式。令 $u=2x+1$，則 $du=2dx$。因此，$\frac{1}{2}du=dx$，故

$$\int\frac{dx}{2x+1}=\int\frac{1}{u}\cdot\frac{1}{2}du$$

$$=\frac{1}{2}\int\frac{1}{u}du$$

$$=\frac{1}{2}\ln|u|+C \qquad \text{（表6–1，公式6）}$$

$$=\frac{1}{2}\ln|2x+1|+C$$ ■

例 3　求 $\int\frac{\cos x dx}{\sqrt{1+\sin x}}$。

解　令 $u=1+\sin x$，則 $du=\cos x dx$，故

$$\int\frac{\cos x dx}{\sqrt{1+\sin x}}=\int\frac{du}{\sqrt{u}} \text{（變數變換）}$$

$$=\int u^{-\frac{1}{2}}du$$

$$=\frac{1}{1-\frac{1}{2}}\cdot u^{1-\frac{1}{2}}+C \qquad \text{（表 6–1，公式 3）}$$

$$=2u^{\frac{1}{2}}+C$$

$$=2\sqrt{1+\sin x}+C \quad \blacksquare$$

例 4 求 $\int\frac{1+2x}{1+x^2}dx$。

解 我們先把被積分函數寫成兩個分式，得

$$\int\frac{1+2x}{1+x^2}dx=\int\frac{dx}{1+x^2}+\int\frac{2x}{1+x^2}dx \quad \text{（表 6–1，公式 2）}$$

上面右式中的第一個積分爲基本公式，由表 6–1，公式 14 得

$$\int\frac{dx}{1+x^2}=\tan^{-1}x+C_1$$

而右式中的第二個積分則可以用變數變換來改寫成基本公式。令 $u=1+x^2$，則 $du=2xdx$，故

$$\int\frac{2x}{1+x^2}dx=\int\frac{du}{u}$$

$$=\ln|u|+C_2 \qquad \text{（表6–1，公式 6）}$$

$$=\ln(1+x^2)+C_2 \quad (1+x^2>0\text{故}|1+x^2|=1+x^2)$$

把上面兩個積分結合起來並且令 $C=C_1+C_2$，得

$$\int\frac{1+2x}{1+x^2}dx=\tan^{-1}x+\ln(1+x^2)+C \quad \blacksquare$$

例 5 求 $\int_0^{\frac{\pi}{2}}\sqrt{1+\cos 2x}dx$。

解 利用 $\cos 2x=2\cos^2 x-1$，或 $1+\cos 2x=2\cos^2 x$，我們有

$$\int_0^{\frac{\pi}{2}}\sqrt{1+\cos 2x}dx=\int_0^{\frac{\pi}{2}}\sqrt{2\cos^2 x}dx$$

$$=\sqrt{2}\int_0^{\frac{\pi}{2}}|\cos x|\,dx \quad \left(\sqrt{\cos^2 x}=|\cos x|\right)$$

$$=\sqrt{2}\int_0^{\frac{\pi}{2}}\cos x dx \left(\text{在}\left[0,\frac{\pi}{2}\right]\text{上}, \cos x\geq 0\right)$$

$$=\sqrt{2}\sin x\Big|_0^{\frac{\pi}{2}} \text{（表 6–1，公式 8）}$$

$$=\sqrt{2}(1-0)=\sqrt{2} \quad ■$$

例 6　求 $\int 2^{x+2}dx$。

解

$$\int 2^{x+2}dx=\int 2^x\cdot 2^2dx \qquad (2^{x+2}=2^x\cdot 2^2)$$

$$=2^2\int 2^x dx \qquad \text{（表6–1，公式 2）}$$

$$=2^2\cdot\frac{2^x}{\ln 2}+C \qquad \text{（表 6–1，公式4）}$$

$$=\frac{2^{x+2}}{\ln 2}+C \quad ■$$

例 7　求 $\int\frac{dx}{x\sqrt{x^2-4}}$。

解

$$\int\frac{dx}{x\sqrt{x^2-4}}=\int\frac{dx}{x\sqrt{4\left(\frac{x^2}{4}-1\right)}}$$

$$=\int\frac{dx}{2x\sqrt{\left(\frac{x}{2}\right)^2-1}}$$

令 $u=\frac{x}{2}$，得 $du=\frac{1}{2}dx$，因此原式爲

$$\int\frac{dx}{x\sqrt{x^2-4}}=\int\frac{du}{(2u)\sqrt{u^2-1}}$$

$$=\frac{1}{2}\int\frac{du}{u\sqrt{u^2-1}}$$

$$=\frac{1}{2}\sec^{-1}|u|+C \qquad \text{（表6–1，公式 15）}$$

$$=\frac{1}{2}\sec^{-1}\left|\frac{x}{2}\right|+C \quad ■$$

例 8　求 $\int\frac{x^2+x+1}{\sqrt{x}}dx$。

解

$$\int\frac{x^2+x+1}{\sqrt{x}}dx=\int\left(\frac{x^2}{\sqrt{x}}+\frac{x}{\sqrt{x}}+\frac{1}{\sqrt{x}}\right)dx$$

$$=\int\left(x^{\frac{3}{2}}+x^{\frac{1}{2}}+x^{-\frac{1}{2}}\right)dx$$

$$=\int x^{\frac{3}{2}}dx+\int x^{\frac{1}{2}}dx+\int x^{-\frac{1}{2}}dx$$

（表 6–1，公式 2）

$$=\frac{1}{1+\frac{3}{2}}x^{1+\frac{3}{2}}+\frac{1}{1+\frac{1}{2}}x^{1+\frac{1}{2}}+\frac{1}{1-\frac{1}{2}}x^{1-\frac{1}{2}}+C$$

（表 6–1，公式 3）

$$=\frac{2}{5}x^{\frac{5}{2}}+\frac{2}{3}x^{\frac{3}{2}}+2x^{\frac{1}{2}}+C \quad ■$$

由上面所舉的例子，我們可以觀察出利用基本公式的原則是要把所欲求的積分利用代數的方法或變數變換而改寫成基本公式，至於是要改寫成基本公式中的那一個呢，我們只要先觀察所欲計算的積分長相像基本公式的那一個，然後就朝改寫成那一個基本公式去進行即可。

例 9　求 $\int(\tan x)(\ln\cos x)^2dx$。

解　經過觀察發現原積分長相像 $\int x^n dx$，因此，令 $u=\ln\cos x$

則 $du=\dfrac{-\sin x}{\cos x}dx=(-\tan x)dx$，且原式變成

$$\begin{aligned}\int(\tan x)(\ln\cos x)^2dx&=\int -u^2du\\&=-\int u^2du\\&=-\frac{u^3}{3}+C\\&=-\frac{(\ln\cos x)^3}{3}+C\end{aligned}$$ ■

例10　求 $\displaystyle\int\frac{dx}{\sqrt{4x-4x^2}}$

解　原積分長相像 $\displaystyle\int\frac{dx}{\sqrt{1-x^2}}$，因此，我們朝改寫成表 6–1，公式 13 的方向進行，利用配方法，我們有

$$\int\frac{dx}{\sqrt{4x-4x^2}}=\int\frac{dx}{\sqrt{1-(2x-1)^2}}$$

再令 $u=2x-1$，則 $du=2dx$，或 $dx=\dfrac{1}{2}du$，且原式變爲

$$\begin{aligned}\int\frac{dx}{\sqrt{4x-4x^2}}&=\int\frac{du}{2\sqrt{1-u^2}}\\&=\frac{1}{2}\int\frac{du}{\sqrt{1-u^2}}\\&=\frac{1}{2}\sin^{-1}u+C\\&=\frac{1}{2}\sin^{-1}(2x-1)+C\end{aligned}$$ ■

例11　求 $\displaystyle\int x\sqrt{2x+1}\,dx$

解 令 $u = 2x+1$，則 $du = 2dx$，或 $\frac{1}{2}du = dx$。由 $x = \frac{u-1}{2}$，我們有

$$\begin{aligned}\int x\sqrt{2x+1}dx &= \int \left(\frac{u-1}{2}\right)\sqrt{u}\cdot\frac{1}{2}du \\ &= \frac{1}{4}\int (u^{\frac{3}{2}} - u^{\frac{1}{2}})du \\ &= \frac{1}{4}\left(\int u^{\frac{3}{2}}du - \int u^{\frac{1}{2}}du\right) \\ &= \frac{1}{4}\left(\frac{2}{5}u^{\frac{5}{2}} - \frac{2}{3}u^{\frac{3}{2}}\right) + C \\ &= \frac{1}{10}u^{\frac{5}{2}} - \frac{1}{6}u^{\frac{3}{2}} + C \\ &= \frac{1}{10}(2x+1)^{\frac{5}{2}} - \frac{1}{6}(2x+1)^{\frac{3}{2}} + C \quad \blacksquare\end{aligned}$$

例12 求 $\int \tan x dx$

解 由 $\tan x = \frac{\sin x}{\cos x}$，我們可令 $u = \cos x$，則 $du = -\sin x dx$。因此

$$\begin{aligned}\int \tan x dx &= \int \frac{\sin x}{\cos x}dx \\ &= \int \frac{-du}{u} \\ &= -\int \frac{du}{u} \\ &= -\ln|u| + C \\ &= -\ln|\cos x| + C \quad \blacksquare\end{aligned}$$

習題 6–1

求下列 1～30 題之積分。

1. $\int (x+1)^5 dx$
2. $\int \frac{4x}{\sqrt{1+2x^2}} dx$
3. $\int \sin x \cos x dx$
4. $\int 3^{x+4} dx$
5. $\int \frac{x+2}{x+1} dx$
6. $\int \frac{3x^2}{1+x^3} dx$
7. $\int (\sec x + \tan x)^2 dx$
8. $\int \frac{dx}{x\sqrt{x^2-16}}$
9. $\int \frac{4dx}{1+16x^2}$
10. $\int e^{2x} dx$
11. $\int 2xe^{x^2} dx$
12. $\int \frac{x^2+x+1}{\sqrt[5]{x}} dx$
13. $\int \sec^2 x \tan^2 x dx$
14. $\int (2x+1)(x^2+x+1)^5 dx$
15. $\int \frac{dx}{\sqrt{1-4x^2}}$
16. $\int (e^x+1) dx$
17. $\int \csc^2 x \cot x dx$
18. $\int 5^{x+1} dx$
19. $\int \frac{2x+3}{x^2+1} dx$
20. $\int \cos x e^{\sin x} dx$
21. $\int \frac{\ln x}{x} dx$
22. $\int \frac{1}{x} (\ln x)^2 dx$
23. $\int \frac{1}{8x+1} dx$
24. $\int \frac{e^{\sqrt{x}}}{2\sqrt{x}} dx$
25. $\int 4^{3x} dx$
26. $\int (\cot x) \ln \sin x dx$

27. $\int \frac{1}{x\sqrt{1+\ln x}}dx$

28. $\int \cos 5x dx$

29. $\int \sec^2 2x dx$

30. $\int \frac{dx}{\sqrt{2x-x^2}}$

仿例 11 之技巧，求 31～35 題之各積分。

31. $\int x\sqrt{3x-1}dx$

32. $\int x^2\sqrt{2x+1}dx$

33. $\int x\sqrt[3]{(x+1)^2}dx$

34. $\int (x+1)^2\sqrt[3]{x+4}dx$

35. $\int \frac{dx}{x^2+2x+2}$

6–2　分部積分法

在本節裡，我們要介紹積分的計算中一種非常重要的技巧，亦即分部積分法。它可以幫助我們把繁雜的積分轉換成容易計算的積分。設 u 及 v 爲兩函數，由函數積的微分公式，我們有

$$d(uv) = udv + vdu$$

因此

$$vdu = d(uv) - udv$$

對上式兩邊做積分，並注意到 $\int d(uv) = uv+$ 常數，我們於是有下列的

分部積分公式：

$$\int vdu = uv - \int udv \tag{1}$$

如果 u 及 v 皆是 x 的函數，那麼由於微分及導函數有下列的關係

$$du(x) = u'(x)dx, \qquad dv(x) = v'(x)dx$$

我們亦可以把上面公式(1)寫成

$$\int v(x)u'(x)dx = u(x)v(x) - \int u(x)v'(x)dx \tag{2}$$

分部積分公式告訴我們假如所欲求的積分 $\int vdu$ 不容易求出時，那我們可以借助較易計算之 $\int udv$ 來求原積分。在使用分部積分公式時所經常面臨到的問題是如何選取適當的 u 及 v，我們的看法是當使用分部積分公式時，如果所選取的 u 及 v 會使得問題變得更繁雜時，那麼表示我們所選取的 u 及 v 不適當，應該再試試其他的組合。我們看一些例子。

例 1　求 $\int x\sin xdx$。

解　如果令 $u=\sin x$, $dv=xdx$，則 $du=\cos xdx$ 且 $v=\frac{1}{2}x^2$，因此由分部積分公式，我們有

$$\begin{aligned}\int x\sin xdx&=\int udv\\&=uv-\int vdu\\&=\frac{1}{2}x^2\sin x-\int\frac{1}{2}x^2\cos xdx\end{aligned}$$

在上式右邊的積分顯然比原積分更繁雜。因此，目前 u 及 v 之選取並不適當。

正確的解法應是令 $u=x$, $dv=\sin xdx$，則 $du=dx$, $v=-\cos x$，且由分部積分公式，我們有

$$\begin{aligned}\int x\sin xdx&=\int udv\\&=uv-\int vdu\\&=-x\cos x-\int(-\cos x)dx\\&=-x\cos x+\int\cos xdx\\&=-x\cos x+\sin x+C\end{aligned}$$ ■

一般說來，應用公式(1)較不易出錯，同學宜養成使用公式(1)之習慣，我們再舉一些例子來說明，同學要注意的是對任意可微分函數 $u(x)$ 而言，$du(x)=u'(x)dx$。

例 2　求 $\int x^2\ln xdx$。

解　我們用公式(1)來解本題。我們有

$$\int x^2 \ln x dx = \int \ln x d\left(\frac{1}{3}x^3\right) \quad \left(因為 d\left(\frac{1}{3}x^3\right) = \frac{1}{3}(3x^2)dx = x^2 dx\right)$$

$$= \frac{1}{3}x^3 \ln x - \int \frac{1}{3}x^3 d(\ln x) \qquad (公式(1))$$

$$= \frac{1}{3}x^3 \ln x - \frac{1}{3}\int x^3 \cdot \frac{1}{x}dx \quad \left(d\ln x = \frac{1}{x}dx\right)$$

$$= \frac{1}{3}x^3 \ln x - \frac{1}{3}\int x^2 dx$$

$$= \frac{1}{3}x^3 \ln x - \frac{1}{3}\left(\frac{1}{3}x^3\right) + C$$

$$= \frac{1}{3}x^3 \ln x - \frac{1}{9}x^3 + C \quad \blacksquare$$

例 3　求 $\int xe^x dx$。

解

$$\int xe^x dx = \int xd(e^x) \qquad (de^x = (e^x)'dx = e^x dx)$$

$$= xe^x - \int e^x d(x)$$

$$= xe^x - \int e^x dx \qquad (d(x) = dx)$$

$$= xe^x - e^x + C$$

$$= (x-1)e^x + C \quad \blacksquare$$

有的時候，可能要使用二次以上的分部積分公式方能求出積分，請看下例。

例 4　求 $\int x^2 e^x dx$。

解

$$\int x^2 e^x dx = \int x^2 d(e^x)$$

$$=x^2e^x - \int e^x d(x^2)$$

$$=x^2e^x - \int e^x \cdot 2xdx \qquad [d(x^2) = (x^2)'dx = 2xdx]$$

$$=x^2e^x - 2\int xe^x dx$$

$$=x^2e^x - 2(x-1)e^x + C \qquad \text{(由例 3)}$$

$$=(x^2 - 2x + 2)e^x + C \quad \blacksquare$$

例 5 求 $\int x^2 \sin xdx$。

解 $\int x^2 \sin xdx = \int x^2 d(-\cos x)$

$$[d(-\cos x) = -(-\sin x)dx = \sin xdx]$$

$$=-x^2 \cos x - \int (-\cos x)d(x^2)$$

$$=-x^2 \cos x + \int \cos x(2x)dx$$

$$=-x^2 \cos x + 2\int x\cos xdx$$

$$=-x^2 \cos x + 2\int xd(\sin x)$$

$$=-x^2 \cos x + 2\left[x\sin x - \int \sin xd(x)\right]$$

$$=-x^2 \cos x + 2x\sin x - 2\int \sin xdx$$

$$=-x^2 \cos x + 2x\sin x + 2\cos x + C \quad \blacksquare$$

例 6 求 $\int e^x \sin xdx$。

解 由分部積分公式，我們有

$$\int e^x \sin x dx = \int \sin x d(e^x)$$

$$= e^x \sin x - \int e^x d(\sin x)$$

$$= e^x \sin x - \int e^x \cos x dx$$

由於 $\int e^x \cos x dx$ 與原積分是同一類型，而且無法由已知的方法計算出，因此，我們再對 $\int e^x \cos x dx$ 使用一次分部積分，得

$$\int e^x \cos x dx = \int \cos x d(e^x)$$

$$= e^x \cos x - \int e^x d(\cos x)$$

$$-e^x \cos x + \int e^x \sin x dx$$

將此等式代入原式，我們得

$$\int e^x \sin x dx = e^x \sin x - e^x \cos x - \int e^x \sin x dx$$

移項得

$$2\int e^x \sin x dx = e^x(\sin x - \cos x)$$

故

$$\int e^x \sin x dx = \frac{e^x(\sin x - \cos x)}{2} + C$$

■

例 7　求 $\int \tan^{-1} x dx$。

解　由 $d\tan^{-1} x = \frac{1}{1+x^2}dx$，我們有

$$\int \tan^{-1} x dx = x\tan^{-1} x - \int x d(\tan^{-1} x)$$

$$=x\tan^{-1}x-\int x\cdot\frac{1}{1+x^2}dx$$

$$=x\tan^{-1}x-\int\frac{x}{1+x^2}dx$$

令 $u=1+x^2$，則 $du=2xdx$，亦即 $\frac{1}{2}du=xdx$，因此

$$\int\frac{x}{1+x^2}dx=\int\frac{1}{2}\frac{1}{u}du$$

$$=\frac{1}{2}\ln|u|+C$$

$$=\frac{1}{2}\ln(1+x^2)+C$$

故

$$\int\tan^{-1}xdx=x\tan^{-1}-\frac{1}{2}\ln(1+x^2)+C$$ ■

至於如何利用分部積分公式來求定積分呢？有一個簡單且不易出錯的方法即是先利用分部積分公式求出不定積分，然後再由不定積分所得到的最簡單的反導函數（即不加常數之函數）及微積分基本定理即可求得。

例 8　求 $\int_0^\pi x\sin xdx$。

解　由例1，我們知道

$$\int x\sin xdx=-x\cos x+\sin x+C$$

因此

$$\int_0^\pi x\sin xdx=(-x\cos x+\sin x)\Big|_0^\pi$$

$$=(-\pi\cos\pi+\sin\pi)-[0(\cos 0)+\sin 0]$$

$$=\pi\qquad(\cos\pi=-1,\ \sin\pi=\sin 0=0)$$ ■

例 9　求 $\int_1^e \sqrt[3]{x}\ln x dx$。

解　先求 $\int \sqrt[3]{x}\ln x dx$，由分部積分公式，我們有

$$\begin{aligned}\int \sqrt[3]{x}\ln x dx &= \int x^{\frac{1}{3}} \ln x dx \\ &= \int \ln x d\left(\frac{3}{4}x^{\frac{4}{3}}\right) \\ &= \frac{3}{4}x^{\frac{4}{3}} \ln x - \int \frac{3}{4}x^{\frac{4}{3}} d(\ln x) \\ &= \frac{3}{4}x^{\frac{4}{3}} \ln x - \frac{3}{4}\int x^{\frac{4}{3}} \cdot \frac{1}{x} dx \\ &= \frac{3}{4}x^{\frac{4}{3}} \ln x - \frac{3}{4}\int x^{\frac{1}{3}} dx \\ &= \frac{3}{4}x^{\frac{4}{3}} \ln x - \frac{3}{4}\cdot\frac{3}{4}x^{\frac{4}{3}} + C \\ &= \frac{3}{4}x^{\frac{4}{3}} \left(\ln x - \frac{3}{4}\right) + C\end{aligned}$$

因此

$$\begin{aligned}\int_1^e \sqrt[3]{x}\ln x dx &= \frac{3}{4}x^{\frac{4}{3}} \left(\ln x - \frac{3}{4}\right)\Bigg|_1^e \\ &= \frac{3}{4}e^{\frac{4}{3}} \left(\ln e - \frac{3}{4}\right) - \frac{3}{4}(1)^{\frac{4}{3}} \left(\ln 1 - \frac{3}{4}\right) \\ &= \frac{3}{4}e^{\frac{4}{3}} \cdot \frac{1}{4} + \frac{3}{4} \cdot \frac{3}{4} \qquad (\ln e = 1, \ln 1 = 0) \\ &= \frac{3}{16}(e^{\frac{4}{3}} + 3)\end{aligned}$$

■

習題 6-2

下列 1～23 題，求各積分。

1. $\int x\cos x dx$

2. $\int x^2\cos x dx$

3. $\int x\ln x dx$

4. $\int x^3\ln x dx$

5. $\int x^{-2}\ln x dx$

6. $\int \ln x dx$

7. $\int x^3 e^x dx$（提示：連續使用分部積分公式三次）

8. $\int \cot^{-1} x dx$

9. $\int \sin^{-1} x dx$

10. $\int \cos^{-1} x dx$

11. $\int 2x\tan^{-1} x dx$

（提示：$\dfrac{x^2}{1+x^2}=1-\dfrac{1}{1+x^2}$）

12. $\int 2x\cot^{-1} x dx$

13. $\int e^x\cos x dx$（提示：仿例 6 之做法）

14. $\int x\sin 2x dx$

15. $\int x^2\cos 2x dx$

16. $\int (\ln x)^2 dx$

17. $\int \ln x^2 dx$

18. $\int x^4 e^x dx$

19. $\int x^2 e^{2x} dx$

20. $\int x\sin \pi x dx$

21. $\int (x^2+x)e^x dx$

22. $\int_1^e \sqrt{x}\ln x dx$

23. $\int_0^1 x\tan^{-1} x dx$

6–3 三角函數積分法

在本節裡，我們將討論一些三角函數的積分方法，我們將討論九種類型三角函數的積分，介紹相對應的積分技巧並各舉一個例子做為說明。至於其他的類型，則放在習題中討論。首先我們列出下面八個較常用到的三角公式。

(A) $\cos^2 x = \dfrac{1+\cos 2x}{2}$

(B) $\sin^2 x = \dfrac{1-\cos 2x}{2}$

(C) $\sin mx \cos nx = \dfrac{1}{2}[\sin(m+n)x + \sin(m-n)x]$

(D) $\cos mx \cos nx = \dfrac{1}{2}[\cos(m-n)x + \cos(m+n)x]$

(E) $\sin mx \sin nx = \dfrac{1}{2}[\cos(m-n)x - \cos(m+n)x]$

(F) $\sin x \cos x = \dfrac{1}{2}\sin 2x$

(G) $\sin^2 x + \cos^2 x = 1$

(H) $1 + \tan^2 x = \sec^2 x$

類型1 $\int \sin^m x \cos^n x dx$， m 或 n 爲奇數

若 m 爲奇數，則利用公式(G)，原積分可化成 $\int (1-\cos^2 x)^{\frac{m-1}{2}} \cos^n x \sin x dx$，而若 n 爲奇數，則利用公式(G)，我們可把原積分化成 $\int \sin^m x(1-\sin^2 x)^{\frac{n-1}{2}} \cos x dx$ 然後再利用變數變換法即可計算出原積分。

例 1 求 $\int \sin^3 x \cos^4 x dx$。

解 原式為

$$\int \sin^2 x \sin x \cos^4 x dx = \int (1-\cos^2 x)\cos^4 x \sin x dx$$

$$= \int (\cos^4 x - \cos^6 x) \sin x dx$$

$$= \int \cos^4 x \sin x dx - \int \cos^6 x \sin x dx$$

令 $u=\cos x$，則 $du=-\sin x dx$，且原式變為

$$\int \sin^3 x \cos^4 x dx = \int u^4(-du) - \int u^6(-du)$$

$$= -\frac{u^5}{5} + \frac{u^7}{7} + C$$

$$= -\frac{\cos^5 x}{5} + \frac{\cos^7 x}{7} + C$$ ■

類型2 $\int \sin^m x \cos^n x dx$，$m$ 及 n 皆為偶數

利用公式(A), (B)或(F)來化簡被積分函數。

例 2 求 $\int \sin^4 x \cos^2 x dx$。

解

$$\int \sin^4 x \cos^2 x dx = \int (\sin x \cos x)^2 \sin^2 x dx$$

$$= \int \left(\frac{1}{2}\sin 2x\right)^2 \left(\frac{1-\cos 2x}{2}\right) dx$$

（公式(F)及(B)）

$$= \frac{1}{8}\int \sin^2 2x dx - \frac{1}{8}\int \sin^2 2x \cos 2x dx$$

由公式(B)，我們有

$$\frac{1}{8}\int \sin^2 2x dx = \frac{1}{8}\int \frac{1-\cos 4x}{2} dx$$

$$= \frac{1}{16}\int dx - \frac{1}{16}\int \cos 4x dx$$

$$= \frac{1}{16}x - \frac{1}{16}\cdot\frac{1}{4}\sin 4x + C_1$$

$$= \frac{x}{16} - \frac{1}{64}\sin 4x + C_1$$

另外，由變數變換法我們得

$$\frac{1}{8}\int \sin^2 2x \cos 2x dx$$

$$= \frac{1}{8}\left(\frac{1}{3}\right)\left(\frac{1}{2}\right)\sin^3 2x + C_2$$

$$= \frac{1}{48}\sin^3 2x + C_2$$

因此，如令 $C = C_1 - C_2$，我們最後得

$$\int \sin^4 x \cos^2 x dx = \frac{x}{16} - \frac{1}{64}\sin 4x - \frac{1}{48}\sin^3 2x + C \quad ■$$

類型3 $\int \sin mx \sin nx dx$

利用公式(E)，我們可以將原積分轉換成兩個餘弦函數的積分之差。

例 3　求 $\int \sin 5x \sin x dx$。

解　由公式(E)，我們得

$$\int \sin 5x \sin x dx = \int \frac{1}{2}(\cos 4x - \cos 6x) dx$$

$$= \frac{1}{2}\int \cos 4x dx - \frac{1}{2}\int \cos 6x dx$$

$$=\frac{1}{2}\cdot\frac{1}{4}\sin 4x-\frac{1}{2}\cdot\frac{1}{6}\sin 6x+C$$

$$=\frac{1}{8}\sin 4x-\frac{1}{12}\sin 6x+C \quad \blacksquare$$

類型4 $\int \sin mx \cos nx dx$

我們可以利用公式(C)把原積分轉換成兩個正弦函數的積分之和。

例 4 求 $\int \sin 3x \cos 2x dx$。

解 利用公式(C)，我們有

$$\int \sin 3x \cos 2x dx=\int \frac{1}{2}(\sin 5x+\sin x)dx$$

$$=\frac{1}{2}\int \sin 5x dx+\frac{1}{2}\int \sin x dx$$

$$=\frac{1}{2}\left(-\frac{1}{5}\cos 5x\right)+\frac{1}{2}(-\cos x)+C$$

$$=-\frac{1}{10}\cos 5x-\frac{1}{2}\cos x+C \quad \blacksquare$$

類型5 $\int \cos mx \cos nx dx$

利用公式(D)，我們可以把原積分轉換成兩個餘弦函數的積分和。

例 5 求 $\int \cos 6x \cos 8x dx$。

解 利用公式(D)，我們有

$$\int \cos 6x \cos 8x dx=\int \frac{1}{2}[\cos(-2)x+\cos 14x]dx$$

$$=\frac{1}{2}\int\cos 2xdx+\frac{1}{2}\int\cos 14xdx$$

$$(\cos x=\cos(-x))$$

$$=\frac{1}{2}\cdot\frac{1}{2}\sin 2x+\frac{1}{2}\cdot\frac{1}{14}\sin 14x+C$$

$$=\frac{1}{4}\sin 2x+\frac{1}{28}\sin 14x+C \quad ■$$

類型6 $\int\tan^n xdx$

利用公式(H)，我們可以把 $\tan^n x$ 改寫成下式

$$\tan^n x=\tan^{n-2}x\tan^2 x=\tan^{n-2}x(\sec^2 x-1)$$

例 6　求 $\int\tan^4 xdx$。

解

$$\int\tan^4 xdx=\int\tan^2 x\tan^2 xdx$$

$$=\int\tan^2 x(\sec^2 x-1)dx$$

$$=\int\tan^2 x\sec^2 xdx-\int\tan^2 xdx$$

$$=\int\tan^2 x\sec^2 xdx-\int(\sec^2 x-1)dx$$

$$=\int\tan^2 x\sec^2 xdx-\int\sec^2 xdx+\int dx$$

$$=\frac{1}{3}\tan^3 x-\tan x+x+C \quad ■$$

類型7 $\int\tan^m x\sec^n xdx$，n 爲偶數

將 $\sec^n x$ 改寫成 $\sec^{n-2}x\sec^2 x=(1+\tan^2 x)^{\frac{n-2}{2}}\sec^2 x$，再代入

計算，利用 $d\tan x = \sec^2 xdx$。

例 7 求 $\int \tan^5 x\sec^4 xdx$。

解

$$\begin{aligned}\int \tan^5 x\sec^4 xdx &= \int \tan^5 x\sec^2 x\cdot\sec^2 xdx\\ &= \int \tan^5 x(1+\tan^2 x)\sec^2 xdx\\ &= \int \tan^5 x\sec^2 xdx + \int \tan^7 x\sec^2 xdx\\ &= \frac{1}{6}\tan^6 x + \frac{1}{8}\tan^8 x + C \quad \blacksquare\end{aligned}$$

類型8 $\int \tan^m x\sec^n xdx$，n 及 m 皆爲奇數

將被積分函數改寫成 $\tan^m x\sec^n x = (\tan^{m-1} x\sec^{n-1} x)\cdot(\tan x\sec x)$，再把 $\tan^{m-1} x$ 化成 $(\sec^2 x-1)^{\frac{m-1}{2}}$ 之後代入，利用 $d\sec x = \sec x\tan xdx$。

例 8 求 $\int \tan^3 x\sec^3 xdx$。

解

$$\begin{aligned}\text{原式} &= \int \tan^2 x\sec^2 x\sec x\tan xdx\\ &= \int (\sec^2 x-1)\sec^2 x\sec x\tan xdx\\ &= \int \sec^4 x(\sec x\tan x)dx - \int \sec^2 x(\sec x\tan x)dx\\ &= \frac{1}{5}\sec^5 x - \frac{1}{3}\sec^3 x + C \quad \blacksquare\end{aligned}$$

類型9 $\int \sec^n xdx, n>1$

我們可以利用分部積分來計算此類型的積分。由於 $n>1$,

$d\tan x = \sec^2 xdx$ 且 $d\sec x = \sec x\tan xdx$，我們有

$$\int \sec^n xdx = \int \sec^{n-2} x\sec^2 xdx$$

$$= \int \sec^{n-2} xd\tan x$$

$$= \tan x\sec^{n-2} x - \int \tan xd\sec^{n-2} x$$

$$= \tan x\sec^{n-2} x - \int (n-2)\sec^{n-3} x\sec x\tan x\tan xdx$$

$$= \tan x\sec^{n-2} x - (n-2)\int \sec^{n-2} x\tan^2 xdx$$

$$= \tan x\sec^{n-2} x - (n-2)\int \sec^{n-2} x(\sec^2 x - 1)dx$$

$$= \tan x\sec^{n-2} x - (n-2)\int \sec^n xdx + (n-2)\int \sec^{n-2} xdx$$

將 $(n-2)\int \sec^n xdx$ 移項至左邊之後，並加以整理，我們最後得

$$\text{(I)} \int \sec^n xdx = \frac{1}{n-1}\tan x\sec^{n-2} x + \frac{n-2}{n-1}\int \sec^{n-2} xdx$$

例 9　求 $\int \sec^4 xdx$。

解　由公式(I)，我們有 $(n = 4)$

$$\int \sec^4 xdx = \frac{1}{3}\tan x\sec^2 x + \frac{2}{3}\int \sec^2 xdx$$

$$= \frac{1}{3}\tan x\sec^2 x + \frac{2}{3}\tan x + C \quad ■$$

若 n 爲奇數，那麼在重覆使用公式(I)之後會出現 $\int \sec xdx$，我們現在把 $\int \sec xdx$ 求出來以供同學參考。

例10 求 $\int \sec x dx$。

解 此題須要一點技巧

$$\int \sec x dx = \int \frac{\sec x(\sec x + \tan x)}{\sec x + \tan x} dx$$

$$= \int \frac{\sec^2 x + \sec x \tan x}{\sec x + \tan x} dx$$

令 $u = \sec x + \tan x$，則 $du = \sec x \tan x + \sec^2 x$，因此，原式爲

$$\int \sec x dx = \int \frac{du}{u} = \ln |u| + C$$

$$= \ln |\sec x + \tan x| + C \quad \blacksquare$$

習題 6–3

下列 1～22 題，求各積分。

1. $\int \sin 3x \cos^2 x dx$

2. $\int \sin x \cos 2x dx$

3. $\int \sin 3x \cos 4x dx$

4. $\int \sin 5x \sin 7x dx$

5. $\int \cos 3x \cos 5x dx$

6. $\int \tan^2 x \sec^4 x dx$

7. $\int \tan^3 x \sec^4 x dx$

8. $\int \tan^2 x dx$

9. $\int \tan^5 x dx$

10. $\int \tan^4 x \sec^6 x dx$

11. $\int \tan^5 x \sec^7 x dx$
12. $\int \sin^2 x dx$
13. $\int \cos^2 x dx$
14. $\int \cos^4 x dx$
15. $\int \sin^4 x dx$
16. $\int \sin \frac{3}{2}x \cos \frac{x}{2} dx$
17. $\int \sec^6 x dx$
18. $\int \sec^8 x dx$
19. $\int \sec^4 2x dx$
20. $\int \cos \sqrt{2}x \sin \frac{x}{\sqrt{2}} dx$
21. $\int \sec^3 x dx$
22. $\int \sec^5 x dx$

23.本題討論 $\int \tan^m x \sec^n dx$，其中 m 爲偶數而 n 爲奇數之計算方法。利用 $\sec^2 x - 1 = \tan^2 x$，我們可以將原積分改寫成 $\int \sec^k x dx$ 之型式，然後再利用類型 9 之技巧來計算。試利用此方法求下列各積分。

(i) $\int \tan^2 x \sec x dx$　　(ii) $\int \tan^4 x \sec^3 x dx$

24.試仿類型 9 之討論，證明當 $n > 1$ 時

$$\int \csc^n x dx = \frac{-1}{n-1} \csc^{n-2} x \cot x + \frac{n-2}{n-1} \int \csc^{n-2} x dx$$

25.試仿例 10 之方法證明

$$\begin{aligned}\int \csc x dx &= -\ln|\csc x + \cot x| + C \\ &= \ln|\csc x - \cot x| + C\end{aligned}$$

26.求 $\int \csc^3 x dx$（利用 24 及 25 題）。

27.求 $\int \csc^4 x dx$。

6–4 代換積分法

在本節裡，我們繼續討論另外一種積分的技巧，亦即所謂的**代換積分法**。假設我們欲計算 $\int f(x)dx$，如果我們把變數 x 以一個可逆而且可微分的函數 $h(y)$ 取代，使得原積分變成爲以 y 爲變數的積分，那麼這種方法稱之爲代換積分法。一般說來，函數 h 並不是容易可以求得。本節只討論一些特殊的例子並介紹重要的**三角代換法**，希望同學能藉由這些例子多少體會出代換積分法的精神及技巧。

例 1　求 $\int \frac{2+x}{\sqrt{1+x}}dx$。

解　令 $y=\sqrt{1+x}$，則 $y^2=1+x, x=y^2-1$，且 $2ydy=dx$。將之代入原式，得

$$\begin{aligned}\int \frac{2+x}{\sqrt{1+x}}dx &= \int \frac{2+(y^2-1)}{y}\cdot 2ydy\\ &= \int 2(y^2+1)dy\\ &= 2\left(\frac{y^3}{3}+y\right)+C\\ &= 2\left[\frac{(1+x)^{\frac{3}{2}}}{3}+\sqrt{1+x}\right]+C\end{aligned}$$

■

在本例中，我們所用到的函數 $h(y)=y^2-1, y\geq 0$ 爲一可逆且可微分之函數。

在實際的演算中，我們並不需要事先求出 $h(y)$。在利用代

換積分法時，大家可以掌握的一個原則就是把被積分函數中「不順眼」的部分代換掉。

例 2　求 $\int \frac{dx}{(1+\sqrt{x})^2}$。

解　本例中，$1+\sqrt{x}$ 看起來不順眼，宜將之代換掉。因此令 $y=1+\sqrt{x}$，則 $(y-1)^2=x$，且 $2(y-1)dy=dx$。這麼一來，我們有

$$\int \frac{dx}{(1+\sqrt{x})^2} = \int \frac{1}{y^2}\cdot 2(y-1)dy$$

$$= 2\int \frac{1}{y}dy - 2\int \frac{1}{y^2}dy$$

$$= 2\ln y - 2\cdot\left(-\frac{1}{y}\right) + C$$

（因爲 $y \geq 1$，所以 $\ln|y| = \ln y$）

$$= 2\ln y + \frac{2}{y} + C$$

$$= 2\ln(1+\sqrt{x}) + \frac{2}{1+\sqrt{x}} + C \quad \blacksquare$$

從例1 及例2，我們可以看出使用代換積分法時，其實我們是令 $y=g(x)$，其中 g 爲可逆且可微分的函數，而且 $g(x)$ 是被積分函數中「不順眼」的部分，然後解出 $x=g^{-1}(y)$ 且令 $h(y)=g^{-1}(y)$ 並代入 $\int f(x)dx$ 使得原積分被轉化成以 y 爲變數的積分 $\int f(h(y))h'(y)dy$，當此積分計算出來之後再將變數 y 換回 $g(x)$。

例 3　求 $\int \frac{dx}{\sqrt[3]{\sqrt{x}+1}}$。

解　令 $y=\sqrt[3]{\sqrt{x}+1}$，則 $y^3=\sqrt{x}+1$，故 $(y^3-1)^2=x$。因此

$$dx=2(y^3-1)(3y^2)dy=(6y^5-6y^2)dy$$

所以，原式變成

$$\begin{aligned}\int\frac{dx}{\sqrt[3]{\sqrt{x}+1}}&=\int\frac{1}{y}(6y^5-6y^2)dy\\&=\int(6y^4-6y)dy\\&=\frac{6}{5}y^5-\frac{6}{2}y^2+C\\&=\frac{6}{5}\left(\sqrt[3]{\sqrt{x}+1}\right)^5-3\left(\sqrt[3]{\sqrt{x}+1}\right)^2+C\end{aligned}$$ ■

接著，我們討論**三角代換法**，三角代換法主要是要處理被積分函數中含有 $\sqrt{a^2-x^2},\sqrt{a^2+x^2}$ 或 $\sqrt{x^2-a^2},a>0$ 之部分。我們須要用到下列兩個三角恆等式

$$\cos^2 x+\sin^2 x=1$$

$$1+\tan^2 x=\sec^2 x$$

在 $\sqrt{a^2-x^2}$ 之情況，令 $x=a\sin\theta$，則

$$\sqrt{a^2-x^2}=\sqrt{a^2(1-\sin^2\theta)}=\sqrt{a^2\cos^2\theta}=a\left|\cos\theta\right|$$

由於 $\theta=\sin^{-1}\frac{x}{a}$，而反正弦函數 $\sin^{-1}$ 的值域為 $[-\frac{\pi}{2},\frac{\pi}{2}]$，所以 $\cos\theta\geq 0$，因此 $\sqrt{a^2-x^2}=a\cos\theta$，也就是說絕對值可以去掉。

為了同學參考方便起見，我們把三角代換所須用到的反三角函數的定義域列出

$$x=a\sin\theta,\theta=\sin^{-1}\left(\frac{x}{a}\right),\quad -\frac{\pi}{2}\leq\theta\leq\frac{\pi}{2}$$

$$x=a\tan\theta,\theta=\tan^{-1}\left(\frac{x}{a}\right),\quad -\frac{\pi}{2}<\theta<\frac{\pi}{2}$$

$$x = a\sec\theta, \theta = \sec^{-1}\left(\frac{x}{a}\right), \quad \begin{cases} 如果\ \dfrac{x}{a} \geq 1，則\ 0 \leq \theta \leq \dfrac{\pi}{2} \\ 如果\ \dfrac{x}{a} \leq -1，則\ \dfrac{\pi}{2} < \theta \leq \pi \end{cases}$$

例 4　求 $\int \frac{x^2dx}{\sqrt{4-x^2}}$。

解　令 $x = 2\sin\theta$，則 $\theta = \sin^{-1}\frac{x}{2}, dx = 2\cos\theta d\theta, -\frac{\pi}{2} < \theta < \frac{\pi}{2}$，且 $x^2 = 4\sin^2\theta$。如此一來，我們有

$$\begin{aligned}
\int \frac{x^2dx}{\sqrt{4-x^2}} &= \int \frac{4\sin^2\theta(2\cos\theta)d\theta}{|2\cos\theta|} \\
&= 4\int \sin^2\theta d\theta \qquad （注意\ \cos\theta > 0, -\frac{\pi}{2} < \theta < \frac{\pi}{2}） \\
&= 4\int \frac{1-\cos 2\theta}{2} d\theta \\
&= 2\left(\theta - \frac{\sin 2\theta}{2}\right) + C \\
&= 2(\theta - \sin\theta\cos\theta) + C \qquad (\sin 2\theta = 2\sin\theta\cos\theta)
\end{aligned}$$

由於 $\sin\theta = \frac{x}{2}$，而且 $\cos^2\theta + \sin^2\theta = 1$，以及 $\cos\theta > 0$，我們有

$$\cos\theta = \sqrt{1-\sin^2\theta} = \sqrt{1-\frac{x^2}{4}} = \frac{\sqrt{4-x^2}}{2}$$

因此

$$\begin{aligned}
\int \frac{x^2dx}{\sqrt{4-x^2}} &= 2\left(\sin^{-1}\frac{x}{2} - \frac{x}{2}\cdot\frac{\sqrt{4-x^2}}{2}\right) + C \\
&= 2\sin^{-1}\frac{x}{2} - \frac{x}{2}\sqrt{4-x^2} + C
\end{aligned}$$

■

例 5　求 $\int \frac{dx}{\sqrt{x^2-4}}, x > 2$。

解　令 $x = 2\sec\theta$，則由 $x > 2$，我們有 $0 < \theta < \frac{\pi}{2}, dx =$

$2\sec\theta\tan\theta d\theta$，且 $\sqrt{x^2-4}=\sqrt{4(\sec^2\theta-1)}=2\sqrt{\tan^2\theta}=2|\tan\theta|=2\tan\theta$。因此

$$\int\frac{dx}{\sqrt{x^2-4}}=\int\frac{2\sec\theta\tan\theta}{2\tan\theta}d\theta$$
$$=\int\sec\theta d\theta$$
$$=\ln|\sec\theta+\tan\theta|+C$$

因爲 $\sec\theta=\frac{x}{2}$，且 $\sec^2\theta=\tan^2\theta+1$，由 $\tan\theta>0$，我們得

$$\tan\theta=\sqrt{\sec^2\theta-1}=\sqrt{\frac{x^2}{4}-1}=\frac{\sqrt{x^2-4}}{2}$$

所以

$$\int\frac{dx}{\sqrt{x^2-4}}=\ln\left|\frac{x}{2}+\frac{\sqrt{x^2-4}}{2}\right|+C$$ ■

例 6 求 $\int\frac{dx}{\sqrt{1+x^2}}$。

解 令 $x=\tan\theta,-\frac{\pi}{2}<\theta<\frac{\pi}{2}$，則 $dx=\sec^2\theta d\theta$，因爲

$$\sec\theta>0,-\frac{\pi}{2}<\theta<\frac{\pi}{2}\quad 且\quad \tan^2\theta+1=\sec^2\theta$$

我們有 $\sec\theta=\sqrt{1+x^2}$，因此

$$\int\frac{dx}{\sqrt{1+x^2}}=\int\frac{\sec^2\theta d\theta}{\sec\theta}$$
$$=\int\sec\theta d\theta$$
$$=\ln|\sec\theta+\tan\theta|+C$$
$$=\ln\left|\sqrt{1+x^2}+x\right|+C$$ ■

習題 6–4

求下列各題之積分。

1. $\int \frac{x}{\sqrt{1+x}}dx$

2. $\int \frac{dx}{\sqrt{\sqrt{x}+1}}$

3. $\int \frac{dx}{1+\sqrt{x}}$

4. $\int \frac{dx}{(1+\sqrt{x})^4}$

5. $\int \frac{dx}{1+\sqrt[3]{x}}$

（提示：令 $u=1+\sqrt[3]{x}$）

6. $\int \frac{dx}{\sqrt{3+\sqrt[3]{x}}}$

（提示：令 $u=3+\sqrt[3]{x}$）

7. $\int \frac{\sqrt{x}}{(1+\sqrt{x})^2}dx$

8. $\int \frac{x^2}{\sqrt{1+x}}dx$

9. $\int \frac{dx}{\sqrt{4+x^2}}$

10. $\int \frac{x^2}{\sqrt{1-x^2}}dx$

11. $\int \frac{x}{\sqrt{1-x^2}}dx$

12. $\int \sqrt{1-4x^2}dx$

13. $\int \frac{dx}{x^2\sqrt{1+x^2}}$

14. $\int \frac{dx}{x^3\sqrt{x^2-1}}, x>1$

15. $\int \frac{dx}{(1+x^2)^{\frac{3}{2}}}$

16. $\int \frac{\sqrt{1-x^2}}{x^4}dx$

17. $\int \frac{dx}{x\sqrt{x^2-1}}, x>1$

18. $\int \frac{dx}{\sqrt{1-x^2}}$

19. $\int \frac{dx}{\sqrt{25x^2-4}}, x>\frac{2}{5}$

20. $\int \frac{dx}{1+x^2}$

6–5 有理函數積分

在本節裡，我們將討論有理函數的積分技巧。所謂有理函數是指型如 $\frac{f(x)}{g(x)}$ 之函數，其中 $f(x)$ 及 $g(x)$ 爲多項式。本節的目的在於討論如何計算下列積分

$$\int \frac{f(x)}{g(x)} dx$$

我們可以由**部分分式**的方法把 $\frac{f(x)}{g(x)}$ 寫成下列型式的多項式及有理函數之和

$$p(x), \frac{c}{(ax+b)^k}, \frac{ex+f}{(ax^2+bx+c)^k} \quad (b^2-4ac<0), k\text{爲自然數。}$$

對於多項式 $p(x)$ 之積分 $\int p(x)dx$，我們已經知道如何計算。至於 $\int \frac{c}{(ax+b)^k}dx$ 及 $\int \frac{ex+f}{(ax^2+bx+c)^k}dx$ 這兩類型的積分，我們在下幾個例子來說明如何計算，同學可以依照這些例子來處理其他相同類型的積分，而不須要背公式。

例 1 求 $\int \frac{4}{3x+2}dx \quad \left(\int \frac{c}{ax+b}dx\text{之類型}\right)$。

解 令 $u=3x+2$，則 $du=3dx, \frac{1}{3}du=dx$。因此

$$\begin{aligned}\int \frac{4}{3x+2}dx &= \int \frac{4}{u}\cdot\frac{1}{3}du \\ &= \frac{4}{3}\ln|u|+C \\ &= \frac{4}{3}\ln|3x+2|+C \quad ■\end{aligned}$$

例 2　求 $\int \frac{1}{(7x-2)^5}dx$　$\left(\int \frac{c}{(ax+b)^k}dx, k>1\text{之類型}\right)$。

解　令 $u=7x-2$，則 $du=7dx, \frac{1}{7}du=dx$。故

$$\int \frac{1}{(7x-2)^5}dx=\int \frac{1}{u^5}\cdot\frac{1}{7}du$$

$$=\frac{1}{7}\cdot\left(-\frac{1}{4}u^{-4}\right)+C$$

$$=-\frac{1}{28}(7x-2)^{-4}+C$$ ■

由於 $\frac{ex+f}{(ax^2+bx+c)^k}=\frac{ex}{(ax^2+bx+c)^k}+\frac{f}{(ax^2+bx+c)^k}$，因此要求 $\int \frac{ex+f}{(ax^2+bx+c)^k}dx$。事實上，我們只要能求出下列積分即可

$$\int \frac{x}{(ax^2+bx+c)^k}dx, \int \frac{1}{(ax^2+bx+c)^k}dx$$

例 3　求 $\int \frac{1}{2x^2+2x+1}dx$。

解　原式用配方法可改寫爲

$$\int \frac{1}{2x^2+2x+1}dx=\int \frac{dx}{2\left(x+\frac{1}{2}\right)^2+\frac{1}{2}}$$

$$=\frac{1}{2}\int \frac{dx}{\left(x+\frac{1}{2}\right)^2+\frac{1}{4}}$$

令 $x+\frac{1}{2}=\frac{1}{2}\tan\theta$，則 $dx=\frac{1}{2}\sec^2\theta d\theta$，且 $\left(x+\frac{1}{2}\right)^2+\frac{1}{4}=\frac{1}{4}\sec^2\theta$，

因此，原式變成

$$\int \frac{dx}{2x^2+2x+1}=\frac{1}{2}\int \frac{1}{\frac{1}{4}\sec^2\theta}\cdot\frac{1}{2}\sec^2\theta d\theta$$

$$=\int d\theta$$

$$=\theta + C$$

$$=\tan^{-1}(2x+1) + C \quad ■$$

例 4 求$\displaystyle\int \frac{dx}{(x^2+2x+2)^3}\left(\int \frac{dx}{(ax^2+bx+c)^k}, b^2-4ac<0, k>1\text{之類型}\right)$

解 利用配方法，原式可改寫成$\displaystyle\int \frac{dx}{[(x+1)^2+1]^3}$。

令 $x+1=\tan\theta$，則 $(x+1)^2+1=\sec^2\theta, dx=\sec^2\theta d\theta$。因此

$$\int \frac{dx}{(x^2+2x+2)^3}=\int \frac{1}{(\sec^2\theta)^3}\cdot \sec^2\theta d\theta$$

$$=\int \frac{d\theta}{\sec^4\theta}$$

$$=\int \cos^4\theta d\theta$$

利用 6–3 節類型(2)之方法，我們有

$$\int \cos^4\theta d\theta=\int \left(\frac{1+\cos 2\theta}{2}\right)^2 d\theta$$

$$=\frac{1}{4}\int [1+2\cos 2\theta+(\cos 2\theta)^2]d\theta$$

$$=\frac{1}{4}\left(\int d\theta+2\int \cos 2\theta d\theta+\int \frac{1+\cos 4\theta}{2}d\theta\right)$$

$$=\frac{1}{4}\left(\theta+2\cdot\frac{1}{2}\sin 2\theta+\frac{1}{2}\theta+\frac{1}{2}\cdot\frac{1}{4}\sin 4\theta\right)+C$$

$$=\frac{1}{4}\left(\frac{3}{2}\theta+\sin 2\theta+\frac{1}{8}\sin 4\theta\right)+C$$

最後，由下列三角形，我們有

$$\sin\theta=\frac{x+1}{\sqrt{x^2+2x+2}},$$

$$\cos\theta=\frac{1}{\sqrt{x^2+2x+2}}$$

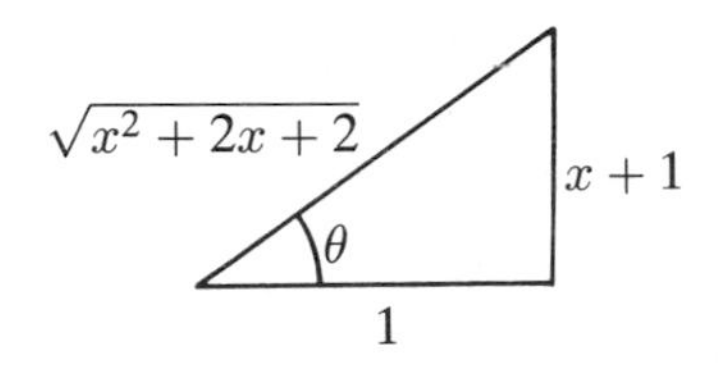

因此

$$\sin 2\theta = 2\sin\theta\cos\theta = \frac{2(x+1)}{x^2+2x+2}$$

$$\cos 2\theta = 2\cos^2\theta - 1 = \frac{2}{x^2+2x+2} - 1 = \frac{-(x^2+2x)}{x^2+2x+2}$$

$$\sin 4\theta = 2\sin 2\theta\cos 2\theta = \frac{-4(x+1)(x^2+2x)}{(x^2+2x+2)^2}$$

故

$$\int\frac{dx}{(x^2+2x+2)^3} = \frac{3}{8}\tan^{-1}(x+1) + \frac{1}{2}\frac{x+1}{x^2+2x+2} - \frac{1}{8}\frac{(x+1)(x^2+2x)}{(x^2+2x+2)^2} + C \quad ■$$

對於 $\int\frac{xdx}{(ax^2+bx+c)^k}$ 方面，我們可以將之改寫成

$$\int\frac{xdx}{(ax^2+bx+c)^k} = \frac{1}{2a}\int\frac{(2ax+b)}{(ax^2+bx+c)^k}dx - \frac{b}{2a}\int\frac{dx}{(ax^2+bx+c)^k}$$

上式的第二個積分，我們已在例 3 及例 4 討論過了。至於第一個積分，我們可以用變數變換方法來求，令 $u=ax^2+bx+c$，則 $du=(2ax+b)dx$，因此

$$\int\frac{2ax+b}{(ax^2+bx+c)^k}dx=\begin{cases}\ln\left|ax^2+bx+c\right|+C, k=1\\ \dfrac{1}{-k+1}\cdot\dfrac{1}{(ax^2+bx+c)^{k-1}}+C, k>1\end{cases}$$

到目前爲止，我們已經討論了如何求出下列積分

$$\int p(x)dx, \int\frac{c}{(ax+b)^k}dx, \int\frac{ex+f}{(ax^2+bx+c)^k}dx$$

接下來，我們討論如何將有理函數 $\frac{f(x)}{g(x)}$ 表成 $p(x), \frac{c}{(ax+b)^k}$ 及 $\frac{ex+f}{(ax^2+bx+c)^k}$ 諸項之和，亦即求 $\frac{f(x)}{g(x)}$ 之部分分式。

如果 $f(x)$ 之次數大於或等於 $g(x)$ 之次數，那麼我們可以利用長除法來使得

$$\frac{f(x)}{g(x)}=p(x)+\frac{h(x)}{g(x)}$$

其中 $h(x)$ 之次數小於 $g(x)$ 之次數，因此，不失一般性，我們假設 $f(x)$ 之次數小於 $g(x)$ 之次數；此時，我們可以依下列步驟來求得 $\frac{f(x)}{g(x)}$ 之部分分式。

(1)令 $ax+b$ 爲 $g(x)$ 之因式，且 m 爲最大之正整數，使得 $(ax+b)^m$ 整除 $g(x)$， 亦即 $g(x)=(ax+b)^m g_1(x)$，其中 $ax+b$ 不整除 $g_1(x)$，那麼， $\frac{f(x)}{g(x)}$ 之部分分式中含有下列式子

$$\frac{c_1}{ax+b}+\frac{c_2}{(ax+b)^2}+\cdots+\frac{c_m}{(ax+b)^m}$$

(2)對 $g(x)$ 的每一個一次因式，重覆步驟(1)。

(3)設 ax^2+bx+c 爲$g(x)$之因式且 $g(x)=(ax^2+bx+c)^k g_1(x)$ 其中 ax^2+bx+c 不整除 $g_1(x)$，那麼 $\frac{f(x)}{g(x)}$ 之部分分式中含有下列式子

$$\frac{d_1x+f_1}{ax^2+bx+c}+\frac{d_2x+f_2}{(ax^2+bx+c)^2}+\cdots+\frac{d_kx+f_k}{(ax^2+bx+c)^k}$$

(4)對 $g(x)$ 的每一個二次因式，重覆步驟(2)。

(5)令 $\frac{f(x)}{g(x)}$ 等於上列步驟所得到部分分式之和，利用**未定係數法**，求出各個未知之係數之後，即得出 $\frac{f(x)}{g(x)}$ 之部分分式。

例 5　試將 $\frac{5x-3}{x^2-2x-3}$ 表成部分分式。

解　因為 $x^2-2x-3=(x-3)(x+1)$，因此令

$$\frac{5x-3}{x^2-2x-3}=\frac{A}{x-3}+\frac{B}{x+1}$$

將右式通分並比較左式之分子，我們有

$$\begin{aligned}5x-3&=A(x+1)+B(x-3)\\&=(A+B)x+A-3B\end{aligned}$$

比較一次項及常數項之係數，我們得

$$\begin{cases}A+B=5\\A-3B=-3\end{cases}$$

解之，得 $A=3, B=2$，所以

$$\frac{5x-3}{x^2-2x-3}=\frac{3}{x-3}+\frac{2}{x+1}\quad\blacksquare$$

例 6　試將 $\frac{2x+4}{(x^2+1)(x+1)^2}$ 表成部分分式。

解　令

$$\begin{aligned}&\frac{2x+4}{(x^2+1)(x+1)^2}\\&=\frac{Ax+B}{x^2+1}+\frac{C}{x+1}+\frac{D}{(x+1)^2}\\&=\frac{(Ax+B)(x+1)^2+C(x^2+1)(x+1)+D(x^2+1)}{(x^2+1)(x+1)^2}\end{aligned}$$

$$(Ax+B)(x+1)^2+C(x^2+1)(x+1)+D(x^2+1)$$

$$=(A+C)x^3+(2A+B+C+D)x^2+(A+2B+C)x$$
$$+(B+C+D)$$

比較各次項係數，得

$$\begin{cases} A+C=0 \\ 2A+B+C+D=0 \\ A+2B+C=2 \\ B+C+D=4 \end{cases}$$

解上面四元一次聯立方程組，我們得

$$A=-2, B=1, C=2, D=1$$

所以

$$\frac{2x+4}{(x^2+1)(x+1)^2}=\frac{-2x+1}{x^2+1}+\frac{2}{x+1}+\frac{1}{(x+1)^2} \quad ■$$

除了未定係數法之外，我們也可以使用**代入法**來求各個未知之係數。我們舉一個例子來說明。

例 7 試將 $\frac{4x+1}{x^2-x-2}$ 表成部分分式。

解 因爲 $x^2-x-2=(x-2)(x+1)$，因此令

$$\frac{4x+1}{x^2-x-2}=\frac{A}{x+1}+\frac{B}{x-2}$$

將右式通分並比較左式之分子，我們有

$$4x+1=A(x-2)+B(x+1)$$

令 $x=2$，得 $3B=9$，故 $B=3$。再令 $x=-1$，得 $-3A=-3$，故 $A=1$。所以

$$\frac{4x+1}{x^2-x-2}=\frac{1}{x+1}+\frac{3}{x-2} \quad ■$$

最後，只要我們把 $\frac{f(x)}{g(x)}$ 表成部分分式之後，再利用本節

前半段所介紹的方法即可求出 $\int \frac{f(x)}{g(x)}dx$。

例 8　求 $\int \frac{2x+4}{(x^2+1)(x+1)^2}dx$。

解　由例6，我們得

$$\int \frac{2x+4}{(x^2+1)(x+1)^2}dx$$

$$=\int \left(\frac{-2x+1}{x^2+1}+\frac{2}{x+1}+\frac{1}{(x+1)^2}\right)dx$$

$$=\int \left(\frac{-2x}{x^2+1}+\frac{1}{x^2+1}+\frac{2}{x+1}+\frac{1}{(x+1)^2}\right)dx$$

$$=-\ln(x^2+1)+\tan^{-1}x+2\ln|x+1|-\frac{1}{x+1}+C$$ ■

我們再舉一個例子說明如何利用有理函數積分法來求有關三角函數的不定積分。

例 9　求 $\int \sec x dx$。

解

$$\int \sec x dx=\int \frac{1}{\cos x}dx$$

$$=\int \frac{\cos x}{\cos^2 x}dx$$

$$=\int \frac{\cos x}{1-\sin^2 x}dx$$

令 $u=\sin x$，則 $du=\cos x dx$，且原式變成

$$\int \sec x dx=\int \frac{du}{1-u^2}=\frac{1}{2}\int \left(\frac{1}{1-u}+\frac{1}{1+u}\right)du$$

$$=\frac{1}{2}\left[-\int \frac{1}{1-u}d(1-u)+\int \frac{1}{1+u}d(1+u)\right]$$

$$=\frac{1}{2}(-\ln|1-u|+\ln|1+u|)+C$$

$$=\frac{1}{2}\ln\left|\frac{1+u}{1-u}\right|+C$$

$$=\frac{1}{2}\ln\left|\frac{1+\sin x}{1-\sin x}\right|+C \quad ■$$

事實上，$\int \sec x dx$ 的答案和 $\ln|\sec x+\tan x|+C$ 是一樣的。我們可以導出如下

$$\int \sec x dx=\frac{1}{2}\ln\left|\frac{1+\sin x}{1-\sin x}\right|+C$$

$$=\frac{1}{2}\ln\left|\frac{(1+\sin x)^2}{1-\sin^2 x}\right|+C$$

（分子分母同乘 $1+\sin x$）

$$=\frac{1}{2}\ln\left|\frac{(1+\sin x)^2}{\cos^2 x}\right|+C$$

$$=\ln\left|\frac{(1+\sin x)^2}{\cos^2 x}\right|^{\frac{1}{2}}+C$$

$$=\ln\left|\frac{1+\sin x}{\cos x}\right|+C$$

$$=\ln\left|\frac{1}{\cos x}+\frac{\sin x}{\cos x}\right|+C$$

$$=\ln|\sec x+\tan x|+C$$

習題 6–5

利用部分分式之方法，求下列各積分。

1. $\int\frac{1}{x^2-1}dx$

2. $\int\frac{dx}{(x-2)(x+1)}$

3. $\int\frac{x+1}{(x-1)^3}dx$

4. $\int\frac{3x-5}{x^2+2x+2}dx$

5. $\int\frac{4x-5}{(x^2+3x+4)^2}dx$

6. $\int\frac{4x-7}{(x+1)(x-1)(2x+1)}dx$

7. $\int\frac{x}{x^3-1}dx$

8. $\int\frac{2x^3-4x^2-x-3}{x^2-2x-3}dx$

9. $\int\frac{6x+5}{(x+2)^2}dx$

10. $\int\frac{x+2}{x^2(x-1)}dx$

11. $\int\frac{x+1}{x^3-x^2-6x}dx$

12. $\int\frac{x^2+2x+1}{(x^2+1)^2}dx$

13. $\int\frac{2}{(x+1)(2-x)}dx$

14. $\int\frac{2x}{x^2-2x-3}dx$

6–6 定積分之近似值計算

在本章的前 5 節，我們介紹了一些求不定積分的技巧，也就是求出某些特殊函數的所有反導函數，而我們求反導函數的主要目的即是要利用微積分基本定理來求出這些函數的定積分值。例如，我們若想計算 $\int_0^1 x^2 dx$，我們先求 $\int x^2 dx$，再利用基本公式，我們有 $\int x^2 dx = \frac{x^3}{3} + C$，因此，由微積分基本定理，我們得

$$\int_0^1 x^2 dx = \left.\frac{x^3}{3}\right|_0^1 = \frac{1}{3}$$

然而，並非所有函數的不定積分皆可以求得出來。比如說，我們就無法求出下列積分

$$\int e^{x^2} dx$$

因此，我們也就無法求出 $\int_0^1 e^{x^2} dx, \int_5^7 e^{x^2} dx$ 等積分值。不過，我們卻可以利用一些方法來求 $\int_0^1 e^{x^2} dx$ 之近似值，而且我們可以求出精確度相當高的近似值。本節的目的就是要介紹**辛普森法**來求定積分之近似值，辛普森法是一個精確度高而且也極易使用的一個方法。我們先把辛普森法列出來，然後再說明其方法之由來。最後，我們舉一些例子來說明如何利用辛普森法。

設 f 爲 $[a, b]$ 上的連續函數，n 爲偶數且 $P_n = \{x_0, x_1, x_2, \cdots, x_n\}$ 爲區間 $[a, b]$ 上的等分分割，亦即 $x_k - x_{k-1} = \frac{b-a}{n}, k = 1, 2, \cdots, n$。

辛普森法

$$\int_a^b f(x)dx \doteqdot \frac{b-a}{3n}[f(x_0)+4f(x_1)+2f(x_2)+4f(x_3)+2f(x_4)$$
$$+\cdots+2f(x_{n-2})+4f(x_{n-1})+f(x_n)]$$

其中 $x_k = a + k\cdot\dfrac{b-a}{n}, k=0,1,2,3,\cdots,n$

由上面辛普森法，我們可以看出，第一項及最後一項的係數皆是1，其他項的係數則是4 與2 交替出現，而開始及結束項之係數則是4。

我們現在先來看辛普森法的由來，大家都知道在平面上不共線的三點可以決定出一個拋物線，設 $g(x)=ax^2+bx+c$ 爲通過 $(x_{k-1},y_{k-1}),(x_k,y_k)$ 及 (x_{k+1},y_{k+1}) 三點之拋物線，我們想求

$$\int_{x_{k-1}}^{x_{k+1}} g(x)dx$$

其中 $x_k - x_{k-1} = x_{k+1} - x_k$，由於 $g(x)$ 通過 $(x_{k-1},y_{k-1}),(x_k,y_k)$ 及 (x_{k+1},y_{k+1})，我們有

$$\begin{cases} y_{k-1}=ax_{k-1}^2+bx_{k-1}+c \\ y_k=ax_k^2+bx_k+c \\ y_{k+1}=ax_{k+1}^2+bx_{k+1}+c \end{cases} \qquad (1)$$

由基本公式，我們有

$$\begin{aligned}\int_{x_{k-1}}^{x_{k+1}} g(x)dx &= \int_{x_{k-1}}^{x_{k+1}} (ax^2+bx+c)dx \\ &= \left(\frac{a}{3}x^3+\frac{b}{2}x^2+cx\right)\Bigg|_{x_{k-1}}^{x_{k+1}} \\ &= \left(\frac{a}{3}x_{k+1}^3+\frac{b}{2}x_{k+1}^2+cx_{k+1}\right) \\ &\quad -\left(\frac{a}{3}x_{k-1}^3+\frac{b}{2}x_{k-1}^2+cx_{k-1}\right)\end{aligned}$$

$$=\frac{a}{3}(x_{k+1}^3-x_{k-1}^3)+\frac{b}{2}(x_{k+1}^2-x_{k-1}^2)$$

$$+c(x_{k+1}-x_{k-1})$$

$$=\frac{1}{6}(x_{k+1}-x_{k-1})[2a(x_{k+1}^2+x_{k+1}x_{k-1}+x_{k-1}^2)$$

$$+3b(x_{k+1}+x_{k-1})+6c]$$

由 $x_{k+1}-x_k=x_k-x_{k-1}$，得

$$2x_k=x_{k+1}+x_{k-1}$$

所以

$$4x_k^2=x_{k+1}^2+x_{k-1}^2+2x_{k+1}x_{k-1}$$

故

$$x_{k+1}x_{k-1}=\frac{4x_k^2-x_{k+1}^2-x_{k-1}^2}{2}$$

因此

$$2a(x_{k+1}^2+x_{k+1}x_{k-1}+x_{k-1}^2)+3b(x_{k+1}+x_{k-1})+6c$$

$$=2a\left(x_{k+1}^2+\frac{4x_k^2-x_{k+1}^2-x_{k-1}^2}{2}+x_{k-1}^2\right)$$

$$+3b(x_{k+1}+x_{k-1})+6c$$

$$=2a\cdot\frac{4x_k^2+x_{k+1}^2+x_{k-1}^2}{2}+b(x_{k+1}+x_{k-1})+4bx_k+6c$$

$$=ax_{k+1}^2+4ax_k^2+ax_{k-1}^2+bx_{k+1}+bx_{k-1}+4bx_k+6c$$

$$=(ax_{k+1}^2+bx_{k+1}+c)+4(ax_k^2+bx_k+c)$$

$$+(ax_{k-1}^2+bx_{k-1}+c)$$

$$=y_{k+1}+4y_k+y_{k-1} \qquad (\text{由(1)})$$

所以

$$\int_{x_{k-1}}^{x_{k+1}}(ax^2+bx+c)dx=\int_{x_{k-1}}^{x_{k+1}}g(x)dx$$

$$=\frac{1}{6}(x_{k+1}-x_{k-1})(y_{k+1}+4y_k+y_{k-1})$$

如果令 $\Delta x_k = x_k - x_{k-1}$，那麼 $x_{k+1}-x_{k-1}=2\Delta x_k$，如此一來

$$\int_{x_{k-1}}^{x_{k+1}}(ax^2+bx+c)dx=\frac{1}{3}\Delta x_k(y_{k-1}+4y_k+y_{k+1}) \qquad (2)$$

同學宜注意到在計算上式積分時，我們並不須要先求出 a,b 及 c。

現在，回到原來計算 $\int_a^b f(x)dx$ 之問題上。如果 $P_n=\{x_0,x_1,\cdots,x_n\}$ 爲 $[a,b]$ 上之等分分割且 n 爲偶數，在區間 $[x_0,x_2]$ 上，由(2)我們知道過 $(x_0,f(x_0)),(x_1,f(x_1))$ 及 $(x_2,f(x_2))$ 三點之拋物線在 $[x_0,x_2]$ 上的定積分爲

$$\frac{1}{3}\Delta x_1(f(x_0)+4f(x_1)+f(x_2))$$

而過 $(x_2,f(x_2)),(x_3,f(x_3))$ 及 $(x_4,f(x_4))$ 三點之拋物線其在 $[x_2,x_4]$ 上的定積分爲

$$\frac{1}{3}\Delta x_3(f(x_2)+4f(x_3)+f(x_4))$$

依此類推，再由 $\Delta x_k=\frac{b-a}{n}$（P_n 爲等分分割），我們有

$$\int_a^b f(x)dx=\int_{x_0}^{x_2}f(x)dx+\int_{x_2}^{x_4}f(x)dx+\cdots$$

$$\doteqdot \left\{\begin{array}{l}\text{過}(x_0,f(x_0)),(x_1,f(x_1)),\\(x_2,f(x_2))\text{三點之拋}\\\text{物線在}[x_0,x_2]\text{上之}\\\text{定積分}\end{array}\right\}+\left\{\begin{array}{l}\text{過}(x_2,f(x_2)),(x_3,f(x_3)),\\(x_4,f(x_4))\text{三點之拋}\\\text{物線在}[x_2,x_4]\text{上之}\\\text{定積分}\end{array}\right\}+\cdots$$

$$=\frac{1}{3}\frac{b-a}{n}[(f(x_0)+4f(x_1)+f(x_2))+(f(x_2)+4f(x_3)+f(x_4))$$

$$+(f(x_4)+4f(x_5)+f(x_6))+\cdots]$$

$$=\frac{b-a}{3n}[f(x_0)+4f(x_1)+2f(x_2)+4f(x_3)+2f(x_4)+\cdots$$

$$+2f(x_{n-2})+4f(x_{n-1})+f(x_n)]$$

我們最後來看一些實例。

例 1 設 $n=6$，試利用辛普森法求 $\int_0^6 \sqrt{1+x}dx$ 之近似值。

解 由 $b=6, a=0, n=6$，得 $\frac{b-a}{n}=\frac{6-0}{6}=1$。我們可以用下列表格來使用辛普森法，表格分成4欄，第一欄爲 x_k，亦即分割點，注意 $x_k=a+k\cdot\frac{b-a}{n}=k$，第二欄爲對應之函數值 $f(x_k)$，在本例，$f(x)=\sqrt{1+x}$。第三欄爲對應之係數，由1開始，接著是4, 2, 4, 2, 4, 2 及1，最後一欄爲 $f(x_k)$ 與對應係數之乘積。

x_k	$f(x_k)=\sqrt{1+x_k}$	係數	乘　積
0	1	1	1
1	1.4142	4	5.6568
2	1.7321	2	3.4642
3	2	4	8
4	2.2361	2	4.4722
5	2.4495	4	9.798
6	2.6458	1	2.6458
合計			35.037

因此

$$\int_0^6 \sqrt{1+x}dx \doteqdot \frac{1}{3}(1)(35.037)$$

$$=11.679 \quad ■$$

如果，利用變數變換，我們可以求出

$$\begin{aligned}\int_0^6 \sqrt{1+x}dx &= \int_0^6 (1+x)^{\frac{1}{2}} dx \\ &= \frac{2}{3}(1+x)^{\frac{3}{2}}\Big|_0^6 \\ &= \frac{2}{3}(7^{\frac{3}{2}}-1) \\ &\doteqdot 11.6802\end{aligned}$$

由上面數據，我們明顯可以看出辛普森法的確有非常高的精確度。

例 2　設 $n=10$，試利用辛普森法求 $\int_0^{10} \frac{dx}{x^2+1}$ 之近似值。

解　由 $b=10, a=0, n=10$，得 $\frac{b-a}{n}=1$，所以 $x_k=a+k\cdot\frac{b-a}{n}=k$，仿例 1，我們有

x_k	$f(x_k)=\frac{1}{x_k^2+1}$	係數	乘積
0	1	1	1
1	0.5	4	2
2	0.2	2	0.4
3	0.1	4	0.4
4	0.0588	2	0.1176
5	0.0385	4	0.154
6	0.0270	2	0.054
7	0.02	4	0.08
8	0.0154	2	0.0308
9	0.0122	4	0.0488
10	0.0099	1	0.0099
合計			4.2951

所以

$$\int_0^{10} \frac{dx}{x^2+1} \doteqdot \frac{1}{3}(1)(4.2951)$$

$$=1.4317 \quad \blacksquare$$

辛普森法一般也稱爲拋物線法，這是因爲在每一個小區間中，我們用拋物線來估計原函數的圖形之緣故，另外定積分的近似值求法還有**梯形法**，但是就估計的效果與準確度來說，辛普森法較梯形法優良。

習 題 6–6

利用辛普森法及計算器求下列給定 n 之定積分的近似值。

1. $\int_0^6 x^2 dx, n=6$
2. $\int_0^4 \sqrt{x^2+2}dx, n=4$
3. $\int_0^{10} \sqrt{x^3+1}dx, n=10$
4. $\int_1^5 \frac{dx}{x+1}, n=2$
5. $\int_0^{10} xdx, n=4$
6. $\int_1^4 \frac{1}{x}dx, n=6$
7. $\int_0^1 \sqrt{1-x^2}, n=4$
8. $\int_0^1 \frac{dx}{\sqrt{x+10}}, n=4$
9. $\int_0^4 e^{x^2} dx, n=4$
10. $\int_2^6 \sqrt{x^3+4}dx, n=8$

6–7 瑕積分

到目前爲止，我們所碰到的定積分都是定義在有界的區間之上。不過，在本節裡，我們要考慮下列型式的積分

$$\int_a^\infty f(x)dx,\ \int_{-\infty}^a f(x)dx,\ \int_{-\infty}^\infty f(x)dx$$

上面類型的積分通稱爲**瑕積分**。當然還有其他類型的瑕積分，不過，我們不擬在此介紹。

假設 f 在 $[a,\infty)$ 上爲連續函數，那麼對任意 $t>a$, f 在區間 $[a,t]$ 上爲可積分，因此積分 $\int_a^t f(x)dx$ 存在，如果令

$$F(t)=\int_a^t f(x)dx,\ t\geq a$$

那麼，F 爲定義在 $[a,\infty)$ 上之函數，如果極限

$$\lim_{t\to\infty} F(t) \tag{1}$$

存在且極限值爲 L，L 爲有限，那麼我們就說瑕積分

$$\int_a^\infty f(x)dx \tag{2}$$

收斂且稱 L 爲此瑕積分之積分值，並記之爲 $\int_a^\infty f(x)dx=L$。反之，若極限(1)不存在，則我們說瑕積分(2)爲**發散**。

例 1　試決定 $\int_1^\infty \frac{1}{x^2}dx$ 是收斂或發散。若是收斂，試求其積分值。

解　令

$$F(t)=\int_1^t \frac{dx}{x^2},\ t\geq 1$$

則

$$F(t)=-x^{-1}\Big|_1^t$$
$$=-\frac{1}{t}+1$$

因爲 $\lim_{t\to\infty}\frac{1}{t}=0$，因此

$$\lim_{t\to\infty}F(t)=\lim_{t\to\infty}\left(-\frac{1}{t}+1\right)=1$$

故 $\int_1^\infty \frac{dx}{x^2}$ 收斂而且

$$\int_1^\infty \frac{dx}{x^2}=1 \quad ■$$

例 2 試決定 $\int_1^\infty \frac{dx}{\sqrt{x}}$ 是否收斂。若收斂，試求其積分值。

解 令

$$F(t)=\int_1^t \frac{dx}{\sqrt{x}},\ t\geq 1$$

則

$$F(t)=2x^{\frac{1}{2}}\Big|_1^t=2\sqrt{t}-2$$

由於 $\lim_{t\to\infty}\sqrt{t}$ 發散，因此 $\lim_{t\to\infty}F(t)$ 發散，故瑕積分 $\int_1^\infty \frac{dx}{\sqrt{x}}$ 發散。

■

仿照 $\int_a^\infty f(x)dx$ 收斂或發散的定義，我們說如果極限

$$\lim_{t\to-\infty}\int_t^a f(x)dx \tag{3}$$

存在並且爲有限，則稱瑕積分 $\int_{-\infty}^a f(x)dx$ **收斂**而且

$$\int_{-\infty}^a f(x)dx=\lim_{t\to-\infty}\int_t^a f(x)dx \tag{4}$$

反之，如果極限(3)不存在，那麼我們說瑕積分 $\int_{-\infty}^{a} f(x)dx$ **發散**。

例 3　試決定$\int_{-\infty}^{-1} \frac{dx}{x^4}$ 是否收斂。若收斂，試求其積分值。

解　由定義，我們有

$$\begin{aligned}\int_{-\infty}^{-1} \frac{dx}{x^4} &= \lim_{t\to-\infty}\int_{t}^{-1} \frac{dx}{x^4}\\ &= \lim_{t\to-\infty}\left(-\frac{1}{3}x^{-3}\Big|_{t}^{-1}\right)\\ &= \lim_{t\to-\infty}\left(\frac{1}{3}+\frac{1}{3t^3}\right)\\ &= \frac{1}{3}\end{aligned}$$

因爲 $\lim_{t\to-\infty}\frac{1}{t^3}=0$，因此 $\int_{-\infty}^{-1} \frac{dx}{x^4}$ 收斂且其積分值爲$\frac{1}{3}$。 ■

最後，我們來處理瑕積分 $\int_{-\infty}^{\infty} f(x)dx$，我們把它拆成兩個瑕積分之和:

$$\int_{-\infty}^{\infty} f(x)dx = \int_{-\infty}^{0} f(x)dx + \int_{0}^{\infty} f(x)dx \tag{5}$$

如果(5)式右邊的兩個瑕積分都收斂，那麼我們就說 $\int_{-\infty}^{\infty} f(x)dx$ **收斂**而且其積分值爲(5)式右邊兩個瑕積分積分值之和。反之，則稱 $\int_{-\infty}^{\infty} f(x)dx$**發散**。

例 4　試決定$\int_{-\infty}^{\infty} \frac{e^x}{1+e^x}dx$ 是否收斂，若收斂，試求其積分值。

解　我們必須先決定 $\int_{-\infty}^{0} \frac{e^x}{1+e^x}dx$ 及 $\int_{0}^{\infty} \frac{e^x}{1+e^x}dx$ 是否收斂。

由定義，我們有

$$\begin{aligned}\int_{-\infty}^{0} \frac{e^x}{1+e^x}dx &= \lim_{t\to-\infty}\int_{t}^{0} \frac{e^x}{1+e^x}dx\\ &= \lim_{t\to-\infty} \ln(1+e^x)\Big|_{t}^{0} \qquad (\text{令 } u=1+e^x)\\ &= \lim_{t\to-\infty}[\ln 2-\ln(1+e^t)]\\ &= \ln 2\end{aligned}$$

這是因爲

$$\lim_{t\to-\infty} \ln(1+e^t) = \ln 1 = 0$$

另一方面

$$\begin{aligned}\int_{0}^{\infty} \frac{e^x}{1+e^x}dx &= \lim_{t\to\infty}\int_{0}^{t} \frac{e^x}{1+e^x}dx\\ &= \lim_{t\to\infty} \ln(1+e^x)\Big|_{0}^{t}\\ &= \lim_{t\to\infty}\left[\ln(1+e^t)-\ln 2\right]\end{aligned}$$

因爲 $\lim_{t\to\infty} e^t = \infty$，所以 $\lim_{t\to\infty} \ln(1+e^t) = \infty$，因此 $\int_{0}^{\infty} \frac{e^x}{1+e^x}dx$ 發散。

由於 $\int_{-\infty}^{0} \frac{e^x}{1+e^x}dx$ 收斂但 $\int_{0}^{\infty} \frac{e^x}{1+e^x}dx$ 發散，因此原瑕積分發散。 ■

由上面的例子，我們可以看出來判斷瑕積是否收斂事實上要經過兩個步驟，第一個步驟是求定積分；第二個步驟則是求極限。同學除了要熟練積分技巧之外，對於函數的極限亦宜勤加練習。

例 5　試決定$\int_0^\infty x^2e^{-x}dx$是否收斂。若收斂，試求其積分值。

解　依照定義，我們有

$$\int_0^\infty x^2e^{-x}dx=\lim_{t\to\infty}\int_0^t x^2e^{-x}dx$$

利用分部積分，我們有

$$\begin{aligned}\int x^2e^{-x}dx&=-\int x^2de^{-x}\\&=-x^2e^{-x}+\int e^{-x}dx^2\\&=-x^2e^{-x}+\int 2xe^{-x}dx\\&=-x^2e^{-x}+2\left(-\int xde^{-x}\right)\\&=-x^2e^{-x}+2\left(-xe^{-x}+\int e^{-x}dx\right)\\&=-x^2e^{-x}-2xe^{-x}-2e^{-x}+C\end{aligned}$$

所以

$$\begin{aligned}\int_0^t x^2e^{-x}dx&=\left(-x^2e^{-x}-2xe^{-x}-2e^{-x}\right)\Big|_0^t\\&=-t^2e^{-t}-2te^{-t}-2e^{-t}+2\end{aligned}$$

因爲$\lim_{t\to\infty}e^{-t}=0$，所以我們利用羅比達法則，可以得到

$$\begin{aligned}\lim_{t\to\infty}t^2e^{-t}&=\lim_{t\to\infty}\frac{t^2}{e^t}\qquad\left(\frac{\infty}{\infty}\text{型}\right)\\&=\lim_{t\to\infty}\frac{2t}{e^t}\qquad\left(\frac{\infty}{\infty}\text{型}\right)\\&=\lim_{t\to\infty}\frac{2}{e^t}\\&=0\end{aligned}$$

同理，我們有$\lim_{t\to\infty}te^{-t}=0$。又利用這些結果，我們得

$$\int_0^{\infty} x^2e^{-x}dx = \lim_{t\to\infty}\int_0^{t} x^2e^{-x}dx$$
$$= \lim_{t\to\infty}(-t^2e^{-t} - 2te^{-t} - 2e^{-t} + 2)$$
$$= 2$$

因此，$\int_0^{\infty} x^2e^{-x}dx$ 收斂且其積分值爲 2。■

習 題 6–7

試決定下列各瑕積分是否收斂，若收斂並求其積分值。

1. $\int_0^{\infty} e^{-x}dx$
2. $\int_{-\infty}^{0} xdx$
3. $\int_1^{\infty} \frac{1}{x^6}dx$
4. $\int_1^{\infty} \frac{dx}{\sqrt[3]{x}}$
5. $\int_0^{\infty} xe^{-x^2}dx$
6. $\int_{-\infty}^{0} e^{x}dx$
7. $\int_1^{\infty} (x+3)^{-3}dx$
8. $\int_0^{\infty} \frac{x}{x^2+1}dx$
9. $\int_0^{\infty} xe^{-x}dx$
10. $\int_0^{\infty} \frac{x}{(x^2+1)^3}dx$
11. $\int_{-\infty}^{-1} \frac{dx}{x^{\frac{5}{3}}}$
12. $\int_{-\infty}^{0} \frac{dx}{(x-10)^5}$
13. $\int_{-\infty}^{0} xe^{x}dx$
14. $\int_{-\infty}^{0} x^3e^{x^4}dx$
15. $\int_{-\infty}^{0} \frac{3x^2}{(x^3+1)^4}dx$
16. $\int_{-\infty}^{-3} x^{-3}\ln(-x)dx$
17. $\int_{-\infty}^{\infty} e^{|x|}dx$
18. $\int_{-\infty}^{\infty} \frac{2x}{(x^2+1)^4}dx$
19. $\int_{-\infty}^{\infty} \frac{2x+1}{(x^2+x+1)^2}dx$
20. $\int_{-\infty}^{\infty} \frac{|x|}{(x^2+5)^3}dx$

第七章　多變數函數之微分與積分

7–1　多變數函數
7–2　偏導函數
7–3　高階偏導函數
7–4　全微分
7–5　連鎖法則
7–6　隱函數及偏微分
7–7　二重積分

7-1　多變數函數

在實際的生活環境中，有些量往往與兩個或兩個以上的變數有所關連。比如說，一個貯水池的水量與降雨量以及當地居民之用水量有關。一個工廠的生產量與投入資本額之大小與勞動力之大小有關。

本章的目的，即在於討論**多變數實函數**，亦即自變數多於一個以上之函數，我們將討論多變數函數之微分與積分。同學們會發現本章所討論的觀念及技巧與單變數函數的微分與積分有非常密切之關係。為了討論的方便起見，我們將只考慮**二變數實函數**之討論。首先，我們將二變數實函數的定義列出。

定義 7.1

設 D 為平面上之一非空集合。如果 f 為一對應法則使得對任意點 $(x,y)\in D$，恆有唯一的數 $f(x,y)$ 與之對應，那麼我們就說 f 為定義於 D 上之一個二變數實函數，並記以

$$f:D\longrightarrow\mathbb{R}$$

其中 D 稱為 f 之定義域。而且所有 $f(x,y)$ 所成之集合稱為 f 之值域，亦即

$$f\text{之值域}=\{f(x,y)|(x,y)\in D\}$$

在二變數實函數 f 的討論中，我們可以用下列符號來表示

$$z=f(x,y)$$

而稱 z 為應變數，x 及 y 稱之為自變數。對於一個二變數實函數 f，如果我們沒有明確地寫出其定義域時，通常我們是假定其定義域為平面上所有使 $f(x,y)$ 有意義的點 (x,y) 所成之集合，

我們先看一些例子。

例 1　設 $f(x,y)=\sqrt{2-x+y}$

(i)求 $f(0,1)$，$f(-1,3)$，$f(2,4)$。

(ii)求 f 之定義域及值域。

解　(i) $f(0,1)=\sqrt{2-0+1}=\sqrt{3}$

$f(-1,3)=\sqrt{2-(-1)+3}=\sqrt{6}$

$f(2,4)=\sqrt{2-2+4}=\sqrt{4}=2$

(ii)由於開平方根只對非負之實數有定義，因此 f 之定義域為所有 (x,y) 滿足 $2-x+y\geq 0$ 之點所成之集合，亦即

$$f\text{之定義域}=\{(x,y)|2-x+y\geq 0\}$$

同學宜注意 f 之定義域為一半平面，如下圖斜線部分所示。

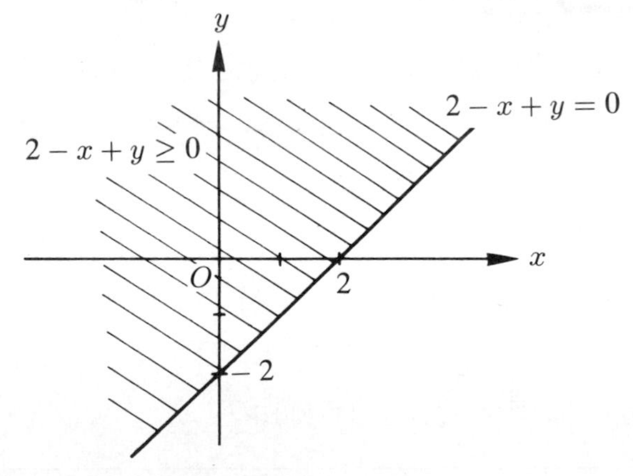

因為平方根一定是大於或等於 0，所以

$$f\text{之值域}=\{z|z\geq 0\}=[0,\infty)\quad ■$$

例 2　設 $f(x,y)=y\sin x$

(i)求 $f(\pi,7)$，$f(0,3)$，$f\left(\dfrac{\pi}{2},-2\right)$。

(ii)求 $\dfrac{df(x,x)}{dx}$。

解　(i) $f(\pi,7)=7\sin\pi=7(0)=0$

$f(0,3)=3\sin 0=3(0)=0$

$f\left(\dfrac{\pi}{2},-2\right)=-2\sin\dfrac{\pi}{2}=-2(1)=-2$

(ii) $f(x,x)=x\sin x$，因此

$\dfrac{df(x,x)}{dx}=\sin x+x\cos x$ ■

如同單變數實函數一樣，二變數實函數也有加、減、乘、除四則運算，我們把這些規則列在下面。

二變數函數之四則運算：設 $f(x,y)$ 及 $g(x,y)$ 爲兩個二變數實函數，則

(i) $(f+g)(x,y)=f(x,y)+g(x,y)$

(ii) $(f-g)(x,y)=f(x,y)-g(x,y)$

(iii) $(f\cdot g)(x,y)=f(x,y)g(x,y)$

(iv) $\left(\dfrac{f}{g}\right)(x,y)=\dfrac{f(x,y)}{g(x,y)},\ g(x,y)\neq 0$

同學宜注意在上列的四則運算中，(x,y) 必須在 f 的定義域與 g 的定義域之交集內。

設 f 爲定義在 D 上之二變數實函數，我們定義 f 之圖形爲空間所有點 (x,y,z), $(x,y)\in D$, $z=f(x,y)$ 所成之集合，亦即

$$f\text{之圖形}=\{(x,y,z)|(x,y)\in D,\ z=f(x,y)\}$$

一個二變數實函數的圖形爲空間中的一曲面。一般而言，二變數實函數之圖形很不容易做出，所幸，目前電腦繪圖之軟體具有相當不錯之繪圖功能，我們可以利用它來繪製一般二變數實函數之圖形。另外，我們也可以利用二變數實函數之**等高線**來

幫助我們認識其圖形。設 f 爲一個二變數實函數，所有函數值 $f(x,y)$ 爲某一固定常數的點 (x,y) 所成之集合，稱之爲 f 之一條等高線，亦即若 k 爲一常數，則集合

$$\{(x,y)\in D|f(x,y)=k\}$$

爲 f 之一條等高線，此集合有可能是空的，除非 k 是 f 的值域中的一個數。同學宜注意任意一個二變數實函數皆有無限多條等高線。

例 3 設 $f(x,y)=y-x+1$，試作出 $f(x,y)=1$ 及 $f(x,y)=-2$ 之等高線。

解 由定義知，$f(x,y)=1$ 之等高線爲下列集合

$$\begin{aligned}\{(x,y)|f(x,y)=1\}&=\{(x,y)|y-x+1=1\}\\&=\{(x,y)|y-x=0\}\\&=\{(x,y)|y=x\}\end{aligned}$$

此集合之圖形爲平面上之一直線且方程式爲 $y=x$。

同理，$f(x,y)=-2$ 之等高線亦爲平面上之一直線且其方程式爲 $y-x+3=0$。

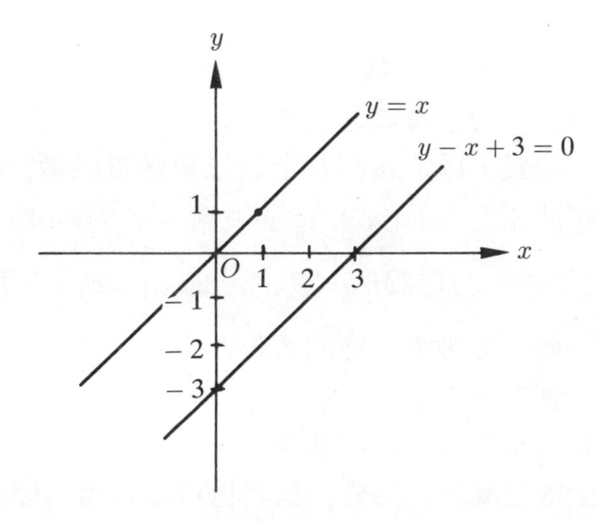

■

我們亦可以從下列角度來看等高線。設 $z = f(x,y)$ 爲一個二變數實函數，且設 k 爲某一固定常數，則使得 $f(x,y) = k$ 的所有 (x,y) 所成之集合稱爲 f 之一條等高線，而此條等高線亦可以如下之方法來求得。取高度爲 k 且垂直於 z 軸之平面，使其與 f 之函數圖形相交，所得到的平面曲線即爲下列方程組之解集合

$$\begin{cases} z = f(x,y) \\ z = k \end{cases}$$

注意此時所得到的平面曲線應看成是三度空間裡的部分集合。將此平面曲線再垂直投影到 xy 平面上就得到了我們所謂的等高線。

例 4　試討論 $f(x,y) = x^2 + y^2 + 1$ 之等高線。

解　如果 k 爲一常數，則等高線 $f(x,y) = k$ 之方程式爲

$$x^2 + y^2 = k - 1$$

由於 $x^2 + y^2 \geq 0$，所以上述方程式只有在 $k \geq 1$ 時才有解。當 $k = 1$ 時，等高線 $f(x,y) = 1$ 爲一點即原點 (0,0)，而當 $k > 1$ 時，等高線 $f(x,y) = k$ 爲以原點爲圓心，半徑爲 $\sqrt{k-1}$ 之圓。等高線 $f(x,y) = 2$ 及 $f(x,y) = 10$ 之圖形如下。

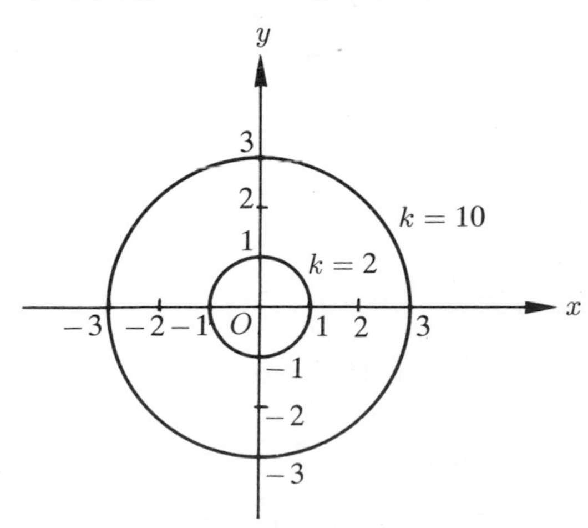

另外，$f(x,y)$ 的三度空間圖形如下

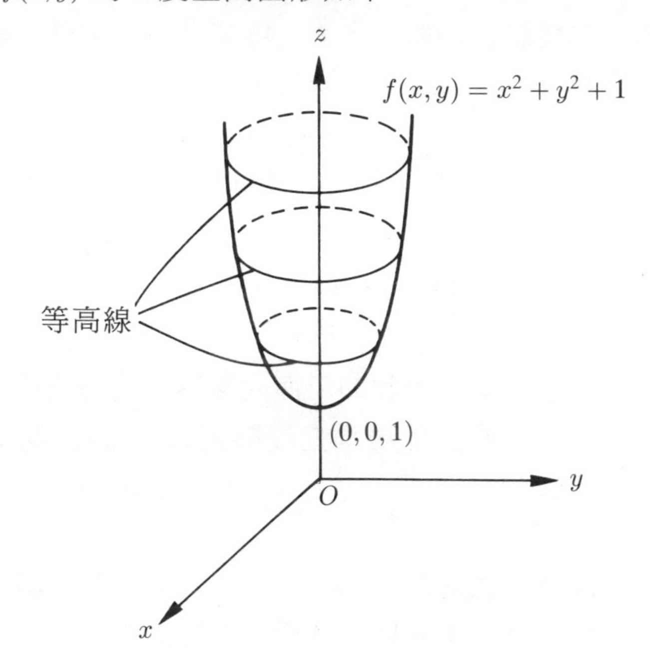

■

習 題 7–1

1.設 $f(x,y)=\dfrac{x+y}{xy}$，求 $f(1,-1)$，$f\left(\dfrac{1}{2},\dfrac{1}{3}\right)$，$f\left(3,\dfrac{1}{4}\right)$。

2.設 $f(x,y)=x^2y+4x-6y$，求 $f(1,2)$，$f(2,3)$，$f(5,6)$。

3.設 $f(x,y)=\dfrac{x^2+y^2}{x^2-y^2}$，求 $f(1,0)$，$f(-2,-1)$，$f(0,3)$。

4.設 $f(x,y)=(x+y)^2-3(x+y)^3$，求 $f(2,1)$，$f(0,1)$，$f(1,-1)$。

5.設 $f(x,y)=x^2+y^2-5xy$，求 $f(0,3)$，$f(3,0)$，$f(-1,3)$。

下列各題（6～ 15），求各函數之定義域及值域。

6.$f(x,y)=\sqrt{1-x+y}$　　　7.$f(x,y)=\sqrt{x^2+y^2}$

8. $f(x,y)=e^{x+y}$　　9. $f(x,y)=\ln(x^2+y^2)$

10. $f(x,y)=x^3+y^3$　　11. $f(x,y)=\dfrac{1}{\sqrt{xy}}$

12. $f(x,y)=|xy|$　　13. $f(x,y)=\sin(xy)$

14. $f(x,y)=\cos\left(\dfrac{y}{x}\right)$　　15. $f(x,y)=x^4+y^4+2x^2y^2+1$

16. 假設某一書局發行兩種版本之教科書成本如下：發行每一精裝本的成本爲 850（元）而發行每一平裝本的成本爲 400（元）。

(i) 設 x 爲發行精裝本之數量且 y 爲發行平裝本之數量，試求發行此兩種版本教科書之成本函數。

(ii) 試求發行 200 本精裝及 500 本平裝教科書之成本。

(iii) 試求發行 1000 本精裝及 600 本平裝教科書之成本。

17. 設某一糖果工廠生產 x 公斤酸梅糖及 y 公斤百香果糖之總成本及總收入函數分別爲

$$C(x,y)=5x^2+60x+30y^2+100y-20xy\ (\text{元})$$

$$R(x,y)=300x+400y+6xy\ (\text{元})$$

(i) 試求生產 10 公斤酸梅糖及 20 公斤百香果糖之總成本及總收入。

(ii) 試求生產 80 公斤酸梅糖及 60 公斤百香果之總收入及總成本。

下列各題中（18～22），試繪出所指定之等高線。

18. $f(x,y)=x+2y,\ f(x,y)=1,\ f(x,y)=0$

19. $f(x,y)=x^2+y^2,\ f(x,y)=0,\ f(x,y)=1,\ f(x,y)=4$

20. $f(x,y)=y-2x^2,\ f(x,y)=0,\ f(x,y)=1$

21. $f(x,y)=xy,\ f(x,y)=1$

22. $f(x,y)=3x-y+1,\ f(x,y)=0,\ f(x,y)=1$

23.設 $f(x,y)=\cos(xy)$，求 $\dfrac{df(x,x)}{dx}$。

24.設 $f(x,y)=e^{xy}$，求 $\dfrac{df(x,x)}{dx}$。

25.設 $f(x,y)=x^2y+xy^2-xy$，求 $\dfrac{df(x,x^2)}{dx}$。

26.設 $f(x,y)=\ln(x^2+y^2)$，求 $\dfrac{df(x^2,x)}{dx}$。

27.設 $f(x,y)=xy+x+y$，求 $\int f(x,x)dx$。

28.設 $f(x,y)=\dfrac{1}{x^2+y^2+1}$，求 $\int f(x,0)dx$。

29.設 $f(x,y)=\sin(xy)$，求 $\int f(x,x)dx$。

30.設 $f(x,y)=xe^y$，求 $\int f(x,x)dx$。

7–2　偏導函數

考慮一個二變數實函數如下:

$$f(x,y)=x^3+xy+y^3$$

如果我們令 $y=1$，那麼我們得到一個以 x 爲變數的函數

$$f(x,1)=x^3+x+1$$

由於 $f(x,1)$ 爲一個多項式，我們很容易地可以求出其導函數: $3x^2+1$，如果令$x=2$，那麼我們就得到一個以 y 爲變數的函數

$$f(2,y)=2^3+2(y)+y^3=8+2y+y^3$$

由於 $f(2,y)$ 也是一個多項式，我們很容易地可以求出其導函數: $2+3y^2$。

像上面把變數 y（或 x）固定爲某一數而得到一個以 x（或 y）爲變數的函數，其導函數稱之爲原二變數函數 $f(x,y)$ 之**偏導函數**，通常我們以符號

$$\frac{\partial f}{\partial x} \quad 或 \quad f_x(x,y)$$

表示f **對** x **之偏導函數**（此時 y 視爲常數），同樣的，我們以符號

$$\frac{\partial f}{\partial y} \quad 或 \quad f_y(x,y)$$

來表示f **對** y **之偏導函數**（此時x 視爲常數），至於 f 在點 (a,b) 對 x 之偏導數則通常以下列符號表示

$$\left.\frac{\partial f}{\partial x}\right|_{(a,b)} \quad 或 \quad f_x(a,b)，或 \quad \frac{\partial f}{\partial x}(a,b)$$

同樣地，f 在點 (a,b) 對 y 之偏導數通常以下列符號表示

$$\left.\frac{\partial f}{\partial y}\right|_{(a,b)} \quad \text{或} \quad f_y(a,b)\text{，或} \quad \frac{\partial f}{\partial y}(a,b)$$

同學宜注意由導數之定義，我們有

$$\left.\frac{\partial f}{\partial x}\right|_{(a,b)} = f_x(a,b) = \lim_{x\to a}\frac{f(x,b)-f(a,b)}{x-a}$$

$$\left.\frac{\partial f}{\partial y}\right|_{(a,b)} = f_y(a,b) = \lim_{y\to b}\frac{f(a,y)-f(a,b)}{y-b}$$

另外，以前所有導數之公式對於偏導函數仍然適用。

例 1 設 $f(x,y)=x^3y^2+4x^2y-3y-5y^2$，求 $\frac{\partial f}{\partial x}$ 及 $\frac{\partial f}{\partial y}$。

解 在 $f(x,y)$ 式子中把 y 視爲常數而對 x 微分，我們有

$$\frac{\partial f}{\partial x} = \frac{\partial}{\partial x}(x^3y^2)+\frac{\partial}{\partial x}(4x^2y) = 3x^2y^2+8xy$$

同理

$$\frac{\partial f}{\partial y} = 2x^3y+4x^2-3-10y \qquad \blacksquare$$

例 2 設 $f(x,y)=(x^2+y^2)^3$，求 $\frac{\partial f}{\partial x}$，$\frac{\partial f}{\partial y}$ 及 $\left.\frac{\partial f}{\partial x}\right|_{(1,1)}$

解 視 y 爲常數，利用導數的連鎖律，我們有

$$\frac{\partial f}{\partial x} = 3(x^2+y^2)^2\frac{\partial}{\partial x}(x^2+y^2) = 6x(x^2+y^2)^2$$

同理

$$\frac{\partial f}{\partial y} = 3(x^2+y^2)^2\frac{\partial}{\partial y}(x^2+y^2) = 6y(x^2+y^2)^2$$

$$\left.\frac{\partial f}{\partial x}\right|_{(1,1)} = 6(1)(1+1)^2 = 6(4) = 24 \qquad \blacksquare$$

例 3 設 $f(x,y)=x\sin xy$，求 $\frac{\partial f}{\partial x}$。

解 視 y 爲常數，則 $f(x,y)$ 爲 x 與 $\sin xy$ 之乘積。因此

$$\begin{aligned}\frac{\partial f}{\partial x}&=x\frac{\partial}{\partial x}(\sin xy)+(\sin xy)\frac{\partial}{\partial x}(x)\\&=x(\cos xy)\frac{\partial}{\partial x}(xy)+\sin xy\\&=xy\cos xy+\sin xy\end{aligned}$$ ■

例 4　設 $f(x,y)=\dfrac{x}{x+\sin y}$，求 $\dfrac{\partial f}{\partial x}$。

解　把 y 視爲常數時，f 可以看成是 x 除以 $x+\sin y$。因此，利用導數之除法公式，我們有

$$\begin{aligned}\frac{\partial f}{\partial x}&=\frac{\partial}{\partial x}\left(\frac{x}{x+\sin y}\right)\\&=\frac{(x+\sin y)\dfrac{\partial x}{\partial x}-x\dfrac{\partial}{\partial x}(x+\sin y)}{(x+\sin y)^2}\\&=\frac{x+\sin y-x}{(x+\sin y)^2}\\&=\frac{\sin y}{(x+\sin y)^2}\end{aligned}$$ ■

再來，我們看一個必須由定義才能求出偏導數的例子。

例 5　設 $f(x,y)=\begin{cases}\dfrac{xy}{|x|+|y|}, & (x,y)\neq(0,0)\\ 0\quad, & (x,y)=(0,0)\end{cases}$

試求 $f_x(0,0)$ 及 $f_y(0,0)$。

解　由定義，我們有

$$\begin{aligned}f_x(0,0)&=\lim_{x\to 0}\frac{f(x,0)-f(0,0)}{x}\\&=\lim_{x\to 0}\frac{0-0}{x}\end{aligned}$$

$$=\lim_{x\to 0} 0 = 0$$

同理， $f_y(0,0)=0$ ■

習 題 7–2

在下列 1～ 20 題中，求所指定之偏導函數及偏導數。

1. $f(x,y)=x^2+y^2-2xy$, $\dfrac{\partial f}{\partial x}$, $\dfrac{\partial f}{\partial y}$, $\left.\dfrac{\partial f}{\partial y}\right|_{(1,2)}$

2. $f(x,y)=x^3+x^2y-xy^2+4x$, $\dfrac{\partial f}{\partial x}$, $\dfrac{\partial f}{\partial y}$

3. $f(x,y)=(x^2-y^2)^4$, $\dfrac{\partial f}{\partial x}$, $\dfrac{\partial f}{\partial y}$

4. $f(x,y)=(x+2y-1)^3$, $\dfrac{\partial f}{\partial x}$, $\left.\dfrac{\partial f}{\partial y}\right|_{(2,1)}$

5. $f(x,y)=x^2+3x^2y-10xy+5y$, $\dfrac{\partial f}{\partial x}$, $\left.\dfrac{\partial f}{\partial x}\right|_{(2,-2)}$

6. $f(x,y)=\dfrac{x^2+y^2}{x+y}$, $\dfrac{\partial f}{\partial x}$, $\dfrac{\partial f}{\partial y}$

7. $f(x,y)=x\sqrt{x^2+y^2}$, $\dfrac{\partial f}{\partial x}$, $\left.\dfrac{\partial f}{\partial y}\right|_{(1,1)}$

8. $f(x,y)=\sqrt{x^2+y^2}\sqrt{(x^2-y^2)^3}$, $\dfrac{\partial f}{\partial x}$

9. $f(x,y)=\cos xy$, $\dfrac{\partial f}{\partial x}$, $\dfrac{\partial f}{\partial y}$

10. $f(x,y)=e^{xy}$, $\dfrac{\partial f}{\partial x}$, $\left.\dfrac{\partial f}{\partial y}\right|_{(1,0)}$

11. $f(x,y)=\dfrac{x^2+y^2}{x-y}$, $\left.\dfrac{\partial f}{\partial x}\right|_{(2,4)}$

12. $f(x,y)=\dfrac{y^2}{x}-\dfrac{x^2}{2-y}$, $\dfrac{\partial f}{\partial x}$, $\dfrac{\partial f}{\partial y}$

13. $f(x,y)=xy+\dfrac{y}{x}$, $\dfrac{\partial f}{\partial x}$, $\dfrac{\partial f}{\partial y}$

14. $f(x,y)=\tan^{-1}\dfrac{y}{x}$, $\dfrac{\partial f}{\partial x}$, $\dfrac{\partial f}{\partial y}$

15. $f(x,y)=\ln(xy+x+1)$, $\dfrac{\partial f}{\partial x}$, $\dfrac{\partial f}{\partial y}$

16. $f(x,y)=ye^{x^2+y^2}$, $\dfrac{\partial f}{\partial x}$, $\dfrac{\partial f}{\partial y}$

17. $f(x,y)=(x^2+y^2)\ln(xy)$, $\dfrac{\partial f}{\partial x}$, $\dfrac{\partial f}{\partial y}$

18. $f(x,y)=\ln(xe^{y^2})$, $\dfrac{\partial f}{\partial x}$, $\dfrac{\partial f}{\partial y}$

19. $f(x,y)=e^{2x}\cos 3y$, $\dfrac{\partial f}{\partial x}$, $\dfrac{\partial f}{\partial y}$

20. $f(x,y)=\tan^{-1}\dfrac{x-y}{x+y}$, $\dfrac{\partial f}{\partial x}$, $\dfrac{\partial f}{\partial y}$

21.設 $f(x,y)=\begin{cases}\dfrac{xy}{\sqrt{x^4+y^2}}, & (x,y)\neq(0,0)\\ 0, & (x,y)=(0,0)\end{cases}$

求 $f_x(0,0)$ 及 $f_y(0,0)$。

22.設 $f(x,y)=\begin{cases}xy\cos\dfrac{1}{x^2+y^2}, & (x,y)\neq(0,0)\\ 0, & (x,y)=(0,0)\end{cases}$

求 $f_x(0,0)$ 及 $f_y(0,0)$。

7–3 高階偏導函數

一個二變數實函數的偏導函數仍然是一個二變數實函數。因此，對後者之二變數實函數，我們也可以再求其偏導函數（如果存在的話）。如果，我們對某一個變數連續兩次取偏導函數的話，那麼所得到的偏導函數就稱爲函數對此變數之**二階偏導函數**。反之，如果我們對兩個變數連續取偏導函數的話，那麼所得到的偏導函數，就稱爲**混合二階偏導函數**。

我們用下列的符號來表示上面所討論的意義，設 $f(x,y)$ 爲一個二變數函數。

二階偏導函數

$$\frac{\partial^2 f}{\partial x^2}=\frac{\partial}{\partial x}\left(\frac{\partial f}{\partial x}\right)=(f_x)_x=f_{xx}$$

$$\frac{\partial^2 f}{\partial y^2}=\frac{\partial}{\partial y}\left(\frac{\partial f}{\partial y}\right)=(f_y)_y=f_{yy}$$

混合二階偏導函數

$$\frac{\partial^2 f}{\partial x\partial y}=\frac{\partial}{\partial x}\left(\frac{\partial f}{\partial y}\right)=(f_y)_x=f_{yx}$$

$$\frac{\partial^2 f}{\partial y\partial x}=\frac{\partial}{\partial y}\left(\frac{\partial f}{\partial x}\right)=(f_x)_y=f_{xy}$$

同學們宜注意，在上面的混合二階偏導函數符號中，$\frac{\partial^2 f}{\partial x\partial y}$ 表示先求 f 對 y 之偏導函數，然後再求對 x 之偏導函數，對 $\frac{\partial^2 f}{\partial y\partial x}$ 的解釋亦同。另外，若使用符號 f_{yx} 時，那我們應先對 y 求 f 之偏導函數，然後再求對 x 之偏導函數。也就是說，符號

$\dfrac{\partial^2 f}{\partial x \partial y}$ 告訴我們應先從右邊開始運算，而符號 f_{yx} 則告訴我們應先從左邊開始運算。

例 1　設 $f(x,y)=3x^2-2xy+y^2$，求 f_{xx}，f_{yy}，f_{xy}，f_{yx}。

解　由

$$f_x=6x-2y$$

$$f_y=-2x+2y$$

我們得

$$f_{xx}=(f_x)_x=6$$

$$f_{yy}=(f_y)_y=2$$

$$f_{xy}=(f_x)_y=-2$$

$$f_{yx}=(f_y)_x=-2 \quad \blacksquare$$

在例 1 中，同學也許注意到了 $f_{xy}=f_{yx}=-2$，一般說來 f_{xy} 不會等於 f_{yx}，也就是說 f 的混合二階偏導函數與先對那一個變數求偏導函數有著密切的關係。不過，在我們日常所接觸到的函數都會滿足 $f_{xy}=f_{yx}$。

例 2　試求函數 $f(x,y)=\sqrt{x^2+y^2}$ 的四個二階偏導函數。

解　由

$$f_x=\frac{2x}{2\sqrt{x^2+y^2}}=\frac{x}{\sqrt{x^2+y^2}}$$

$$f_y=\frac{2y}{2\sqrt{x^2+y^2}}=\frac{y}{\sqrt{x^2+y^2}}$$

得

$$f_{xx}=\frac{\partial f_x}{\partial x}=\frac{\partial}{\partial x}\left(\frac{x}{\sqrt{x^2+y^2}}\right)$$

$$=\frac{\sqrt{x^2+y^2}-x\cdot\dfrac{2x}{2\sqrt{x^2+y^2}}}{x^2+y^2}=\frac{(x^2+y^2)-x^2}{(x^2+y^2)^{\frac{3}{2}}}$$

$$=\frac{y^2}{(x^2+y^2)^{\frac{3}{2}}}$$

$$f_{yy}=\frac{\partial f_y}{\partial y}=\frac{\partial}{\partial y}\left(\frac{y}{\sqrt{x^2+y^2}}\right)$$

$$=\frac{\sqrt{x^2+y^2}-y\cdot\dfrac{2y}{2\sqrt{x^2+y^2}}}{x^2+y^2}=\frac{(x^2+y^2)-y^2}{(x^2+y^2)^{\frac{3}{2}}}$$

$$=\frac{x^2}{(x^2+y^2)^{\frac{3}{2}}}$$

$$f_{xy}=\frac{\partial f_x}{\partial y}=\frac{\partial}{\partial y}\left(\frac{x}{\sqrt{x^2+y^2}}\right)=\frac{x\left(-\dfrac{2y}{2\sqrt{x^2+y^2}}\right)}{x^2+y^2}$$

$$=\frac{-xy}{(x^2+y^2)^{\frac{3}{2}}}$$

$$f_{yx}=\frac{\partial f_y}{\partial x}=\frac{\partial}{\partial x}\left(\frac{y}{\sqrt{x^2+y^2}}\right)=\frac{y\left(-\dfrac{2x}{2\sqrt{x^2+y^2}}\right)}{x^2+y^2}$$

$$=\frac{-xy}{(x^2+y^2)^{\frac{3}{2}}}\quad\blacksquare$$

例 3　設 $f(x,y)=e^x\cos y$，試證明 f 滿足下列方程式

$$\frac{\partial^2 f}{\partial x^2}+\frac{\partial^2 f}{\partial y^2}=0$$

解　我們必須先求出 $\frac{\partial^2 f}{\partial x^2}$ 及 $\frac{\partial^2 f}{\partial y^2}$。由

$$\frac{\partial f}{\partial x}=f_x = e^x \cos y$$

$$\frac{\partial f}{\partial y}=f_y = -e^x \sin y$$

我們得

$$\frac{\partial^2 f}{\partial x^2} = \frac{\partial}{\partial x}\left(\frac{\partial f}{\partial x}\right) = e^x \cos y$$

$$\frac{\partial^2 f}{\partial y^2} = \frac{\partial}{\partial y}\left(\frac{\partial f}{\partial y}\right) = -e^x \cos y$$

因此

$$\frac{\partial^2 f}{\partial x^2} + \frac{\partial^2 f}{\partial y^2} = e^x \cos y - e^x \cos y = 0$$ ■

對於二變數實函數的三階或更高階之偏導函數，我們也有類似之定義。爲了同學參考方便起見，我們把二變數實函數之三階偏導函數所使用的符號及其所代表之意義列在下面，至於更高階之偏導函數，同學則可以依照而類推之。

三階偏導函數

$$\frac{\partial^3 f}{\partial x^3} = \frac{\partial}{\partial x}\left(\frac{\partial^2 f}{\partial x^2}\right) = \frac{\partial}{\partial x}\left[\frac{\partial}{\partial x}\left(\frac{\partial f}{\partial x}\right)\right] = f_{xxx}$$

$$\frac{\partial^3 f}{\partial y^3} = \frac{\partial}{\partial y}\left(\frac{\partial^2 f}{\partial y^2}\right) = \frac{\partial}{\partial y}\left[\frac{\partial}{\partial y}\left(\frac{\partial f}{\partial y}\right)\right] = f_{yyy}$$

混合三階偏導函數

$$\frac{\partial^3 f}{\partial x^2 \partial y} = \frac{\partial^2}{\partial x^2}\left(\frac{\partial f}{\partial y}\right) = (f_y)_{xx} = f_{yxx}$$

$$\frac{\partial^3 f}{\partial x \partial y \partial x} = \frac{\partial}{\partial x}\left(\frac{\partial^2 f}{\partial y \partial x}\right) = (f_{xy})_x = f_{xyx}$$

$$\frac{\partial^3 f}{\partial x \partial y^2} = \frac{\partial}{\partial x}\left(\frac{\partial^2 f}{\partial y^2}\right) = (f_{yy})_x = f_{yyx}$$

$$\frac{\partial^3 f}{\partial y^2 \partial x} = \frac{\partial^2}{\partial y^2}\left(\frac{\partial f}{\partial x}\right) = (f_x)_{yy} = f_{xyy}$$

$$\frac{\partial^3 f}{\partial y \partial x \partial y} = \frac{\partial}{\partial y}\left(\frac{\partial^2 f}{\partial x \partial y}\right) = (f_{yx})_y = f_{yxy}$$

$$\frac{\partial^3 f}{\partial y \partial x^2} = \frac{\partial}{\partial y}\left(\frac{\partial^2 f}{\partial x^2}\right) = (f_{xx})_y = f_{xxy}$$

例 4 設 $f(x,y) = x^3 + 3x^2y + 4xy^2 + y^3$，求 f_{xxx}，f_{yyy}，f_{xyx}。

解 由

$$f_x = 3x^2 + 6xy + 4y^2$$

$$f_y = 3x^2 + 8xy + 3y^2$$

得

$$f_{xx} = 6x + 6y$$

$$f_{xy} = 6x + 8y$$

$$f_{yy} = 8x + 6y$$

因此

$$f_{xxx} = 6, \quad f_{yyy} = 6, \quad f_{xyx} = 6 \quad ■$$

例 5 設 $f(x,y) = \dfrac{xy}{x^2+y^2}$，試證 f 滿足

$$\frac{\partial^4 f}{\partial x^4} + 2\frac{\partial^4 f}{\partial x^2 \partial y^2} + \frac{\partial^4 f}{\partial y^4} = 0$$

解 我們必須求出 $\dfrac{\partial^4 f}{\partial x^4}$，$\dfrac{\partial^4 f}{\partial x^2 \partial y^2}$ 及 $\dfrac{\partial^4 f}{\partial y^4}$

由

$$\frac{\partial f}{\partial x}=\frac{y(x^2+y^2)-xy(2x)}{(x^2+y^2)^2}=\frac{y^3-x^2y}{(x^2+y^2)^2}$$

得

$$\frac{\partial^2 f}{\partial x^2}=\frac{\partial}{\partial x}\left(\frac{\partial f}{\partial x}\right)$$

$$=\frac{-2xy(x^2+y^2)^2-(y^3-x^2y)[4x(x^2+y^2)]}{(x^2+y^2)^4}$$

$$=\frac{-2xy(x^2+y^2)^2-4xy(y^2-x^2)(x^2+y^2)}{(x^2+y^2)^4}$$

$$=\frac{-2xy(x^2+y^2)\left[(x^2+y^2)+2(y^2-x^2)\right]}{(x^2+y^2)^4}$$

$$=\frac{-2xy(3y^2-x^2)}{(x^2+y^2)^3}$$

$$\frac{\partial^3 f}{\partial x^3}=\frac{\partial}{\partial x}\left(\frac{\partial^2 f}{\partial x^2}\right)$$

$$=\frac{\partial}{\partial x}\left[\frac{-2xy(3y^2-x^2)}{(x^2+y^2)^3}\right]$$

$$=\frac{[-2y(3y^2-x^2)+4x^2y](x^2+y^2)^3}{(x^2+y^2)^6}$$

$$-\frac{-2xy(3y^2-x^2)[6x(x^2+y^2)^2]}{(x^2+y^2)^6}$$

$$=\frac{(-6y^3+6x^2y)(x^2+y^2)+12x^2y(3y^2-x^2)}{(x^2+y^2)^4}$$

$$=\frac{-6y(y^4-6x^2y^2+x^4)}{(x^2+y^2)^4}$$

$$\frac{\partial^4 f}{\partial x^4}=\frac{\partial}{\partial x}\left(\frac{\partial^3 f}{\partial x^3}\right)$$

$$=\frac{\partial}{\partial x}\left[\frac{-6y(y^4-6x^2y^2+x^4)}{(x^2+y^2)^4}\right]$$

$$=-6y\frac{\partial}{\partial x}\left[\frac{y^4-6x^2y^2+x^4}{(x^2+y^2)^4}\right]$$

$$=-6y\cdot\left[\frac{(-12xy^2+4x^3)(x^2+y^2)^4}{(x^2+y^2)^8}-\frac{(y^4-6x^2y^2+x^4)[8x(x^2+y^2)^3]}{(x^2+y^2)^8}\right]$$

$$=-6y\cdot\frac{4x(-3y^2+x^2)(x^2+y^2)-8x(y^4-6x^2y^2+x^4)}{(x^2+y^2)^5}$$

$$=\frac{-24xy(-5y^4+10x^2y^2-x^4)}{(x^2+y^2)^5} \tag{1}$$

同理，我們有

$$\frac{\partial^2 f}{\partial y^2}=\frac{-2xy(3x^2-y^2)}{(x^2+y^2)^3} \tag{2}$$

$$\frac{\partial^4 f}{\partial y^4}=\frac{-24xy(-5x^4+10x^2y^2-y^4)}{(x^2+y^2)^5} \tag{3}$$

接著由(2)，我們有

$$\frac{\partial^3 f}{\partial x\partial y^2}=\frac{\partial}{\partial x}\left(\frac{\partial^2 f}{\partial y^2}\right)$$

$$=\frac{\partial}{\partial x}\left(\frac{-2xy(3x^2-y^2)}{(x^2+y^2)^3}\right)$$

$$=\frac{[-2y(3x^2-y^2)-12x^2y](x^2+y^2)^3}{(x^2+y^2)^6}-\frac{-2xy(3x^2-y^2)[6x(x^2+y^2)^2]}{(x^2+y^2)^6}$$

$$=\frac{(2y^3-18x^2y)(x^2+y^2)+12x^2y(3x^2-y^2)}{(x^2+y^2)^4}$$

$$=\frac{2y(y^4-14x^2y^2+9x^4)}{(x^2+y^2)^4}$$

$$\frac{\partial^4 f}{\partial x^2 \partial y^2}=\frac{\partial}{\partial x}\left(\frac{\partial^3 f}{\partial x \partial y^2}\right)$$

$$=\frac{\partial}{\partial x}\left(\frac{2y(y^4-14x^2y^2+9x^4)}{(x^2+y^2)^4}\right)$$

$$=2y\frac{\partial}{\partial x}\left(\frac{y^4-14x^2y^2+9x^4}{(x^2+y^2)^4}\right)$$

$$=2y\cdot\left[\frac{(-28xy^2+36x^3)(x^2+y^2)^4}{(x^2+y^2)^8}-\frac{(y^4-14x^2y^2+9x^4)[8x(x^2+y^2)^3]}{(x^2+y^2)^8}\right]$$

$$=2y\cdot\frac{4x(-7y^2+9x^2)(x^2+y^2)-8x(y^4-14x^2y^2+9x^4)}{(x^2+y^2)^5}$$

$$=\frac{8xy\left[(-7y^2+9x^2)(x^2+y^2)-2(y^4-14x^2y^2+9x^4)\right]}{(x^2+y^2)^5}$$

$$=\frac{8xy(-9y^4+30x^2y^2-9x^4)}{(x^2+y^2)^5} \tag{4}$$

最後，由(1)、(3)及(4)，我們得

$$\frac{\partial^4 f}{\partial x^4}+2\frac{\partial^4 f}{\partial x^2 \partial y^2}+\frac{\partial^4 f}{\partial y^4}$$

$$=\frac{-24xy(-5y^4+10x^2y^2-x^4)}{(x^2+y^2)^5}+\frac{16xy(-9y^4+30x^2y^2-9x^4)}{(x^2+y^2)^5}+\frac{-24xy(-5x^4+10x^2y^2-y^4)}{(x^2+y^2)^5}$$

$$=\frac{120xy^5-240x^3y^3+24x^5y}{(x^2+y^2)^5}+\frac{-144xy^5+480x^3y^3-144x^5y}{(x^2+y^2)^5}+\frac{120x^5y-240x^3y^3+24xy^5}{(x^2+y^2)^5}$$

$$=\frac{144xy^5+480x^3y^3+144x^5y}{(x^2+y^2)^5}+\frac{-144xy^5-480x^3y^3-144x^5y}{(x^2+y^2)^5}$$

$=0$ ■

習 題 7–3

下列各題（1～10），求 f_{xx}，f_{xy}，f_{yx}，f_{yy}。

1. $f(x,y)=x^3+x^2y+y^3$
2. $f(x,y)=\sin xy$
3. $f(x,y)=e^{xy}$
4. $f(x,y)=\ln(xy)$
5. $f(x,y)=(\sin x^2)(\cos y^2)$
6. $f(x,y)=\sqrt{3x^2+y^2}$
7. $f(x,y)=\cos(x^3y^4)$
8. $f(x,y)=\frac{y}{x}$
9. $f(x,y)=xye^{xy}$
10. $f(x,y)=xy\tan^{-1}x$

11. 設 $f(x,y)=e^{-y}\cos\frac{x}{2}$，證明 f 滿足

$$\frac{\partial f}{\partial y}=4\frac{\partial^2 f}{\partial x^2}$$

12. 設 $f(x,y)=\cos xy^2$，證明 $f_{xy}=f_{yx}$。

13. 設 $f(x,y)=e^{3x}\cos 3y$，證明 f 滿足

$$\frac{\partial^2 f}{\partial x^2}+\frac{\partial^2 f}{\partial y^2}=0$$

14. 設 $f(x,y)=e^{5x}\sin 5y$，證明 f 滿足

$$\frac{\partial^2 f}{\partial x^2}+\frac{\partial^2 f}{\partial y^2}=0$$

15. 設 $f(x,y)=y^{-\frac{1}{2}}e^{-\frac{x^2}{4y}}$，證明 f 滿足

$$\frac{\partial f}{\partial y} = \frac{\partial^2 f}{\partial x^2}$$

16.設 $f(x,y) = x^4 - 3x^2y^2$，證明 f 滿足

$$\frac{\partial^4 f}{\partial x^4} + 2\frac{\partial^4 f}{\partial x^2 \partial y^2} + \frac{\partial^4 f}{\partial y^4} = 0 \qquad (*)$$

17.設 $f(x,y) = xe^x \sin y$，證明 f 滿足 $(*)$。

18.設 $f(x,y) = y(x^2+y^2)$，證明 f 滿足 $(*)$。

19.設 $f(x,y) = \ln(xy+y+3)$，求 $f_{xy}(2,1)$。

20.設 $f(x,y) = e^{x+y}$，求 f_{xxx}，f_{yyy}，f_{xxy}。

21.設 $f(x,y) = x^2+y^2-xy$，求 f_{xyx}，f_{yxx}。

22.設 $f(x,y) = (x^2+y^2)^2$，求 f_{xxx}，f_{yyy}。

23.設 $f(x,y) = e^{x^2y}$，求 f_{xxy}，f_{yyx}。

24.設 $f(x,y) = x^2+e^y$，求 f_{xyy}。

25.設 $f(x,y) = \ln\left(\frac{y}{x}\right)$，求 f_{xyx}。

7–4 全微分

設 $f(x,y)$ 爲一個二變數函數，假如目前我們所在的位置是在平面上之點 (x_0,y_0)，而我們想從點 (x_0,y_0) 移動至鄰近的點 $(x_0+\Delta x,\ y_0+\Delta y)$，一種可能的辦法是先從 (x_0,y_0) 移動至點 $(x_0+\Delta x,y_0)$，然後再從點 $(x_0+\Delta x,y_0)$ 移動至點 $(x_0+\Delta x,\ y_0+\Delta y)$，見下圖

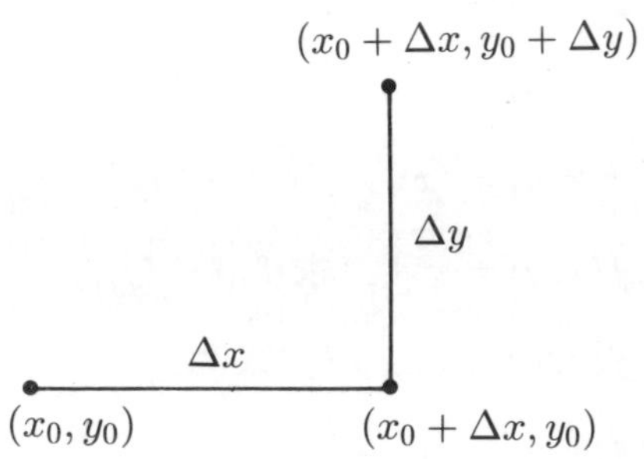

當從點 (x_0,y_0) 移動至 $(x_0+\Delta x,y_0)$ 時，函數 f 的變化量大約是 $f_x(x_0,y_0)\Delta x$；而從點 $(x_0+\Delta x,y_0)$ 移動至點 $(x_0+\Delta x,y_0+\Delta y)$ 時，函數 f 的變化量大約是 $f_y(x_0,y_0)\Delta y$。如果我們令 df 表示函數 f 經過這兩步驟移動所產生的總變化量，那麼，我們有

$$df=f_x(x_0,y_0)\Delta x+f_y(x_0,y_0)\Delta y \tag{1}$$

我們稱(1)式中之 df 爲函數 f 從點 (x_0,y_0) 移動至點 $(x_0+\Delta x,y_0+\Delta y)$ 所產生之**全微分**。我們要提醒大家注意的是全微分 df 與 $x_0,y_0,\Delta x$ 及 Δy 有關，因爲 f 在 (x_0,y_0) 之函數值爲 $f(x_0,y_0)$，f 在 $(x_0+\Delta x,\ y_0+\Delta y)$ 之函數值爲 $f(x_0,+\Delta x,\ y_0+\Delta y)$，而且 df 爲 f 從 (x_0,y_0) 移動至 $(x_0+\Delta_x,y_0+\Delta y)$ 之總變化量，所以，我們有

$$f(x_0+\Delta x,\ y_0+\Delta y)-f(x_0,y_0)\doteqdot df$$

$$=f_x(x_0,y_0)\Delta x+f_y(x_0,y_0)\Delta y \qquad (2)$$

我們可將(2)式改寫成

$$f(x_0+\Delta x,y_0+\Delta y)\doteqdot f(x_0,y_0)+df$$
$$=f(x_0,y_0)+f_x(x_0,y_0)\Delta x+f_y(x_0,y_0)\Delta y \qquad (3)$$

一般說來，要計算 $f(x_0+\Delta x,y_0+\Delta y)-f(x_0,y_0)$ 之值較不容易，而計算 f 在 (x_0,y_0) 之兩個偏導數 $f_x(x_0,y_0)$ 及 $f_y(x_0,y_0)$ 較容易。因此，df 可以幫助我們估計 $f(x_0+\Delta x,y_0+\Delta y)-f(x_0,y_0)$，而且若 Δx 及 Δy 越小，則此估計越精確。

例 1　利用全微分來估計 $\sqrt{26}\sqrt[4]{79}$。

解　令 $f(x,y)=\sqrt{x}\sqrt[4]{y}$，則所求者即爲 $f(26,79)=\sqrt{26}\sqrt[4]{79}$。因爲 $\sqrt{25}=5$ 且 $\sqrt[4]{81}=3$，我們可以很容易計算出 $f(5,81)=5(3)=15$。f 之全微分 df 可以幫助我們估計 $f(x,y)$ 從(25, 81)移動到(26, 79)之變化量。爲此，令 $\Delta x=1(=26-25),\Delta y=-2(=79-81)$，則

$$df=f_x(25,81)\Delta x+f_y(25,81)\Delta y$$
$$=f_x(25,81)(1)+f_y(25,81)(-2)$$
$$=f_x(25,81)-2f_y(25,81)$$

因爲

$$f_x(x,y)=\frac{1}{2\sqrt{x}}\sqrt[4]{y}=\frac{1}{2}x^{-\frac{1}{2}}y^{\frac{1}{4}}$$
$$f_y(x,y)=\sqrt{x}\left(\frac{1}{4\sqrt[4]{y^3}}\right)=\frac{1}{4}x^{\frac{1}{2}}y^{-\frac{3}{4}}$$

所以

$$f_x(25,81)=\frac{1}{2}(25)^{-\frac{1}{2}}(81)^{\frac{1}{4}}=\frac{1}{2}\left(\frac{1}{5}\right)(3)=\frac{3}{10}$$
$$f_y(25,81)=\frac{1}{4}(25)^{\frac{1}{2}}(81)^{-\frac{3}{4}}=\frac{1}{4}(5)\left(\frac{1}{27}\right)=\frac{5}{108}$$

因此

$$\begin{aligned} df &= f_x(25,81) - 2f_y(25,81) \\ &= \frac{3}{10} - 2\left(\frac{5}{108}\right) = \frac{3}{10} - \frac{5}{54} \\ &= \frac{56}{270} \doteqdot 0.20741 \end{aligned}$$

故

$$\begin{aligned} \sqrt{26}\sqrt[4]{79} = f(26,79) &\doteqdot f(25,81) + df \\ &\doteqdot 15 + 0.20741 \\ &= 15.20741 \quad \blacksquare \end{aligned}$$

利用計算器求 $\sqrt{26}\sqrt[4]{79}$ 至小數第 6 位，我們得 $\sqrt{26}\sqrt[4]{79} \doteqdot 15.201745$。因此，我們利用全微分所得到估計值是非常精確而且不必使用到計算器。

例 2　利用全微分求 $\sqrt{(2.89)^2+(4.01)^2}$ 之近似值。

解　令 $f(x,y) = \sqrt{x^2+y^2}$，則所求爲 $f(2.89, 4.01)$。因爲 $f(3,4) = \sqrt{9+16} = \sqrt{25} = 5$，所以，令 $\Delta x = 2.89 - 3 = -0.11$，$\Delta y = 4.01 - 4 = 0.01$，則

$$\begin{aligned} df &= f_x(3,4)\Delta x + f_y(3,4)\Delta y \\ &= (-0.11)f_x(3,4) + (0.01)f_y(3,4) \end{aligned}$$

由於

$$f_x(x,y) = \frac{x}{\sqrt{x^2+y^2}},\quad f_y(x,y) = \frac{y}{\sqrt{x^2+y^2}}$$

我們得

$$f_x(3,4) = \frac{3}{5},\quad f_y(3,4) = \frac{4}{5}$$

所以

$$df = (-0.11)\frac{3}{5} + (0.01)\frac{4}{5} = \frac{-0.29}{5} = -0.058$$

故

$$\begin{aligned} f(2.89, 4.01) &\doteqdot f(3,4) + df \\ &= 5 - 0.058 = 4.942 \quad ■ \end{aligned}$$

例 3　設一個正圓柱體的底半徑爲 1.5 公尺，且其高爲 40 公尺。如果底半徑及高的誤差分別爲 ±0.1 及 ±0.2 公尺，那麼圓柱體體積的誤差爲多少？

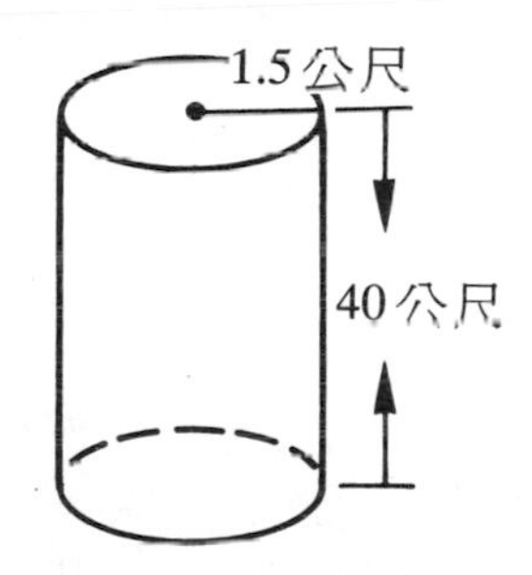

解　　我們知道以 r 爲底半徑且高爲 h 之圓柱體，其體積 $V = \pi r^2 h$。 V 可視爲二變數 r 及 h 之實函數，因爲

$$V_r = 2\pi rh$$

$$V_h = \pi r^2$$

所以

$$V_r(1.5, 40) = 2\pi(1.5)(40) = 120\pi$$

$$V_h(1.5, 40) = \pi(1.5)^2 = 2.25\pi$$

因而

$$\begin{aligned} dV &= V_r(1.5, 40)\Delta r + V_h(1.5, 40)\Delta h \\ &= 120\pi \cdot \Delta r + 2.25\pi \cdot \Delta h \end{aligned}$$

由於 $\Delta r = \pm 0.1$， $\Delta h = \pm 0.2$，我們得

$$dV = 120\pi(\pm 0.1) + 2.25\pi(\pm 0.2)$$

例如，若 $\Delta r = 0.1$, $\Delta h = 0.2$，那麼

$$dV = 120\pi(0.1) + 2.25\pi(0.2)$$
$$= 12\pi + 0.45\pi = 12.45\pi$$

也就是說，若底半徑增加 0.1 公尺，高增加 0.2 公尺，那麼圓柱體的體積就會增加 12.45π 公尺 ≑ 39.113 公尺，餘則類推。 ■

習題 7–4

下列各題中（1 ～ 10），試求給定函數之全微分。

1. $f(x,y) = x^2 + xy + y^2$, $(x_0, y_0) = (1, -2)$, $\Delta x = 0.1$, $\Delta y = 0.3$

2. $f(x,y) = x + y$, $(x_0, y_0) = (2, 3)$, $\Delta x = 1$, $\Delta y = 1$

3. $f(x,y) = xe^y$, $(x_0, y_0) = (0, 0)$, $\Delta x = 1$, $\Delta y = 2$

4. $f(x,y) = \ln(xy)$, $(x_0, y_0) = (1, 2)$, $\Delta x = 0.1$, $\Delta y = 0.2$

5. $f(x,y) = \dfrac{1}{x+y}$, $(x_0, y_0) = (2, 3)$, $\Delta x = \Delta y = 0.5$

6. $f(x,y) = \dfrac{y}{x}$, $(x_0, y_0) = (1, 1)$, $\Delta x = 1$, $\Delta y = 2$

7. $f(x,y) = e^{xy}$, $(x_0, y_0) = (6, 6)$, $\Delta x = -1$, $\Delta y = 2$

8. $f(x,y) = \sqrt{x^2 + y^2}$, $(x_0, y_0) = (3, 4)$, $\Delta x = -2$, $\Delta y = 3$

9. $f(x,y) = x^3 + y^3$, $(x_0, y_0) = (-1, 1)$, $\Delta x = 2$, $\Delta y = -1$

10. $f(x,y) = \dfrac{xy}{x+y}$, $(x_0, y_0) = (3, 5)$, $\Delta x = 1$, $\Delta y = 0.5$

下列各題中（11 ～ 15），試利用全微分求各數值之近似值。

11.$\sqrt{126}\sqrt[4]{18}$　　12.$\sqrt{8}\sqrt[3]{9}$

13.$\sqrt[6]{60}\sqrt[4]{80}$　　14.$\sqrt{15}\sqrt[3]{130}$

15. $\dfrac{e^{0.1}}{\sqrt{4.1}}$　（提示：令 $f(x,y)=\dfrac{e^y}{\sqrt{x}}$，則所求為 $f(4.1,0.1)$）

16.設一矩形的長與寬分別爲 10 及 8 公分。若此矩形之長增加1 公分而寬增加 2 公分，那麼此矩形之面積增加多少?

17.設一圓柱體之底半徑爲5 公尺而高爲 10 公尺，若底半徑增加 1 公尺而高減少 2 公尺，那麼此圓柱體之體積變化多少?

7–5 連鎖法則

記得在3–3節裡，我們介紹了如何求兩個函數合成之導函數，也就是所謂的連鎖律。亦即

$$[(g \circ f)(t)]' = g'(f(t))f'(t) \tag{1}$$

如果令 $w = g(x)$ 而 $x = f(t)$，那麼(1)式可以寫成下列形式

$$\frac{dw}{dt} = \frac{dg}{dx} \cdot \frac{dx}{dt} \tag{2}$$

本節的目的即在於把單變數實函數之連鎖律推廣至二變數實函數之情形。首先，我們看看二變數實函數連續的概念。

定義 7.2

設 $f(x,y)$ 爲一個二變數實函數且 (x_0,y_0)爲f 的定義域中之一固定點。如果對任意 $\varepsilon > 0$，存在 $\delta > 0$ 使得

若 (x,y) 滿足 $\sqrt{(x-x_0)^2+(y-y_0)^2} < \delta$，則 $|f(x,y) - f(x_0,y_0)| < \varepsilon$

那麼，我們就說 f 在 (x_0,y_0)連續，並以下列符號記之

$$\lim_{(x,y)\to(x_0,y_0)} f(x,y) = f(x_0,y_0)$$

如果 f 在其定義域中的每一點都連續，那麼我們就說 f 爲一連續之二變數實函數。

一般說來，要判斷一個二變數實函數是否連續並不是一件容易的事情。所幸；我們所遭遇到的二變數實函數都是連續函數，例如

$$f(x,y)=x^3y - xy + y^2 + y^3$$

$$f(x,y)=\ln(x^2 + y^2)$$

$$f(x,y)=xye^{x+y}$$

$$f(x,y)=\tan^{-1}\frac{x-y}{x+y}$$

等等都是連續函數。因此，同學在本書內碰到的二變數實函數都是連續函數。

有了二變數實函數連續的概念，現在我們就可以介紹下列二變數實函數之連鎖律了。由於證明須牽涉到高等微積分之理論，因此，我們將省略。

定理 7.3

設 $z=f(x,y)$ 爲一二變數實函數而且 $\frac{\partial z}{\partial x}=f_x$ 及 $\frac{\partial z}{\partial y}=f_y$ 都是連續的二變數實函數。如果 $x=x(t)$，$y=y(t)$ 分別是 t 的可微分實函數，那麼 z 也是 t 的可微分函數而且

$$\frac{dz}{dt}=\frac{\partial z}{\partial x}\frac{dx}{dt}+\frac{\partial z}{\partial y}\frac{dy}{dt} \tag{3}$$

我們先對(3)式做一些說明。首先，由於 $x=x(t)$ 與 $y=y(t)$ 都是 t 的實函數，因此

$$z=f(x,y)=f(x(t),y(t))$$

也就是說 z 可以看成是以 t 爲單變數之實函數。因此，我們可以計算 z 對 t 之導函數 $z'(t)=\frac{dz}{dt}$。再來，由於 $z=f(x,y)$ 是以 x 及 y 爲變數的二變數實函數，因此，z 對 x 及 y 只能考慮偏導函數 $\frac{\partial z}{\partial x}=\frac{\partial f}{\partial x}=f_x$ 及 $\frac{\partial z}{\partial y}=\frac{\partial f}{\partial y}=f_y$。而由於 x 及 y 都是 t 的單變數實函數，所以 x 及 y 對 t 之導函數 $\frac{dx}{dt}=x'(t)$，$\frac{dy}{dt}=y'(t)$ 有意義。我們也可以把(3)式寫成

$$z'=f_x\cdot x'+f_y\cdot y' \tag{4}$$

如果我們要計算 z 在某一個固定 t_0 之導數時，由(4)式，我們有

$$z'(t_0) = f_x(x_0, y_0) \cdot x'(t_0) + f_y(x_0, y_0) \cdot y'(t_0) \tag{5}$$

其中 $x_0 = x(t_0)$，$y_0 = y(t_0)$。

例 1　設 $z = xy$，$x = t^2 + 1$，$y = 2t + 3$，求 $\dfrac{dz}{dt}$。

解　令 $z = f(x, y) = xy$，$x = t^2 + 1$，$y = 2t + 3$，則

$$\frac{\partial z}{\partial x} = f_x = y = 2t + 3$$

$$\frac{\partial z}{\partial y} = f_y = x = t^2 + 1$$

$$\frac{dx}{dt} = 2t$$

$$\frac{dy}{dt} = 2$$

因此，由(3)式，我們有

$$\begin{aligned}\frac{dz}{dt} &= \frac{\partial z}{\partial x}\frac{dx}{dt} + \frac{\partial z}{\partial y}\frac{dy}{dt}\\ &= (2t + 3)(2t) + (t^2 + 1)(2)\\ &= 4t^2 + 6t + 2t^2 + 2\\ &= 6t^2 + 6t + 2 \quad ■\end{aligned}$$

在例 1 中，我們也可以把 z 寫成 t 之函數得

$$\begin{aligned}z = xy &= (t^2 + 1)(2t + 3)\\ &= 2t^3 + 3t^2 + 2t + 3\end{aligned}$$

然後再對 z 求導函數得

$$\frac{dz}{dt} = 6t^2 + 6t + 2$$

例 2　設 $z = x^2 + y^2$，$x = \sin t + \cos t$，$y = \sin t - \cos t$。

(i) 求 $\dfrac{dz}{dt}$

(ii)求 $\left.\dfrac{dz}{dt}\right|_{t=\frac{\pi}{2}}=z'\left(\dfrac{\pi}{2}\right)$

解　(i)由

$$\frac{\partial z}{\partial x}=2x=2(\sin t+\cos t)$$

$$\frac{\partial z}{\partial y}=2y=2(\sin t-\cos t)$$

$$\frac{dx}{dt}=\cos t-\sin t$$

$$\frac{dy}{dt}=\cos t+\sin t$$

得

$$\begin{aligned}\frac{dz}{dl}&=\frac{\partial z}{\partial x}\frac{dx}{dt}+\frac{\partial z}{\partial y}\frac{dy}{dt}\\&=2(\sin t+\cos t)(\cos t-\sin t)+2(\sin t-\cos t)(\cos t+\sin t)\\&=2(\cos^2 t-\sin^2 t)+2(\sin^2 t-\cos^2 t)\\&=0\end{aligned}$$

(ii)因為 $\dfrac{dz}{dt}=0$，故 $\left.\dfrac{dz}{dt}\right|_{t=\frac{\pi}{2}}=0$ ■

設 $z=f(x,y)$ 為一個二變數實函數。如果 x 及 y 也是二變數實函數，比如說 $x=x(r,s)$ 及 $y=y(r,s)$ 為以 r 及 s 為變數之二變數實函數，那麼 $z=f(x,y)=f(x(r,s),y(r,s))$ 可以看成是以 r 及 s 為變數之二變數實函數，因此，很自然地我們想知道如何計算偏導函數 $\dfrac{\partial z}{\partial r}$ 及 $\dfrac{\partial z}{\partial s}$。底下的結果告訴我們如何計算這些偏導函數。

定理 7.4

設 $z=f(x,y)$, $x=x(r,s)$, $y=y(r,s)$。如果 $\frac{\partial z}{\partial x}$, $\frac{\partial z}{\partial y}$, $\frac{\partial x}{\partial r}$, $\frac{\partial x}{\partial s}$, $\frac{\partial y}{\partial r}$ 及 $\frac{\partial y}{\partial s}$ 都是連續函數，那麼 $\frac{\partial z}{\partial r}$ 及 $\frac{\partial z}{\partial s}$ 存在而且

$$\frac{\partial z}{\partial r}=\frac{\partial z}{\partial x}\frac{\partial x}{\partial r}+\frac{\partial z}{\partial y}\frac{\partial y}{\partial r} \tag{6}$$

$$\frac{\partial z}{\partial s}=\frac{\partial z}{\partial x}\frac{\partial x}{\partial s}+\frac{\partial z}{\partial y}\frac{\partial y}{\partial s} \tag{7}$$

例 3 設 $z=xy$, $x=r\cos\theta$, $y=r\sin\theta$，求 $\frac{\partial z}{\partial r}$ 及 $\frac{\partial z}{\partial \theta}$。

解 先求 $\frac{\partial z}{\partial x}$, $\frac{\partial x}{\partial r}$, $\frac{\partial z}{\partial y}$ 及 $\frac{\partial y}{\partial r}$, 我們得

$$\frac{\partial z}{\partial x}=y=r\sin\theta$$

$$\frac{\partial x}{\partial r}=\cos\theta$$

$$\frac{\partial z}{\partial y}=x=r\cos\theta$$

$$\frac{\partial y}{\partial r}=\sin\theta$$

因此，由(6)式我們有

$$\frac{\partial z}{\partial r}=(r\sin\theta)(\cos\theta)+(r\cos\theta)(\sin\theta)$$

$$=2r\sin\theta\cos\theta=r\sin 2\theta \qquad (\sin 2\theta=2\sin\theta\cos\theta)$$

再來，我們求 $\frac{\partial x}{\partial \theta}$ 及 $\frac{\partial y}{\partial \theta}$，我們有

$$\frac{\partial x}{\partial \theta}=-r\sin\theta$$

$$\frac{\partial y}{\partial \theta}=r\cos\theta$$

因此，由(7)式，我們得

$$\frac{\partial z}{\partial \theta}=(r\sin\theta)(-r\sin\theta)+(r\cos\theta)(r\cos\theta)$$

$$=r^2(\cos^2\theta-\sin^2\theta)$$

$$=r^2\cos 2\theta \quad \blacksquare$$

在例3 中，我們也可以把 z 寫成以 r 及 θ 爲變數之函數:

$$z=xy=(r\cos\theta)(r\sin\theta)=r^2\sin\theta\cos\theta=\frac{r^2}{2}\sin 2\theta$$

因此

$$\frac{\partial z}{\partial r}=\frac{\partial}{\partial r}\left(\frac{r^2}{2}\sin 2\theta\right)=r\sin 2\theta$$

$$\frac{\partial z}{\partial \theta}=\frac{\partial}{\partial \theta}\left(\frac{r^2}{2}\sin 2\theta\right)=\frac{r^2}{2}\cos 2\theta(2)=r^2\cos 2\theta$$

例 4　設 $z=e^x\ln y$, $x=\ln(r\cos\theta)$, $y=r\sin\theta$。

(i) 求 $\frac{\partial z}{\partial r}$, $\frac{\partial z}{\partial \theta}$

(ii) 求 $\left.\frac{\partial z}{\partial r}\right|_{(1,\frac{\pi}{4})}$ 及 $\left.\frac{\partial z}{\partial \theta}\right|_{(1,\frac{\pi}{4})}$

解　(i)先求出 $\frac{\partial z}{\partial x}$, $\frac{\partial z}{\partial y}$, $\frac{\partial x}{\partial r}$, $\frac{\partial x}{\partial \theta}$, $\frac{\partial y}{\partial r}$, 及 $\frac{\partial y}{\partial \theta}$。我們有

$$\frac{\partial z}{\partial x}=e^x\ln y=e^{\ln(r\cos\theta)}\ln(r\sin\theta)=(r\cos\theta)\ln(r\sin\theta)$$

$$\frac{\partial z}{\partial y}=\frac{e^x}{y}=\frac{e^{\ln(r\cos\theta)}}{r\sin\theta}=\frac{r\cos\theta}{r\sin\theta}=\frac{\cos\theta}{\sin\theta}=\cot\theta$$

$$\frac{\partial x}{\partial r}=\frac{\cos\theta}{r\cos\theta}=\frac{1}{r}$$

$$\frac{\partial x}{\partial \theta}=\frac{-r\sin\theta}{r\cos\theta}=-\frac{\sin\theta}{\cos\theta}=-\tan\theta$$

$$\frac{\partial y}{\partial r}=\sin\theta$$

$$\frac{\partial y}{\partial \theta}=r\cos\theta$$

因此，由(6)及(7)式，我們有

$$\frac{\partial z}{\partial r}=\frac{\partial z}{\partial x}\frac{\partial x}{\partial r}+\frac{\partial z}{\partial y}\frac{\partial y}{\partial r}$$

$$=((r\cos\theta)\ln(r\sin\theta))\left(\frac{1}{r}\right)+(\cot\theta)(\sin\theta)$$

$$=(\cos\theta)\ln(r\sin\theta)+\cos\theta$$

$$\frac{\partial z}{\partial \theta}=\frac{\partial z}{\partial x}\frac{\partial x}{\partial \theta}+\frac{\partial z}{\partial y}\frac{\partial y}{\partial \theta}$$

$$=[(r\cos\theta)\ln(r\sin\theta)](-\tan\theta)+(\cot\theta)(r\cos\theta)$$

$$=(-r\sin\theta)\ln(r\sin\theta)+r\cos\theta\cot\theta$$

(ii)

$$\left.\frac{\partial z}{\partial r}\right|_{(1,\frac{\pi}{4})}=\left(\cos\frac{\pi}{4}\right)\ln\left(\sin\frac{\pi}{4}\right)+\cos\frac{\pi}{4}$$

$$=\frac{\sqrt{2}}{2}\ln\frac{\sqrt{2}}{2}+\frac{\sqrt{2}}{2}=\frac{\sqrt{2}}{2}\left(1+\ln\frac{\sqrt{2}}{2}\right)$$

$$\left.\frac{\partial z}{\partial \theta}\right|_{(1,\frac{\pi}{4})}=\left(-\sin\frac{\pi}{4}\right)\ln\left(\sin\frac{\pi}{4}\right)+\cos\frac{\pi}{4}\cot\frac{\pi}{4}$$

$$=-\frac{\sqrt{2}}{2}\ln\frac{\sqrt{2}}{2}+\frac{\sqrt{2}}{2}(1)$$

$$=\frac{\sqrt{2}}{2}\left(1-\ln\frac{\sqrt{2}}{2}\right)$$

■

習 題 7-5

下列各題中（1 ～ 10），求(i) $\frac{dz}{dt}$　(ii) $\left.\frac{dz}{dt}\right|_{t=t_0}$。

1. $z=x^2+y^2,\ x=\sin t,\ y=\cos t,\ t_0=\frac{\pi}{2}$

2. $z=x+y,\ x=\cos t+\sin t,\ y=\cos t-\sin t,\ t_0=\frac{\pi}{2}$

3. $z=x^2y+x^3+y,\ x=t^2+1,\ y=2t-t^2,\ t_0=0$

4. $z=xy,\ x=t^3,\ y=t^2,\ t_0=1$

5. $z=\sin xy,\ x=t^2,\ y=t^3,\ t_0=0$

6. $z=\tan^{-1}\frac{y}{x},\ x=1+t,\ y=1-t,\ t_0=0$

7. $z=x\sin y+y\sin x,\ x=t^2,\ y=t^3,\ t_0=1$

8. $z=\ln\left(x^2+y^2\right),\ x=\cos t,\ y=\sin t,\ t_0=\pi$

9. $z=xe^y,\ x=t^3,\ y=\ln(t^2+1),\ t_0=1$

10. $z=\frac{y}{x},\ x=\cos^2 t,\ y=\sin^2 t,\ t_0=\frac{\pi}{4}$

下列各題中（11 ～ 15），求 $\frac{\partial z}{\partial r}$ 及 $\frac{\partial z}{\partial s}$。

11. $z=x^2+y^2,\ x=r\cos s,\ y=r\sin s$

12. $z=e^{xy},\ x=r+s,\ y=r-s$

13. $z=x^2+y^2,\ x=2r+s,\ y=r-2s$

14. $z=xy,\ x=r-s,\ y=r+s$

15. $z=\sin(x+y),\ x=rs,\ y=\frac{s}{r}$

7–6 隱函數及偏微分

如同單變數實函數的隱函數一樣，一個二變數函數 $z = f(x,y)$ 可能滿足某一個方程式

$$F(x,y,z) = 0 \tag{1}$$

而在方程式 $F(x,y,z) = 0$ 中，雖然我們知道 z 是變數 x 及 y 之函數，但也許 z 無法從 $F(x,y,z) = 0$ 之中明確地解出來。例如，假設 z 爲 x 與 y 之函數而且滿足下列方程式

$$x^5 + y^5 + z^5 + 5xyz = 1$$

則函數 z 即無法從上列方程式中明確地解出來而表成爲 $z = f(x,y)$ 之形式。

雖然有時候我們不能從(1)式中把 z 解出來，但是我們仍然希望能計算出 z 分別對 x 及 y 之偏導函數，亦即，我們仍希望能求出 $\dfrac{\partial z}{\partial x}$ 及 $\dfrac{\partial z}{\partial y}$。我們可以利用偏微分的方法來計算 $\dfrac{\partial z}{\partial x}$ 及 $\dfrac{\partial z}{\partial y}$。設 $z = f(x,y)$ 爲 x 與 y 之函數且滿足 $F(x,y,z) = 0$，首先把 y 看成是常數，令

$$w = F(x,y,z) = 0$$

利用定理 7.4 (6)式，我們計算 $\dfrac{\partial w}{\partial x}$ 得

$$\frac{\partial w}{\partial x} = 0 = \left(\frac{\partial F}{\partial x}\right)\left(\frac{\partial x}{\partial x}\right) + \left(\frac{\partial F}{\partial z}\right)\left(\frac{\partial z}{\partial x}\right)$$

由於 $\dfrac{\partial x}{\partial x} = 1$，我們得

$$F_x + F_z\left(\frac{\partial z}{\partial x}\right) = 0 \tag{2}$$

同理，把 x 看成常數，利用定理7.4 (7)式，我們計算 $\frac{\partial w}{\partial y}$ 得

$$\frac{\partial w}{\partial y}=0=\left(\frac{\partial F}{\partial y}\right)\left(\frac{\partial y}{\partial y}\right)+\left(\frac{\partial F}{\partial z}\right)\left(\frac{\partial z}{\partial y}\right)$$

由於 $\frac{\partial y}{\partial y}=1$，我們得

$$F_y+F_z\left(\frac{\partial z}{\partial y}\right)=0 \tag{3}$$

如果 $F_z\neq 0$，那麼由(2)及(3)式，我們得

$$\frac{\partial z}{\partial x}=-\frac{F_x}{F_z} \tag{4}$$

$$\frac{\partial z}{\partial y}=-\frac{F_y}{F_z} \tag{5}$$

我們來看一些例子。

例 1　設 z 為 x,y 之函數而且滿足

$$x^3+y^3+z^3+xyz=2$$

試求 $\frac{\partial z}{\partial x}$ 及 $\frac{\partial z}{\partial y}$。

解　令 $F(x,y,z)=x^3+y^3+z^3+xyz-2$，並計算 F_x,F_y, 及 F_z 如下:

$$F_x=\frac{\partial F}{\partial x}=3x^2+yz$$

$$F_y=\frac{\partial F}{\partial y}=3y^2+xz$$

$$F_z=\frac{\partial F}{\partial z}=3z^2+xy$$

因此，由(4)及(5)式，我們得

$$\frac{\partial z}{\partial x}=-\frac{F_x}{F_z}=-\frac{3x^2+yz}{3z^2+xy}$$

$$\frac{\partial z}{\partial y}=-\frac{F_y}{F_z}=-\frac{3y^2+xz}{3z^2+xy} \quad \blacksquare$$

例 2 設 z 為 x,y 之函數且滿足

$$e^{xy}\sin z+e^{xz}\sin y+e^{yz}\sin x=0$$

試求 $\dfrac{\partial z}{\partial x}$ 及 $\dfrac{\partial z}{\partial y}$。

解 令

$$F(x,y,z)=e^{xy}\sin z+e^{xz}\sin y+e^{yz}\sin x$$

並計算 F_x,F_y 及 F_z 如下

$$F_x=ye^{xy}\sin z+ze^{xz}\sin y+e^{yz}\cos x$$

$$F_y=xe^{xy}\sin z+e^{xz}\cos y+ze^{yz}\sin x$$

$$F_z=e^{xy}\cos z+xe^{xz}\sin y+ye^{yz}\sin x$$

因此，由(4)及(5)式，我們有

$$\frac{\partial z}{\partial x}=-\frac{F_x}{F_z}=-\frac{ye^{xy}\sin z+ze^{xz}\sin y+e^{yz}\cos x}{e^{xy}\cos z+xe^{xz}\sin y+ye^{yz}\sin x}$$

$$\frac{\partial z}{\partial y}=-\frac{F_y}{F_z}=-\frac{xe^{xy}\sin z+e^{xz}\cos y+ze^{yz}\sin x}{e^{xy}\cos z+xe^{xz}\sin y+ye^{yz}\sin x} \quad \blacksquare$$

習 題 7–6

下列各題中（1 ～ 18），z 為 x 及 y 之函數且滿足所給定之方程式，試利用本節所介紹之方法求 $\dfrac{\partial z}{\partial x}$ 及 $\dfrac{\partial z}{\partial y}$。

1. $x^4+y^4+z^4+4xyz=1$
2. $x^3+2x^2z-y^2z+2yz^2-3z+x=9$
3. $e^{xy}+e^{yz}+e^{zx}+xyz=3$

4. $\cos(xyz) + x + y + z = 2$

5. $\ln(xyz) + x^2 + y^2 + z^2 = 3$

6. $z + \cos(xy) + \sin(zx) = 5$

7. $xy^3 - y + z = 0$

8. $\sqrt{xy} + \sqrt{yz} + \sqrt{zx} = 3, \quad x > 0,\ y > 0,\ z > 0$

9. $\cos(x + y) + \cos(y + z) + \cos(z + x) = 0$

10. $xe^y + ye^z + ze^x = 3$

11. $x^2y^2z^2 + y^4z^4 + x^6 + y^6 = 8$

12. $c^x + e^y + e^z + \sin(x + y + z) = 3$

13. $\ln(x^2 + y^2 + z^2 + 1) + x + y + z = 0$

14. $xz^3 - yz^2 + x^3y^2 + 2z = 5$

15. $(x - y)(y - z)(z - x) = 1$

16. $xyz = 5$

17. $\dfrac{1}{x} + \dfrac{1}{y} + \dfrac{1}{z} = 3$

18. $\ln(xy) + \ln(yz) + \ln(xz) - 1$

7–7 二重積分

在本章的最後一節，我們來討論一個二變數實函數 $f(x,y)$ 在平面區域 R 上的積分。我們先考慮 R 是個矩形區域，然後再考慮一般的非矩形區域。假設 $f(x,y)$ 爲定義在矩形區域 R 上的實函數，其中

$$R=\{(x,y)|a\leq x\leq b,c\leq y\leq d\}$$

我們將區間 $a\leq x\leq b$ 分割成 m 個小區間，把區間 $c\leq y\leq d$ 分割成 k 個小區間。那麼利用這些分割，我們把區域 R 分成 mk 個小矩形，而每一個小矩形的面積爲 $\Delta A=\Delta x\Delta y$，如果令 $n=mk$ 而且我們把這些小矩形編號爲 $R_1,R_2,\cdots,R_n$，令每一個小矩形 R_j 之面積爲 ΔA_j 而且在 R_j 中任取一點 (x_j,y_j)，我們考慮下列之和

$$S_n=\sum_{j=1}^{n}f(x_j,y_j)\Delta A_j \tag{1}$$

見下圖

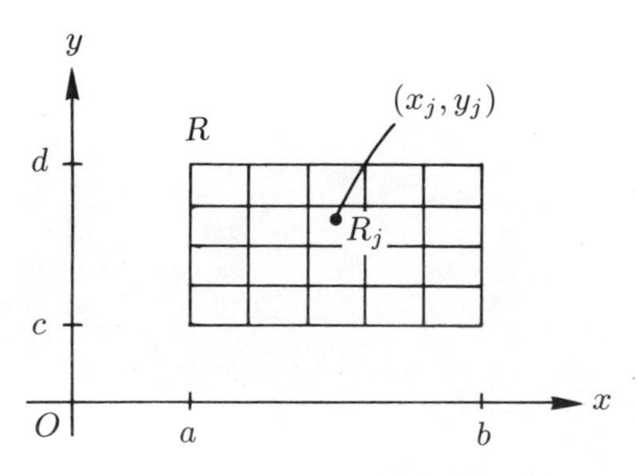

如果當 $\Delta x\to 0,\Delta y\to 0$ 時，不論我們取任何點 (x_j,y_j)，(1)式中的和 S_n 會趨近於某一定數 L 的話，我們就用下列符號來表示 L，其中 $\Delta A=\max\{\Delta A_j|j=1,2,\cdots,n\}$

$$\lim_{\Delta A \to 0} \sum_{j=1}^{n} f(x_j, y_j) \Delta A_j = L$$

換句話說，如果任給 $\varepsilon > 0$，存在 $-\delta > 0$ 使得若 $\Delta A < \delta$，則對任意 (x_j, y_j)，恆有

$$\left| \sum_{j=1}^{n} f(x_j, y_j) \Delta A_j - L \right| < \varepsilon$$

那麼我們就說(1)式的極限爲 L。此時，我們說函數 f 在區域 R 上可積分並稱 L 爲 f 在 R 上的**二重積分**。通常我們用下列符號

$$\iint_R f(x, y) dA \quad \text{或} \quad \iint_R f(x, y) dx dy$$

來表示 f 在 R 上的二重積分，亦即

$$\iint_R f(x, y) dA = \lim_{\Delta A \to 0} \sum_{j=1}^{n} f(x_j, y_j) \Delta A_j \tag{2}$$

關於二重積分，我們有下列之性質，證明則予以省略。

定理 7.5

設 $f(x, y)$ 及 $g(x, y)$ 爲定義在矩形 R 上之可積分實函數，則

(i) $\displaystyle\iint_R kf(x, y) dA = k \iint_R f(x, y) dA$　　(k爲任意常數)

(ii) 如果對 $(x, y) \in R$，恆有 $f(x, y) \geq 0$，則 $\displaystyle\iint_R f(x, y) dA \geq 0$

(iii) $\displaystyle\iint_R [f(x, y) \pm g(x, y)] dA = \iint_R f(x, y) dA \pm \iint_R g(x, y) dA$

(iv) $\displaystyle\iint_R f(x, y) dA = \iint_{R_1} f(x, y) dA + \iint_{R_2} f(x, y) dA$

其中 $R = R_1 \cup R_2$ 且矩形 R_1 與 R_2 不重疊，見下圖

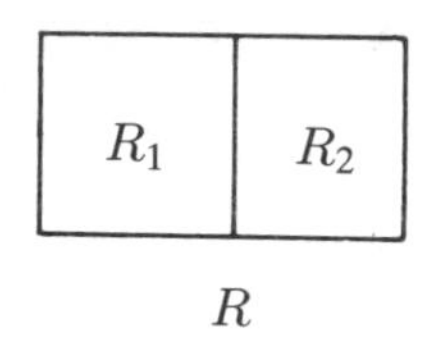

我們在第 5 章定理 5.2 提到如果 $f(x)$ 在 $[a,b]$ 上為連續函數，則 $\int_a^b f(x)dx$ 存在。對於二變數實函數，我們也有類似之結果。我們把它列在下面，但省略其證明。

定理 7.6

設 R 為一矩形區域且 $f(x,y)$ 為定義在 R 上的連續實函數，則二重積分 $\iint_R f(x,y)dA$ 存在。

一般說來，要由(2)式來求二重積分是一件非常困難的事情，所幸，我們有下列的**富比尼定理**告訴我們可以用迭代積分來計算二重積分。同樣地，我們將省略其證明。

定理 7.7

（富比尼定理 (I)）
設 $f(x,y)$ 為定義在矩形 $R = \{(x,y)|a \leq x \leq b, c \leq y \leq d\}$ 上之連續函數，則

$$\iint_R f(x,y)dA = \int_c^d \int_a^b f(x,y)dxdy = \int_a^b \int_c^d f(x,y)dydx$$

我們稍微討論一下定理 7.7 中右邊的二個積分式子。在積分式子 $\int_c^d \int_a^b f(x,y)dxdy$ 中，我們先把 y 當成常數並計算

$$\int_a^b f(x,y)dx \tag{3}$$

(3)式變成一個以 y 爲變數之函數，然後再來計算下列式子

$$\int_c^d \left(\int_a^b f(x,y)dx \right) dy = \int_c^d \int_a^b f(x,y)dxdy \tag{4}$$

定理 7.6 告訴我們(4)式的積分值就等於 $\iint\limits_R f(x,y)dA$。對於 $\int_a^b \int_c^d f(x,y)dydx$ 的解釋亦同。另外，定理 7.6 也告訴我們不論我們是先對變數 x 求積分之後再對變數 y 求積分，或是先對變數 y 求積分之後再對變數 x 求積分，這二者所得到的值都是等於 $f(x,y)$ 在 R 上的二重積分。換句話說，在使用迭代積分來計算二重積分時，我們可以隨心所欲地對調積分的順序。

例 1　設 $f(x,y)=2-5xy^2$，且 $R=\{(x,y)|0\le x\le 1,\ -1\le y\le 2\}$，求

$$\iint\limits_R f(x,y)dA$$

解　利用定理 7.7，我們有

$$\iint\limits_R f(x,y)dA = \iint\limits_R (2-5xy^2)dA = \int_{-1}^2 \int_0^1 (2-5xy^2)dxdy$$

先計算積分 $\int_0^1 (2-5xy^2)dx$ 得　　（此時視 y 爲常數）

$$\begin{aligned}\int_0^1 (2-5xy^2)dx &= \left(2x-\frac{5y^2}{2}x^2\right)\Big|_0^1 \\ &= 2-\frac{5y^2}{2}\end{aligned}$$

因此

$$\iint_R f(x,y)dA=\int_{-1}^{2}\left(2-\frac{5y^2}{2}\right)dy$$
$$=\left(2y-\frac{5}{2}\cdot\frac{1}{3}y^3\right)\Big|_{-1}^{2}$$
$$=\left(4-\frac{5}{2}\cdot\frac{8}{3}\right)-\left[2(-1)-\frac{5}{2}\cdot\frac{1}{3}(-1)\right]$$
$$=-\frac{3}{2}$$

如果我們對調積分之順序，我們仍然得到相同之答案:

$$\int_0^1\int_{-1}^{2}(2-5xy^2)dydx=\int_0^1\left[\left(2y-\frac{5}{3}xy^3\right)\Big|_{-1}^{2}\right]dx$$
$$=\int_0^1\left[\left(4-\frac{40}{3}x\right)-\left(-2+\frac{5}{3}x\right)\right]dx$$
$$=\int_0^1\left(6-\frac{45}{3}x\right)dx$$
$$=\int_0^1(6-15x)dx$$
$$=\left(6x-\frac{15}{2}x^2\right)\Big|_0^1$$
$$=6-\frac{15}{2}=-\frac{3}{2}\quad\blacksquare$$

在定理 7.7 中，雖然我們可以任意對調積分之順序而得到相同之答案，但有些時候，積分的順序還是要注意，因爲如此一來可能會使計算更容易一些。

例 2 求 $\iint_R xe^{xy}dA$，其中 $R=\{(x,y)|0\le x\le 1,\ 1\le y\le 2\}$。

解 如果先對 x 積分，那麼我們要計算下列積分

$$\int_1^2\left(\int_0^1 xe^{xy}dx\right)dy$$

在括弧中的積分，我們必須利用分部積分法才能計算。如果我們先對 y 積分的話，那我們必須計算下列積分

$$\int_0^1\left(\int_1^2 xe^{xy}dy\right)dx$$

在上式括弧中的積分，我們很容易地就可求出。因此，對 y 先積分有助於我們計算上之方便。由定理 7.7，得

$$\begin{aligned}\iint\limits_R xe^{xy}dA&=\int_0^1\int_1^2 xe^{xy}dydx\\&=\int_0^1\int_1^2 e^{xy}d(xy)dx\\&=\int_0^1\left(e^{xy}\Big|_1^2\right)dx\\&=\int_0^1(e^{2x}-e^x)dx\\&=\left(\frac{1}{2}e^{2x}-e^x\right)\Big|_0^1=\left(\frac{1}{2}e^2-e\right)-\left(\frac{1}{2}-1\right)\\&=\frac{1}{2}e^2-e+\frac{1}{2}\quad\blacksquare\end{aligned}$$

現在我們來考慮非矩形區域之二重積分。我們說一個平面上的區域 D 爲**有界**如果我們可以找到一個矩形 R 使得 $D\subseteq R$，見下圖

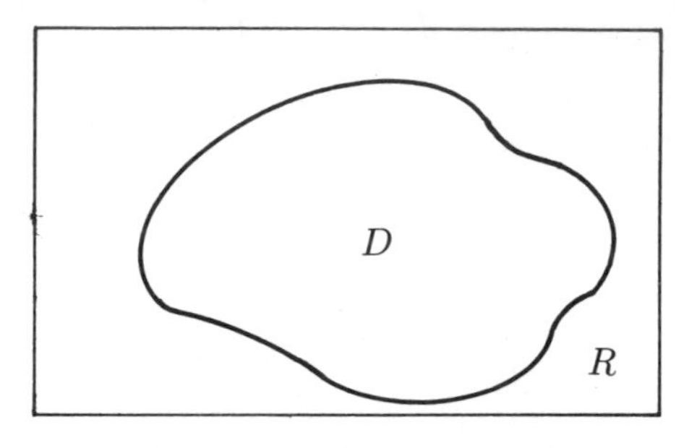

假設 $f(x,y)$ 爲定義在平面上有界區域 D 上之實函數，令 R 爲包含 D 之矩形並且我們定義下列函數

$$F(x,y)=\begin{cases} f(x,y), & (x,y)\in D \\ 0, & (x,y)\notin D \end{cases}$$

如果二重積分

$$\iint_R F(x,y)dA \tag{5}$$

存在，那麼我們就定義 f 在 D 上的二重積分爲(5)式，亦即

$$\iint_D f(x,y)dA=\iint_R F(x,y)dA$$

同學也許會問，如果 R_1 與 R_2 都是包含 D 之矩形而且二重積分 $\iint_{R_1} F(x,y)dA$ 與 $\iint_{R_2} F(x,y)dA$ 都存在，那到底 $\iint_D f(x,y)dA$ 要等於那一個二重積分呢？關於這一點，我們可以證明其實

$$\iint_{R_1} F(x,y)dA=\iint_{R_2} F(x,y)dA$$

因此，f 在 D 上的二重積分與我們所選取之矩形 R 無關。

關於非矩形區域之二重積分，我們還是有下列的計算方法，我們仍然省略其證明。

定理 7.8

（富比尼定理(Ⅱ)）.

設 $f(x,y)$ 爲定義在 D 上之連續函數，

(i)如果 $D = \{(x,y)|a \le x \le b,\ g_1(x) \le y \le g_2(x)\}$ 其中 $g_1(x)$ 與 $g_2(x)$ 爲 $[a,b]$ 上之連續函數，則

$$\iint_D f(x,y)dA = \int_a^b \int_{g_1(x)}^{g_2(x)} f(x,y)dydx$$

(ii)如果 $D = \{(x,y)|h_1(y) \le x \le h_2(y), c \le y \le d\}$ 其中 $h_1(y)$ 與 $h_2(y)$ 爲 $[c,d]$ 上之連續函數，則

$$\iint_D f(x,y)dA = \int_c^d \int_{h_1(y)}^{h_2(y)} f(x,y)dxdy$$

在定理 7.8 中，(i)的區域 D 形如下列圖形所示

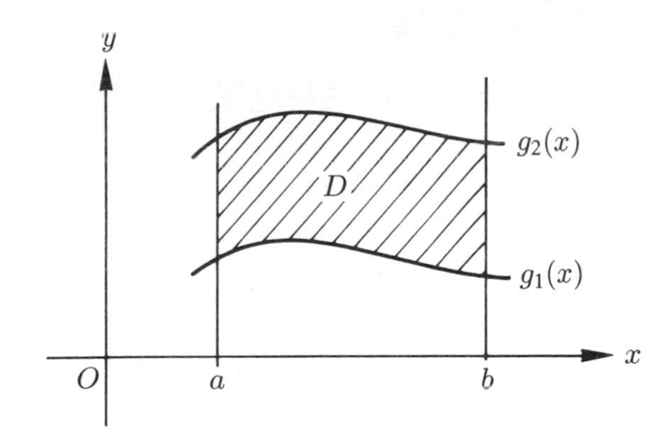

而(ii)中的區域 D 則形如下列圖形所示

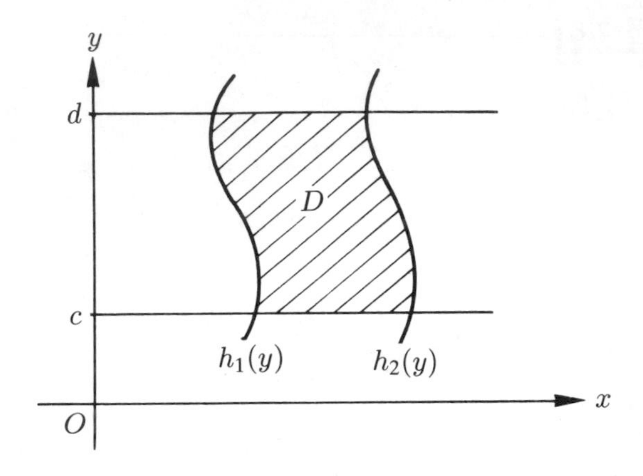

在使用定理 7.8 來計算二重積分時，我們必須先確定積分的區域是屬於(i)或(ii)中的那一種。我們來看一些例子並討論實際計算時所應使用之技巧。

例 3 求 $\displaystyle\iint_D (1+x-y)dA$，其中 D 爲由 x 軸及直線 $2y=x, x=1$ 所圍成之區域。

解 我們必須先把區域 D 作圖出來。其圖形如下

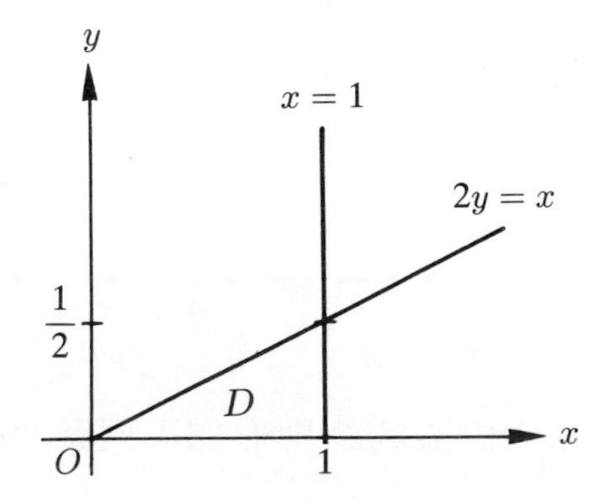

D 可以看成是定理 7.8 中(i)的型式。所以，利用定理 7.8(i)，我們有

$$\iint_D (1+x-y)dA = \int_0^1 \int_{g_1(x)}^{g_2(x)} (1+x-y)dydx$$

現在，接下來的問題是 $g_1(x)=?$ $g_2(x)=?$ 要決定 $g_1(x)$ 及 $g_2(x)$ 其實很簡單，對任意固定$x, 0 \le x \le 1$，過 x 做一條平行 y 軸之直線，如下圖所示

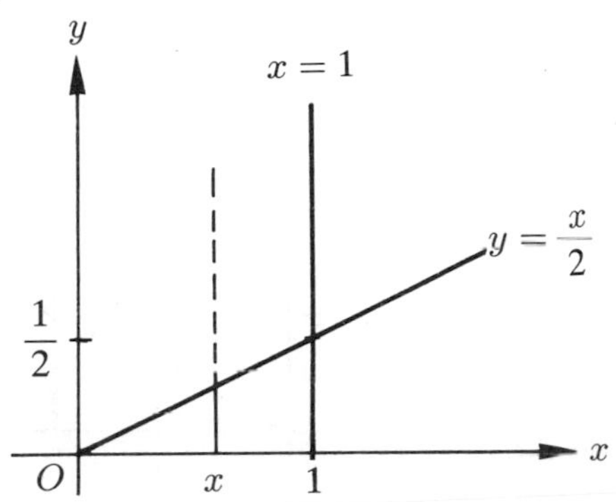

此直線在 D 中的部分（即固定 x），變數 y 的範圍（從小到大）爲從 $y=0$ （x 軸）到直線 $y=\dfrac{x}{2}$。因此，

$$g_1(x)=0,\ g_2(x)=\frac{x}{2}$$

所以

$$\begin{aligned}\iint_D(1+x-y)dA&=\int_0^1\int_{g_1(x)}^{g_2(x)}(1+x-y)dydx\\&=\int_0^1\int_0^{\frac{x}{2}}(1+x-y)dydx\\&=\int_0^1\left[\left(y+xy-\frac{y^2}{2}\right)\Big|_0^{\frac{x}{2}}\right]dx\\&=\int_0^1\left(\frac{x}{2}+\frac{3}{8}x^2\right)dx\\&=\left(\frac{x^2}{4}+\frac{1}{8}x^3\right)\Big|_0^1=\frac{1}{4}+\frac{1}{8}=\frac{3}{8}\end{aligned}$$

我們也可以把 D 看成是定理7.8(ii)中之形式，而得到

$$\iint_D(1+x-y)dA=\int_0^{\frac{1}{2}}\int_{h_1(y)}^{h_2(y)}(1+x-y)dxdy$$

那麼，我們應該如何決定 $h_1(y)$ 與 $h_2(y)$ 呢？很簡單，對每一個固定 $y, 0 \le y \le \frac{1}{2}$，過 y 做一平行 x 軸之直線，如下圖所示

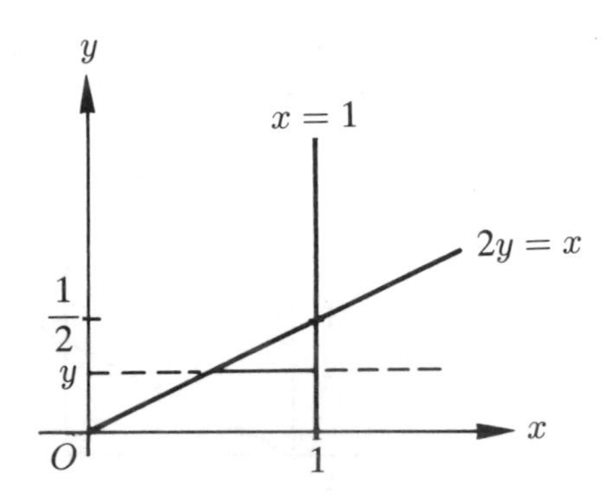

此直線在 D 中的部分（固定 y），變數 x 的範圍（從小到大或從左至右）爲從 $x = 2y$ 到 $x = 1$，因此

$$h_1(y) = 2y,\ h_2(y) = 1$$

所以

$$\begin{aligned}
\iint_D (1 + x - y)dA &= \int_0^{\frac{1}{2}} \int_{h_1(y)}^{h_2(y)} (1 + x - y)dxdy \\
&= \int_0^{\frac{1}{2}} \int_{2y}^{1} (1 + x - y)dxdy \\
&= \int_0^{\frac{1}{2}} \left[\left(x + \frac{x^2}{2} - xy \right) \Big|_{2y}^{1} \right] dy \\
&= \int_0^{\frac{1}{2}} \left[\left(1 + \frac{1}{2} - y \right) - (2y + 2y^2 - 2y^2) \right] dy \\
&= \int_0^{\frac{1}{2}} \left(\frac{3}{2} - 3y \right) dy \\
&= \left(\frac{3}{2}y - \frac{3}{2}y^2 \right) \Big|_0^{\frac{1}{2}} = \frac{3}{4} - \frac{3}{8} = \frac{3}{8}
\end{aligned}$$

■

例 4　求 $\iint_D (x+y)dA$，其中 D 爲由 $y=x^2$ 及 $y=x$ 所圍成之區域。

解　我們先把 D 作圖出來，其圖形如下

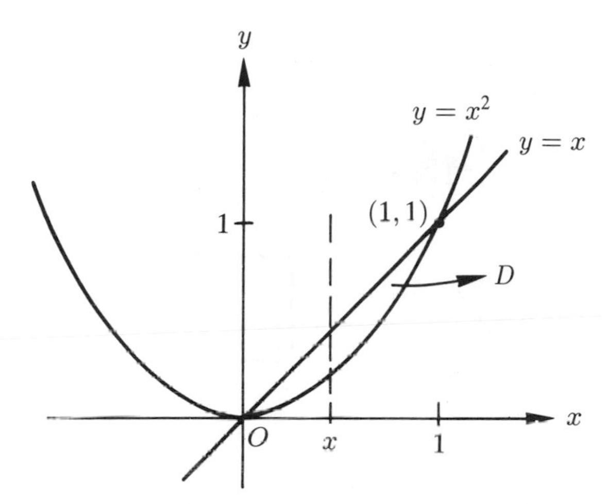

對每一固定 x，$0 \leq x \leq 1$，做過 x 且平行 y 軸之直線，此直線與 D 相交之下曲線爲 $y=x^2$ 而上曲線爲 $y=x$。因此 $g_1(x)=x^2$，$g_2(x)=x$，所以由定理 7.7(i)，我們得

$$\begin{aligned}
\iint_D (x+y)dA &= \int_0^1 \int_{g_1(x)}^{g_2(x)} (x+y)dydx \\
&= \int_0^1 \int_{x^2}^{x} (x+y)dydx \\
&= \int_0^1 \left[\left(xy + \frac{y^2}{2} \right) \Big|_{x^2}^{x} \right] dx \\
&= \int_0^1 \left[\left(x^2 + \frac{x^2}{2} \right) - \left(x^3 + \frac{x^4}{2} \right) \right] dx \\
&= \int_0^1 \left(\frac{3}{2}x^2 - x^3 - \frac{x^4}{2} \right) dx \\
&= \left(\frac{1}{2}x^3 - \frac{1}{4}x^4 - \frac{1}{10}x^5 \right) \Big|_0^1
\end{aligned}$$

$$=\frac{1}{2}-\frac{1}{4}-\frac{1}{10}=\frac{3}{20} \quad \blacksquare$$

最後，我們提一下二重積分與體積的關係，如果 $f(x,y)$ 爲定義在平面區域 D 上的實函數而且 $f(x,y)\geq 0, (x,y)\in D$，那麼二重積分 $\iint\limits_D f(x,y)dA$ 即是由曲面 $z=f(x,y)$ 和平面區域 D 所圍出來立體區域之體積。

習題 7–7

1～15 題，求二重積分。

1. $\iint\limits_R xydA,\ R=\{(x,y)|0\leq x\leq 1,\ 0\leq y\leq 2\}$

2. $\iint\limits_R (1-x-y)dA,\ R=\{(x,y)|-1\leq x\leq 0,\ 0\leq y\leq 1\}$

3. $\iint\limits_R 3dA,\ R=\{(x,y)|1\leq x\leq 3,\ 2\leq y\leq 4\}$

4. $\iint\limits_R (4+x)dA,\ R=\{(x,y)|2\leq x\leq 6,\ 0\leq y\leq 2\}$

5. $\iint\limits_R (2-y)dA,\ R=\{(x,y)|0\leq x\leq 2,\ 0\leq y\leq 4\}$

6. $\iint\limits_R (1-3x^2y)dA,\ R=\{(x,y)|0\leq x\leq 2,\ -1\leq y\leq 1\}$

7. $\iint\limits_R (x^2y-xy^2)dA,\ R=\{(x,y)|0\leq x\leq 3,\ -2\leq y\leq 0\}$

8. $\displaystyle\iint_R (1+x+y)dA$, $R=\{(x,y)|-1\leq x\leq 0,\ -1\leq y\leq 1\}$

9. $\displaystyle\iint_D (4x+2)dA$, D爲由$y=x^2$及$y=2x$ 所圍成之區域。

10. $\displaystyle\iint_D 5dA$, D爲由$y=x$, $y=2x$, $x=1$, $x=2$ 所圍成之區域。

11. $\displaystyle\iint_D (x+y)dA$, D爲由$x=2y$, $y+x=0$, $y=2$ 所圍成之區域。

12. $\displaystyle\iint_D dA$, D爲由$y=x^2$及$y=2x$ 所圍成之區域。

13. $\displaystyle\iint_D dA$, D爲由$x-2y+2=0$, $x+3y-3=0$及$y=0$ 所圍成之區域。

（提示：把 D 分成二個區域）

14. $\displaystyle\iint_D x^2y\,dA$, D爲以$(0,0)$, $(0,1)$, $(1,1)$ 爲頂點之三角形。

15. $\displaystyle\iint_D dA$, D爲由$y=4-x^2$, $y=3x$, $x=0$及$y=0$ 所圍成之區域。

第八章　無窮級數

8–1　無窮數列

大家都知道如何計算有限個數的和，但是對於無限多個數的和的問題，大家也許就不太清楚了。本章的目的即在於介紹無窮級數（亦即無限多個數）的和（若存在的話）的意義，如何判斷給定的無窮級數是否有意義以及如何利用無窮級數來幫助我們解決一些問題等等。由於無窮級數的理論需要利用到無窮數列的理論，因此，本節就先爲大家介紹無窮數列。

首先，我們先對無窮數列給個定義。

定義 8.1

設 $\mathbb{N}$ 爲所有自然數所成之集合，則任意一個定義在 $\mathbb{N}$ 上的實函數稱爲一個數列，如果 $x:\mathbb{N}\longrightarrow(-\infty,\infty)$ 爲一數列，那麼對任意 $n\in\mathbb{N}$，令 $x_n=x(n)$ 並記此數列爲

$$\{x_n\} \text{ 或 } x_1, x_2, x_3, \cdots$$

並稱 x_n 爲此數列之第 n 項。

由上面的定義可知數列爲一連串按照某種順序排列而成的數字，數列和集合最大的不同點在於構成數列的數字和次序有關而構成集合的元素則和次序無關，例如下列兩個數列是看成不同的:

$$1,\ 2,\ 3,\ 4,\ 5,\ \cdots,\ n,\ n+1,\ \cdots$$

$$2,\ 1,\ 3,\ 4,\ 5,\ \cdots,\ n,\ n+1,\ \cdots$$

因爲第一個數列的第一項是 1，而第二個數列的第一項則是 2，兩者並不相同。

例 1 試求出數列 $\{-1+(-1)^n\}$ 之前 5 項，即第 1 至第 5 項。

解 令 $x_n=-1+(-1)^n$，則

$$x_1=-1+(-1)=-1-1=-2$$

$$x_2=-1+(-1)^2=-1+1=0$$

$$x_3=-1+(-1)^3=-1-1=-2$$

$$x_4=-1+(-1)^4=-1+1=0$$

$$x_5=-1+(-1)^5=-1-1=-2 \quad \blacksquare$$

例 2 設數列 $\{x_n\}$ 之第 n 項 $x_n=\left(\frac{1}{2}\right)^n$，試求出此數列之前 10 項。

解

$$x_1=\frac{1}{2} \qquad x_2=\left(\frac{1}{2}\right)^2=\frac{1}{4}$$

$$x_3=\left(\frac{1}{2}\right)^3=\frac{1}{8} \qquad x_4=\left(\frac{1}{2}\right)^4=\frac{1}{16}$$

$$x_5=\left(\frac{1}{2}\right)^5=\frac{1}{32} \qquad x_6=\left(\frac{1}{2}\right)^6=\frac{1}{64}$$

$$x_7=\left(\frac{1}{2}\right)^7=\frac{1}{128} \qquad x_8=\left(\frac{1}{2}\right)^8=\frac{1}{256}$$

$$x_9=\left(\frac{1}{2}\right)^9=\frac{1}{512} \qquad x_{10}=\left(\frac{1}{2}\right)^{10}=\frac{1}{1024} \quad \blacksquare$$

由例 2 我們可以看得出來當 n 越來越大時，$x_n=\left(\frac{1}{2}\right)^n$ 越來越小而且趨近於 0。如果一個數列 $\{x_n\}$，當 n 很大時，其第 n 項會趨近某一個數 L 時，我們就說此數列**收斂**，並稱 L 爲此數列之**極限**，通常我們以符號

$$\lim_{n\to\infty} x_n=L$$

表示數列 $\{x_n\}$ 收斂且其極限爲 L。例如在例2 中，我們有

$$\lim_{n\to\infty}\left(\frac{1}{2}\right)^n = 0$$

在上面的討論中，我們是以直觀的角度來看數列的收斂。現在，我們對數列的收斂與否給予明確的數學定義。

定義 8.2

設 $\{x_n\}$ 爲一數列且 L 爲一實數。如果對於任意給定的 $\varepsilon > 0$，存在有一自然數 K 使得下列成立

若 $n > K$，則 $|x_n - L| < \varepsilon$

那麼，我們就說數列 $\{x_n\}$ 收斂至 L，並記以

$$\lim_{n\to\infty} x_n = L$$

此時，稱 L 爲數列 $\{x_n\}$ 之極限。反之，則稱此數列發散。

由定義 8.2 我們可以看出，數列 $\{x_n\}$ 收斂 L 的意思是不論你給我的正數 ε 是如何的小，我一定可以找到一自然數 K，使得所有項數大於 K 的每一項，其與 L 的差的絕對值必小於 ε，也就是說所有項數大於 K 的每一項其與 L 的距離會小於你所給定的正數 ε。

例 3　試證明 $\lim\limits_{n\to\infty}\dfrac{1}{n} = 0$。

解　直觀來說，當 n 越來越大時，$\dfrac{1}{n}$ 會越來越靠近 0，因此 $\lim\limits_{n\to\infty}\dfrac{1}{n} = 0$。不過，在此我們要用定義 8.2 來證明此事實。

令 $\varepsilon > 0$，取 $K = \left[\dfrac{1}{\varepsilon}\right] + 1$，$\left(\left[\dfrac{1}{\varepsilon}\right]\text{ 表 } \dfrac{1}{\varepsilon}\text{之最大整數部分}\right)$，則對每一 $n > K$，我們有

$$\left|\frac{1}{n} - 0\right| = \frac{1}{n} < \frac{1}{K} < \varepsilon$$

因爲 $K=\left[\dfrac{1}{\varepsilon}\right]+1>\dfrac{1}{\varepsilon}$，所以由定義8.2，我們得證

$$\lim_{n\to\infty}\frac{1}{n}=0 \quad \blacksquare$$

數列的極限也有所謂加、減、乘、除四則運算，我們將之寫成下列的定理，由於其證明與函數極限的四則運算類似，故省略。

定理 8.3

設 $\lim_{n\to\infty}x_n=L$ 且 $\lim_{n\to\infty}y_n=M$，則

(i) $\lim_{n\to\infty}(x_n+y_n)=L+M$

(ii) $\lim_{n\to\infty}(x_n-y_n)=L-M$

(iii) $\lim_{n\to\infty}(x_n\cdot y_n)=L\cdot M$

(iv) $\lim_{n\to\infty}(r\cdot x_n)=r\cdot L$（$r$ 爲任意常數）

(v)若 $M\neq 0$，則 $\lim_{n\to\infty}\dfrac{x_n}{y_n}=\dfrac{L}{M}$

例 4　利用定理8.3 及例3，我們有

(i) $\lim_{n\to\infty}\left(-\dfrac{2}{n}\right)=(-2)\lim_{n\to\infty}\dfrac{1}{n}=(-2)\cdot 0=0$

(ii) $\lim_{n\to\infty}\dfrac{n+1}{n}=\lim_{n\to\infty}\left(1+\dfrac{1}{n}\right)=\lim_{n\to\infty}1+\lim_{n\to\infty}\dfrac{1}{n}=1+0=1$

(iii) $\lim_{n\to\infty}\dfrac{2}{n^3}=2\left(\lim_{n\to\infty}\dfrac{1}{n}\right)\left(\lim_{n\to\infty}\dfrac{1}{n}\right)\left(\lim_{n\to\infty}\dfrac{1}{n}\right)=2(0)(0)(0)=0$

$$\text{(iv)} \lim_{n\to\infty} \frac{2n^4-3n+1}{n^4+1} = \lim_{n\to\infty} \frac{2-\dfrac{3}{n^3}+\dfrac{1}{n^4}}{1+\dfrac{1}{n^4}}$$

$$= \frac{\lim\limits_{n\to\infty} 2 - 3\lim\limits_{n\to\infty}\dfrac{1}{n^3} + \lim\limits_{n\to\infty}\dfrac{1}{n^4}}{\lim\limits_{n\to\infty} 1 + \lim\limits_{n\to\infty}\dfrac{1}{n^4}}$$

$$= \frac{2-3(0)+0}{1+0} = 2 \quad \blacksquare$$

接下來，我們介紹一個判斷數列收斂的有用方法。

定理 8.4

（夾擠定理）

設 $\{x_n\}$, $\{y_n\}$ 及 $\{z_n\}$ 爲三數列滿足

(i)存在一自然數 K 使得

$$y_n \le x_n \le z_n, \qquad n \ge K$$

(ii) $\lim\limits_{n\to\infty} y_n = \lim\limits_{n\to\infty} z_n = L$

則數列 $\{x_n\}$ 亦收斂且

$$\lim_{n\to\infty} x_n = L$$

證明 利用函數極限之夾擠定理的證明方法，我們可以得證，因此，過程將省略。

例 5 利用定理 8.4，我們有

(i)因爲 $-1 \le \cos n \le 1$，所以 $\dfrac{-1}{n} \le \dfrac{\cos n}{n} \le \dfrac{1}{n}$，因此

$$\lim_{n\to\infty} \frac{\cos n}{n} = 0$$

(ii)因爲 $|(-1)^n \sin n| = |\sin n| \le 1$，即 $-1 \le (-1)^n \sin n \le 1$，故

$$\frac{-1}{n} \leq \frac{(-1)^n \sin n}{n} \leq \frac{1}{n}$$

因此

$$\lim_{n\to\infty} \frac{(-1)^n \sin n}{n} = 0$$

(iii)因爲 $\left|\frac{(-1)^n}{n^2}\right| \leq \frac{1}{n^2}$，所以 $-\frac{1}{n^2} \leq \frac{(-1)^n}{n^2} \leq \frac{1}{n^2}$，因此

$$\lim_{n\to\infty} \frac{(-1)^n}{n^2} = 0 \quad ■$$

除了夾擠定理之外，我們還可以利用連續函數來判斷數列的收斂。請看下面的結果。

定理 8.5

如果 $\lim_{n\to\infty} x_n = L$，且函數 f 在 L 處連續，且 $f(x_n)$ 都有定義則

$$\lim_{n\to\infty} f(x_n) = f(L)$$

證明　任給 $\varepsilon > 0$，因爲 f 在 L 連續，所以存在有一 $\delta > 0$，使得

當 $|x - L| < \delta$ 時，$|f(x) - f(L)| < \varepsilon$

現在，因爲 $\lim_{n\to\infty} x_n = L$，對於 $\delta > 0$ 而言，存在有一自然數 K 使得

若 $n > K$，則 $|x_n - L| < \delta$

因此，由上面二個式子，我們得

當 $n > K$ 時，$|f(x_n) - f(L)| < \varepsilon$

所以

$$\lim_{n\to\infty} f(x_n) = f(L) \quad ■$$

定理 8.5 告訴我們若 f 在 L 處連續且 $f(x_n)$ 都有定義，又

$\lim_{n\to\infty} x_n = L$，那麼

$$\lim_{n\to\infty} f(x_n) = f\left(\lim_{n\to\infty} x_n\right) = f(L)$$

也就是說連續與極限可以交換。

例 6　求 $\lim_{n\to\infty} \sqrt{\dfrac{n+1}{n}}$。

解　因為 $\lim_{n\to\infty} \dfrac{n+1}{n} = 1$（例 4(ii)），且 $f(x) = \sqrt{x}$ 在 $x = 1$ 處連續，又 $\sqrt{\dfrac{n+1}{n}}$ 都有定義，因此由定理 8.5

$$\lim_{n\to\infty} \sqrt{\frac{n+1}{n}} = \lim_{n\to\infty} f\left(\frac{n+1}{n}\right) = f(1) = 1$$ ■

例 7　求 $\lim_{n\to\infty} 2^{\frac{\cos n}{n}}$

解　因為 $\lim_{n\to\infty} \dfrac{\cos n}{n} = 0$（例 5(i)），$f(x) = 2^x$ 在 $x = 0$ 處連續，且 $2^{\frac{\cos n}{n}}$ 都有定義，因此由定理 8.5

$$\lim_{n\to\infty} 2^{\frac{\cos n}{n}} = \lim_{n\to\infty} f\left(\frac{\cos n}{n}\right) = f(0) = 2^0 = 1$$ ■

如果函數 f 在無窮遠處有極限的話，那麼由 f 所定義出來的數列也會收斂到相同之極限，請看下列的結果。

定理 8.6

假設 $\lim_{x\to\infty} f(x) = L$，如果令 $x_n = f(n)$，$n = 1, 2, \cdots$，則數列 $\{x_n\}$ 會收斂，而且

$$\lim_{n\to\infty} x_n = L$$

證明　任給 $\varepsilon > 0$。因為 $\lim_{x\to\infty} f(x) = L$，存在一數 m 使得

當 $x > m$ 時，$|f(x) - L| < \varepsilon$

令 $K = [m] + 1$，則

當 $n > K$ 時，$|x_n - L| = |f(n) - L| < \varepsilon$

因此，$\{x_n\}$ 收斂而且 $\lim_{n\to\infty} x_n = L$。 ■

定理 8.6 結合羅比達法則，可以幫助我們求許多數列的極限，我們舉一些例子來說明。

例 8 試求 $\lim_{n\to\infty} \dfrac{n^3}{1+e^n}$。

解 令 $f(x) = \dfrac{x^3}{1+e^x}$，則利用羅比達法則，我們有

$$\begin{aligned}\lim_{x\to\infty} f(x) &= \lim_{x\to\infty} \frac{x^3}{1+e^x} \qquad \left(\frac{\infty}{\infty}\text{型}\right)\\ &= \lim_{x\to\infty} \frac{3x^2}{e^x} \qquad \left(\frac{\infty}{\infty}\text{型}\right)\\ &= \lim_{x\to\infty} \frac{6x}{e^x} \qquad \left(\frac{\infty}{\infty}\text{型}\right)\\ &= \lim_{x\to\infty} \frac{6}{e^x}\\ &= 0\end{aligned}$$

因此，由定理 8.6 得

$$\lim_{n\to\infty} \frac{n^3}{1+e^n} = \lim_{n\to\infty} f(n) = 0$$ ■

例 9 試求 $\lim_{n\to\infty} \dfrac{\ln n}{n}$。

解 令 $f(x) = \dfrac{\ln x}{x}$，利用羅比達法則，我們有

$$\lim_{x\to\infty} f(x) = \lim_{x\to\infty} \frac{\ln x}{x}$$

$$= \lim_{x\to\infty} \frac{\frac{1}{x}}{1}$$

$$= \lim_{x\to\infty} \frac{1}{x}$$

$$=0$$

因此，由定理 8.6 得 $\lim_{n\to\infty} \frac{\ln n}{n} = \lim_{n\to\infty} f(n) = 0$ ■

例10　試求 $\lim_{n\to\infty} \sqrt[n]{n}$。

解　把 $\sqrt[n]{n} = n^{\frac{1}{n}}$ 寫成指數的型式，我們有

$$\lim_{n\to\infty} \sqrt[n]{n} = \lim_{n\to\infty} n^{\frac{1}{n}} = \lim_{n\to\infty} e^{\ln n^{\frac{1}{n}}}$$

$$= \lim_{n\to\infty} e^{\frac{1}{n}\ln n}$$

$$= e^{\lim_{n\to\infty} \frac{\ln n}{n}} \qquad \text{（因爲 } e^x \text{ 爲連續函數）}$$

$$= e^0 \qquad \text{（由例 9）}$$

$$=1$$ ■

例11　求 $\lim_{n\to\infty} \ln\left(1+\frac{1}{n}\right)^n$。

解　令 $f(x) = \ln\left(1+\frac{1}{x}\right)^x$，利用羅比達法則，我們得

$$\lim_{x\to\infty} \ln\left(1+\frac{1}{x}\right)^x = \lim_{x\to\infty} x\ln\left(1+\frac{1}{x}\right)$$

$$= \lim_{x\to\infty} \frac{\ln\left(1+\frac{1}{x}\right)}{\frac{1}{x}} \qquad \left(\frac{0}{0}\text{型}\right)$$

$$= \lim_{x\to\infty} \frac{\dfrac{-\dfrac{1}{x^2}}{1+\dfrac{1}{x}}}{-\dfrac{1}{x^2}}$$

$$= \lim_{x\to\infty} \frac{1}{1+\dfrac{1}{x}} = 1$$

因此，由定理 8.6 得 $\lim\limits_{n\to\infty} \ln\left(1+\dfrac{1}{n}\right)^n = \lim\limits_{n\to\infty} f(n) = 1$ ■

例12 求 $\lim\limits_{n\to\infty}\left(1-\dfrac{1}{n}\right)^n$。

解

$$\lim_{n\to\infty}\left(1-\frac{1}{n}\right)^n = \lim_{n\to\infty} e^{\ln\left(1-\frac{1}{n}\right)^n}$$

$$= \lim_{n\to\infty} e^{n\ln\left(1-\frac{1}{n}\right)}$$

$$= e^{\lim\limits_{n\to\infty} n\ln\left(1-\frac{1}{n}\right)}$$

令 $f(x) = x\ln\left(1-\dfrac{1}{x}\right)$，由羅比達法則，我們有

$$\lim_{x\to\infty} x\ln\left(1-\frac{1}{x}\right) = \lim_{x\to\infty}\frac{\ln\left(1-\dfrac{1}{x}\right)}{\dfrac{1}{x}} \qquad \left(\frac{0}{0}\text{型}\right)$$

$$= \lim_{x\to\infty} \frac{\dfrac{\dfrac{1}{x^2}}{1-\dfrac{1}{x}}}{-\dfrac{1}{x^2}}$$

$$= \lim_{x\to\infty} -\frac{1}{1-\dfrac{1}{x}} = -1$$

因此

$$\lim_{n\to\infty}\left(1-\frac{1}{n}\right)^n = e^{\lim\limits_{x\to\infty} f(n)} = e^{-1} = \frac{1}{e} \quad \blacksquare$$

例13　試求 $\lim\limits_{n\to\infty}\left(\sqrt{n^2+n}-n\right)$。

解　利用分子有理化，我們有

$$\lim_{n\to\infty}\left(\sqrt{n^2+n}-n\right)=\lim_{n\to\infty}\frac{\left(\sqrt{n^2+n}-n\right)\left(\sqrt{n^2+n}+n\right)}{\sqrt{n^2+n}+n}$$

$$=\lim_{n\to\infty}\frac{(n^2+n)-n^2}{\sqrt{n^2+n}+n}$$

$$=\lim_{n\to\infty}\frac{n}{\sqrt{n^2+n}+n}$$

$$=\lim_{n\to\infty}\frac{1}{\sqrt{1+\frac{1}{n}}+1}$$（分子，分母同除以 n）

$$=\frac{1}{\sqrt{1}+1}=\frac{1}{2} \quad \blacksquare$$

例14　試證明對任意實數 x

$$\lim_{n\to\infty}\frac{x^n}{n!}=0$$

解　設 x 爲一固定之實數。由於

$$\frac{-|x|^n}{n!}\le\frac{x^n}{n!}\le\frac{|x|^n}{n!}$$

我們只要證明 $\lim\limits_{n\to\infty}\frac{|x|^n}{n!}=0$，然後再利用夾擠定理即可得證 $\lim\limits_{n\to\infty}\frac{x^n}{n!}=0$。

首先，取整數 k 滿足 $k>|x|$。那麼，我們有 $0<\frac{|x|}{k}<1$。所以

$$\lim_{n\to\infty}\left(\frac{|x|}{k}\right)^n=0$$

設 $n>k$，則我們可以把 $\frac{|x|^n}{n!}$ 改寫成

$$\frac{|x|^n}{n!}=\frac{|x|^n}{1\cdot 2\cdots k\cdot \underbrace{(k+1)(k+2)\cdots n}_{(n-k)\text{項}}}$$

$$\le\frac{|x|^n}{k!k^{n-k}}$$

$$=\frac{|x|^n k^k}{k!k^n}$$

$$=\left(\frac{|x|}{k}\right)^n\frac{k^k}{k!}$$

因此

$$0\le\frac{|x|^n}{n!}\le\frac{k^k}{k!}\left(\frac{|x|}{k}\right)^n$$

因為 $\frac{k^k}{k!}$ 為一常數而且 $\lim_{n\to\infty}\left(\frac{|x|}{k}\right)^n=0$，由夾擠定理，我們得

$$\lim_{n\to\infty}\frac{|x|^n}{n!}=0$$

因此

$$\lim_{n\to\infty}\frac{x^n}{n!}=0\quad\blacksquare$$

習 題 8–1

試判斷下列各題 (1 ～ 30) 中，數列是否收斂，若收斂的話，則求出其極限。

1. $x_n = \dfrac{1+n}{1-n}$

2. $x_n = 1 + \left(\dfrac{1}{2}\right)^n$

3. $x_n = \dfrac{n-(-1)^n}{n}$

4. $x_n = \dfrac{3n^2+9}{2n^2-n+1}$

5. $x_n = 1 + (-1)^n$

6. $x_n = \dfrac{n^2-9n+8}{n^3+1}$

7. $x_n = \sqrt{\dfrac{n}{2n+1}}$

8. $x_n = \sqrt[3]{\dfrac{8n}{n+1}}$

9. $x_n = \dfrac{\sin^2 n}{n}$

10. $x_n = \dfrac{\cos^2 n}{n}$

11. $x_n = \sin\dfrac{1}{n}$

12. $x_n = \cos\dfrac{1}{n}$

13. $x_n = \dfrac{\ln n}{\sqrt{n}}$

14. $x_n = a^{\frac{1}{n}} \quad (a > 0)$

15. $x_n = \sqrt[n]{n^2}$

16. $x_n = \sqrt[n]{2^n n}$

17. $x_n = \dfrac{n^4}{e^n+1}$

18. $x_n = \dfrac{3^n}{n^3+1}$

19. $x_n = \left(\dfrac{n-2}{n}\right)^n$

20. $x_n = \left(\dfrac{1}{n}\right)^{\frac{1}{n}}$

21. $x_n = \sqrt{n^2+1} - n$

22. $x_n = \ln\left(\dfrac{n+1}{n}\right)$

23. $x_n = 3^{\frac{\sin n}{n}}$

24. $x_n = \dfrac{|\sin n|}{n}$

25. $x_n = n^{\frac{1}{n+1}}$

26. $x_n = (n+1)^{\frac{1}{n}}$

27. $x_n = \cos\left(\pi + \dfrac{1}{n}\right)$

28. $x_n = \sin\left(\dfrac{\pi}{2} - \dfrac{1}{n}\right)$

29. $x_n = \sqrt[n]{6}$

30. $x_n = \sqrt[n]{6n}$

8–2 無窮級數

現在，我們進入本章討論之主題：無窮級數。大家都知道如何計算有限多個數的和。例如我們都知道如何求

$$1+2+3+4+5+6$$

而且知道和爲 21。我們的求法很簡單，首先求 1+2 得到和爲 3，然後再求 3+3=6，然後再求 $6+4=10$，之後再求 $10+5=15$，最後求 $15+6=21$。也就是說，我們以一次加一個數的方法來計算。如果用數學的式子，那我們有

$$1+2+3+4+5+6=((((1+2)+3)+4)+5)+6=21$$

但是，如果我們要求無限多個數的和，那問題就沒有那麼簡單了。因爲我們無法用上面所敍述的方法來求類似下列的式子

$$1+\frac{1}{2}+\frac{1}{4}+\frac{1}{8}+\frac{1}{16}+\frac{1}{32}+\cdots$$

所以，類似上面無限多個數的和，我們要問它到底有沒有意義以及如果有意義的話那它的和是什麼，現在我們就來看這兩個問題之解答。

定義 8.7

設 $\{x_n\}$ 爲一給定之數列，則形如下列的式子

$$x_1+x_2+x_3+x_4+\cdots+x_n+\cdots$$

稱做一無窮級數。數 x_n 稱爲此級數之第 n 項，此級數的 n 項部分和數列 $\{s_n\}$ 定義如下：

$$s_1=x_1$$

$$s_2=x_1+x_2$$

$$s_3 = x_1 + x_2 + x_3$$
$$\vdots$$
$$s_n = x_1 + x_2 + \cdots + x_n$$
$$\vdots$$

數 s_n 稱爲此級數之 n 項部分和。如果數列 $\{s_n\}$ 收斂且 $\lim_{n\to\infty} s_n = L$，那麼，我們就說此無窮級數收斂且其和爲 L。此時，我們可以用下列符號表示

$$x_1 + x_2 + \cdots + x_n + \cdots = \sum_{n=1}^{\infty} x_n = L$$

如果數列 $\{s_n\}$ 發散，那我們就說此級數發散。

我們在這裡要請同學注意的是我們將用符號 $\sum_{n=1}^{\infty} x_n$ 來表示下列無窮級數

$$x_1 + x_2 + x_3 + \cdots + x_n + \cdots$$

不論此級數是否收斂。如果此級數的 n 項部分和數列 $\{s_n\}$ 收斂的話，那麼，由定義 8.7 我們有

$$\sum_{n=1}^{\infty} x_n = \lim_{n\to\infty}\left(\sum_{k=1}^{n} x_k\right)$$

因此，一般說來，符號 $\sum_{n=1}^{\infty} x_n$ 有二重意義：一是代表此級數本身，二是代表此級數之和。

底下我們來看一些例子。

例 1　試判斷級數 $\sum_{n=1}^{\infty} \frac{1}{n(n+1)}$ 是否收斂。

解　令 s_n 爲此級數之 n 項部分和，亦即

$$s_n = \sum_{k=1}^{n} \frac{1}{k(k+1)}$$

則利用部分分式之技巧我們有

$$\begin{aligned} s_n &= \sum_{k=1}^{n} \left(\frac{1}{k} - \frac{1}{k+1}\right) \\ &= \left(1 - \frac{1}{2}\right) + \left(\frac{1}{2} - \frac{1}{3}\right) + \left(\frac{1}{3} - \frac{1}{4}\right) + \cdots + \left(\frac{1}{n} - \frac{1}{n+1}\right) \\ &= 1 + \left(-\frac{1}{2} + \frac{1}{2}\right) + \left(-\frac{1}{3} + \frac{1}{3}\right) + \cdots + \left(-\frac{1}{n} + \frac{1}{n}\right) - \frac{1}{n+1} \\ &= 1 - \frac{1}{n+1} \end{aligned}$$

由於

$$\lim_{n\to\infty} s_n = \lim_{n\to\infty} \left(1 - \frac{1}{n+1}\right) = 1$$

因此，原級數收斂且和爲 1。 ■

例 2 試判斷幾何級數 $\sum_{n=1}^{\infty} ar^{n-1} = a + ar + ar^2 + \cdots$，其中 $a \neq 0$，是否收斂。

解 如果 $r = 1$，那麼此級數之 n 項部分和爲

$$s_n = \sum_{k=1}^{n} ar^{k-1} = \sum_{k=1}^{n} a = na$$

因此

$$\lim_{n\to\infty} s_n = \begin{cases} \infty, & a > 0 \\ -\infty, & a < 0 \end{cases}$$

亦即，數列 $\{s_n\}$ 發散，故當 $r = 1$ 時，原級數發散。

設 $r \neq 1$，由有限項的等比級數公式，我們有

$$s_n = \sum_{k=1}^{n} ar^{k-1} = \frac{a(1 - r^n)}{1 - r}$$

由於

$$\lim_{n\to\infty} r^n = 0, \quad |r| < 1$$

$$\lim_{n\to\infty} |r|^n = \infty, \quad |r| > 1$$

因此，當 $|r| < 1$ 時，$\lim_{n\to\infty} s_n = \frac{a}{1-r}$，又當 $|r| > 1$ 時 $\{s_n\}$ 發散，故

當　$|r| < 1,\ \sum_{n=1}^{\infty} ar^{n-1} = \frac{a}{1-r}$

又當　$|r| \geq 1,\ \sum_{n=1}^{\infty} ar^{n-1}$ 發散 ■

例 3　求下列幾何級數之和。

(i) $\sum_{n=1}^{\infty} \frac{1}{4}\left(\frac{1}{2}\right)^{n-1} = \frac{1}{4} + \frac{1}{8} + \frac{1}{16} + \cdots$

(ii) $\sum_{n=1}^{\infty} \frac{1}{9}\left(-\frac{1}{3}\right)^{n-1} = \frac{1}{9} - \frac{1}{27} + \frac{1}{81} - \cdots$

解　(i)由例 2，$a = \frac{1}{4}$，$r = \frac{1}{2}$，我們有

$$\frac{1}{4} + \frac{1}{8} + \frac{1}{16} + \cdots = \frac{\frac{1}{4}}{1 - \frac{1}{2}} = \frac{\frac{1}{4}}{\frac{1}{2}} = \frac{1}{2}$$

(ii)由例 2，$a = \frac{1}{9}$，$r = -\frac{1}{3}$，得

$$\frac{1}{9} - \frac{1}{27} + \frac{1}{81} - \cdots = \frac{\frac{1}{9}}{1 - \left(-\frac{1}{3}\right)} = \frac{\frac{1}{9}}{\frac{4}{3}} = \frac{1}{12}$$

■

關於無窮級數的運算，我們有下列結果。

定理 8.8

如果 $\sum_{n=1}^{\infty} x_n = A$ 及 $\sum_{n=1}^{\infty} y_n = B$ 爲兩收斂級數，則

(i) $\sum_{n=1}^{\infty} (x_n + y_n) = \sum_{n=1}^{\infty} x_n + \sum_{n=1}^{\infty} y_n = A + B$

(ii) $\sum_{n=1}^{\infty} (x_n - y_n) = \sum_{n=1}^{\infty} x_n - \sum_{n=1}^{\infty} y_n = A - B$

(iii) $\sum_{n=1}^{\infty} kx_n = k\sum_{n=1}^{\infty} x_n = kA$ （k 爲任意常數）

證明留作習題。

例 4 求 $\sum_{n=1}^{\infty} \frac{2^{n-1}-1}{5^{n-1}}$。

解 利用定理 8.8(ii)及例 2，我們有

$$\sum_{n=1}^{\infty} \frac{2^{n-1}-1}{5^{n-1}} = \sum_{n=1}^{\infty} \left(\frac{2^{n-1}}{5^{n-1}} - \frac{1}{5^{n-1}}\right)$$

$$= \sum_{n=1}^{\infty} \left(\frac{2}{5}\right)^{n-1} - \sum_{n=1}^{\infty} \left(\frac{1}{5}\right)^{n-1}$$

$$= \frac{1}{1-\frac{2}{5}} - \frac{1}{1-\frac{1}{5}}$$

$$= \frac{5}{3} - \frac{5}{4} = \frac{5}{12} \quad ■$$

例 5 求 $\sum_{n=1}^{\infty} \frac{7}{6^{n-1}}$。

解 由定理 8.8(iii)及例 2，我們有

$$\sum_{n=1}^{\infty} \frac{7}{6^{n-1}} = 7\sum_{n=1}^{\infty} \left(\frac{1}{6}\right)^{n-1}$$

$$=7\cdot\frac{1}{1-\frac{1}{6}}=\frac{42}{5}\qquad\blacksquare$$

接下來，我們看一個收斂級數與其第 n 項所構成之數列之間有什麼關係。我們有

定理 8.9

如果級數 $\sum_{n=1}^{\infty}x_n$ 收斂，那麼 $\lim_{n\to\infty}x_n=0$。

證明　因爲 $\sum_{n=1}^{\infty}x_n$ 收斂，所以其 n 項部分和數列 $\{s_n\}$ 收斂。設 $\lim_{n\to\infty}s_n=S$，則由 $x_n=s_n-s_{n-1}$，我們得

$$\begin{aligned}\lim_{n\to\infty}x_n&=\lim_{n\to\infty}(s_n-s_{n-1})\\&=\lim_{n\to\infty}s_n-\lim_{n\to\infty}s_{n-1}\\&=S-S=0\qquad\blacksquare\end{aligned}$$

同學宜注意定理 8.9 只告訴我們下列事實:

$$\text{若 }\sum_{n=1}^{\infty}x_n\text{ 收斂，則 }\lim_{n\to\infty}x_n=0$$

至於如果 $\lim_{n\to\infty}x_n=0$，那麼對於原級數，我們沒有任何結論，也就是說縱使 $\lim_{n\to\infty}x_n=0$，級數 $\sum_{n=1}^{\infty}x_n$ 有可能收斂也有可能發散。

例 6　設 $x_n=\left(\frac{1}{2}\right)^n$，則 $\lim_{n\to\infty}x_n=0$。此時 $\sum_{n=1}^{\infty}x_n=\sum_{n=1}^{\infty}\left(\frac{1}{2}\right)^n$ 收斂，因爲 $\sum_{n=1}^{\infty}\left(\frac{1}{2}\right)^n$ 爲一等比級數而且公比 $r=\frac{1}{2}<1$。 $\blacksquare$

例 7 考慮下列級數

$$1+\underbrace{\frac{1}{3}+\frac{1}{3}+\frac{1}{3}}_{3\text{項}}+\underbrace{\frac{1}{9}+\frac{1}{9}+\frac{1}{9}+\cdots+\frac{1}{9}}_{9\text{項}}+\cdots$$

$$+\underbrace{\frac{1}{3^n}+\frac{1}{3^n}+\cdots+\frac{1}{3^n}}_{3^n\text{項}}+\cdots+$$

$$=1+1+1+\cdots+1+\cdots$$

此級數的第 n 項 x_n 滿足 $\lim\limits_{n\to\infty} x_n = 0$，但是很明顯的此級數發散，因爲其 n 項部分和數列 $\{s_n\}$ 發散，$\left(\lim\limits_{n\to\infty} s_n = \infty\right)$。 ■

雖然在定理 8.9 中，$\lim\limits_{n\to\infty} x_n = 0$ 不能判斷原級數是否收斂，但是由定理 8.9 的逆轉命題卻可以告訴我們原級數發散的一個判斷法，我們把它列在下面的結果。

定理 8.10

若 $\lim\limits_{n\to\infty} x_n \neq 0$ 或不存在，則 $\sum\limits_{n=1}^{\infty} x_n$ 發散。

利用定理 8.10，我們有時候很容易可以判斷一個級數是否發散，請看下面的例子。

例 8 試判斷下列各級數是否收斂或發散。

(i) $\sum\limits_{n=1}^{\infty} n$ (ii) $\sum\limits_{n=1}^{\infty} \frac{n}{n+2}$

(iii) $\sum\limits_{n=1}^{\infty} (\sqrt{3})^n$ (iv) $\sum\limits_{n=1}^{\infty} \cos n\pi$

解 (i)因爲 $\lim\limits_{n\to\infty} n = \infty$，所以由定理 8.10，$\sum\limits_{n=1}^{\infty} n$ 發散。

(ii)因爲 $\lim\limits_{n\to\infty}\dfrac{n}{n+2}=1\neq 0$，故由定理 8.10, $\sum\limits_{n=1}^{\infty}\dfrac{n}{n+2}$ 發散。

(iii)因爲 $\lim\limits_{n\to\infty}(\sqrt{3})^n=\infty$，故由定理 8.10， $\sum\limits_{n=1}^{\infty}(\sqrt{3})^n$ 發散。

(iv)因爲

$$\cos n\pi=\begin{cases}1, & n\text{ 爲偶數}\\ -1, & n\text{ 爲奇數}\end{cases}$$

因此 $\lim\limits_{n\to\infty}\cos n\pi$ 不存在。故由定理 8.10， $\sum\limits_{n=1}^{\infty}\cos n\pi$ 發散。 ■

最後，我們再看一個幾何級數應用的例子。

例 9　試把循環小數 $5.4\overline{21}$ 寫成分數。

解　由循環小數的定義，我們有

$$\begin{aligned}5.4\overline{21}&=5+\frac{4}{10}+\frac{21}{10^3}+\frac{21}{10^5}+\frac{21}{10^7}+\cdots\\&=5+\frac{4}{10}+\frac{21}{10^3}\left[1+\frac{1}{10^2}+\frac{1}{10^4}+\cdots\right]\\&=5+\frac{4}{10}+\frac{21}{10^3}\left(\frac{1}{1-\frac{1}{100}}\right)\\&=5+\frac{4}{10}+\frac{21}{10^3}\cdot\frac{100}{99}\\&=5+\frac{4}{10}+\frac{21}{990}\\&=\frac{5367}{990}\end{aligned}$$

■

習題 8–2

在下列各題（1～20）中，試判斷各級數是否收斂或發散，若收斂的話並求其和。

1. $\sum_{n=1}^{\infty} \frac{3n^2}{n(n+1)}$

2. $\sum_{n=1}^{\infty} \left(\frac{1}{\sqrt{3}}\right)^n$

3. $\sum_{n=1}^{\infty} 2^n$

4. $\sum_{n=1}^{\infty} (-1)^n \frac{1}{2^n}$

5. $\sum_{n=1}^{\infty} \frac{5n+1}{n}$

6. $\sum_{n=1}^{\infty} \frac{2^n}{3^{n+1}}$

7. $\sum_{n=1}^{\infty} \frac{(-3)^{n-1}}{4^n}$

8. $\sum_{n=1}^{\infty} \frac{1}{(n+1)(n+2)}$

9. $\sum_{n=1}^{\infty} \sin n\pi$

10. $\sum_{n=1}^{\infty} (-1)^n \cos n\pi$

11. $\sum_{n=1}^{\infty} \frac{1}{(n+2)(n+3)}$

12. $\sum_{n=1}^{\infty} 4(0.8)^n$

13. $\sum_{n=1}^{\infty} \left(\frac{1}{\sqrt{n}} - \frac{1}{\sqrt{n+1}}\right)$

14. $\sum_{n=1}^{\infty} \frac{\cos n\pi}{3^n}$

15. $\sum_{n=1}^{\infty} \left(1+\frac{1}{n}\right)^n$

（提示：利用定理 8.10）

16. $\sum_{n=1}^{\infty} \left(1-\frac{1}{n}\right)^n$

（提示：利用定理 8.10）

17. $\sum_{n=1}^{\infty} \frac{\sqrt{n+1}-\sqrt{n}}{\sqrt{n^2+n}}$

（提示：$\sqrt{n^2+n} = \sqrt{n}\sqrt{n+1}$ 並利用部分公式）

18. $\sum_{n=1}^{\infty} \left(1-\frac{1}{3^n}\right)$

19. $\sum_{n=1}^{\infty} \left(1+\frac{1}{2^n}\right)$

20. $\sum_{n=1}^{\infty}(-1)^n$

21.證明定理 8.8。

22.試把下列循環小數化成分數。

(i) $0.0\overline{23}$　　(ii) $1.\overline{702}$

(iii) $15.20\overline{7}$　　(iv) $0.\overline{123}$

(v) $0.\overline{3}$

8–3 正項級數

給定一無窮級數 $\sum\limits_{n=1}^{\infty} x_n$，我們有興趣的是下列兩個問題：一是此級數是否收斂；二是若此級數收斂，那麼它的和是多少。一般來說，這兩個都不是容易回答的問題，尤其是第二個問題。因此，我們將把我們的注意力放在第一個問題之上。但是對於任意給定的級數而言，要回答第一個問題也非易事，所以，我們有必要再把討論的範圍縮小，亦即，我們目前只考慮正項級數，也就是說每一項都是正數的級數。

考慮級數 $\sum\limits_{n=1}^{\infty} x_n$ 其中 $x_n \geq 0$, $n = 1, 2, \cdots$。令 s_n 爲其 n 項部分和，則由於對任意n, $x_n \geq 0$，我們有

$$s_{n+1} = s_n + x_{n+1} \geq s_n$$

因此數列 $\{s_n\}$ 爲一**增數列**，亦即

$$s_1 \leq s_2 \leq s_3 \leq \cdots \leq s_n \leq s_{n+1} \leq \cdots$$

關於增數列，我們有下列的結果，由於其證明超出本書範圍，故我們將略去。

定理 8.11

設 $\{a_n\}$ 爲一增數列且有上界，亦即存在一數 M 使得對任意 n，恒有 $a_n \leq M$，則數列 $\{a_n\}$ 收斂。

由於正項級數的 n 項部分和數列爲一增數列，只要我們能知道此數列有上界，那由定理 8.11 我們就可以確定此正項級數收斂。請看下面的例子。

例 1　試判斷級數 $\sum_{n=1}^{\infty} \frac{1}{n!}$ 是否收斂。

解　令 s_n 爲此正項級數之 n 項部分和，則

$$s_n = \sum_{k=1}^{n} \frac{1}{k!} = 1 + \frac{1}{2!} + \frac{1}{3!} + \cdots + \frac{1}{n!}$$
$$< 1 + \frac{1}{2} + \frac{1}{2^2} + \cdots + \frac{1}{2^{n-1}}$$
$$< \sum_{n=1}^{\infty} \left(\frac{1}{2}\right)^{n-1}$$
$$= \frac{1}{1-\frac{1}{2}} = 2$$

因此數列 $\{s_n\}$ 有上界(爲 2)，故由定理 8.11，$\lim_{n\to\infty} s_n$ 存在，亦即級數 $\sum_{n-1}^{\infty} \frac{1}{n!}$ 收斂。■

現在，我們要介紹一些判斷正項級數是否收斂的方法。首先，我們看下列的**比較試驗法**。

定理 8.12

（比較試驗法）

設 $\sum_{n=1}^{\infty} x_n$ $\sum_{n=1}^{\infty} y_n$ 及 $\sum_{n=1}^{\infty} z_n$ 爲三正項級數，則

(i)若存在一自然數 k 使得

$$x_n \le y_n, \ n \ge k$$

而且 $\sum_{n=1}^{\infty} y_n$ 收斂，則級數 $\sum_{n=1}^{\infty} x_n$ 收斂

(ii)若存在一自然數 k 使得

$$z_n \le x_n, \ n \ge k$$

且 $\sum_{n=1}^{\infty} z_n$ 發散，則級數 $\sum_{n=1}^{\infty} x_n$ 發散。

證明留作習題。

例 2 試判斷級數 $\sum_{n=1}^{\infty}\frac{1}{\sqrt{n!}}$ 是否收斂或發散。

解 若 $n \geq 2$，則

$$n! = n(n-1)(n-2)\cdots 3\cdot 2\cdot 1 \geq \underbrace{2\cdot 2\cdot 2\cdot\cdots\cdot 2}_{n-1\text{次}}\cdot 1$$

$$= 2^{n-1}$$

因此

$$\frac{1}{\sqrt{n!}} \leq \frac{1}{\sqrt{2^{n-1}}} = \left(\frac{\sqrt{2}}{2}\right)^{n-1}, \quad n \geq 2$$

因爲 $\sum_{n=1}^{\infty}\frac{1}{\sqrt{n!}}$ 及 $\sum_{n=1}^{\infty}\left(\frac{\sqrt{2}}{2}\right)^{n-1}$ 爲正項級數且 $\sum_{n=1}^{\infty}\left(\frac{\sqrt{2}}{2}\right)^{n-1}$ 收斂，所以由定理 8.12，$\sum_{n=1}^{\infty}\frac{1}{\sqrt{n!}}$ 收斂。 ■

定理 8.13

（比值試驗法）

設 $\sum_{n=1}^{\infty} x_n$ 爲一正項級數且假設

$$\lim_{n\to\infty}\frac{x_{n+1}}{x_n} = \rho$$

則

(i)若 $\rho < 1$，則此級數收斂。

(ii)若 $\rho > 1$，則此級數發散。

證明 (i)令 r 爲一正數且 $\rho < r < 1$，則 $\varepsilon = r - \rho > 0$，因爲

$$\lim_{n\to\infty}\frac{x_{n+1}}{x_n} = \rho$$

存在 k 使得

$$\text{若 } n \geq k\text{，則 } -\varepsilon < \frac{x_{n+1}}{x_n} - \rho < \varepsilon$$

特別地，當 $n > k$ 時，

$$\frac{x_{n+1}}{x_n} < \rho + \varepsilon = r < 1$$

因此

$$x_{k+1} < rx_k$$
$$x_{k+2} < rx_{k+1} < r^2 x_k$$
$$\vdots$$
$$x_{k+m} < rx_{k+m-1} < \cdots < r^m x_k$$

所以

$$x_n < r^{n-k} x_k,\ n \geq k$$

因爲 $0 < r < 1$，級數 $\sum_{n=1}^{\infty} x_k r^{n-k}$ 收斂，故由定理 8.12(i)，原級數收斂。

(ii)令 $1 < r < \rho$，則 $\varepsilon = \rho - r > 0$。因爲 $\lim_{n\to\infty} \frac{x_{n+1}}{x_n} = \rho$，所以存在一自然數 k 使得

$$當 n \geq k,\ \left|\frac{x_{n+1}}{x_n} - \rho\right| < \varepsilon$$

仿(i)的證明，我們有

$$x_n > r^{n-k} x_k,\ n \geq k$$

因爲 $r > 1$，所以級數 $\sum_{n=1}^{\infty} x_k r^{n-k}$ 發散，故由定理 8.12 (ii)，原級數發散。 ■

在定理 8.13 中，我們並沒有提到若 $\rho = 1$ 時，那結果如何？事實上，若 $\rho = 1$，那麼級數可能收斂也可能發散。稍後，我們會舉一些例子來說明。

例 3　試判斷下列級數是否收斂或發散。

(i) $\sum_{n=1}^{\infty} \frac{(n+1)(n+2)}{n!}$

(ii) $\sum_{n=1}^{\infty} \frac{n!}{16^n}$

其中 $n!$ 表示自然數從 1 到 n 之連乘積，亦即

$$n! = 1 \cdot 2 \cdot 3 \cdot \cdots \cdot (n-1) \cdot n$$

解 (i)
$$\frac{x_{n+1}}{x_n} = \frac{(n+2)(n+3)}{(n+1)!} \cdot \frac{n!}{(n+1)(n+2)}$$
$$= \frac{(n+2)(n+3)}{(n+1)n!} \cdot \frac{n!}{(n+1)(n+2)}$$
$$= \frac{n+3}{(n+1)(n+1)}$$

因此，$\lim_{n\to\infty} \frac{x_{n+1}}{x_n} = 0 < 1$，故由定理 8.12，原級數收斂。

(ii)
$$\frac{x_{n+1}}{x_n} = \frac{(n+1)!}{16^{n+1}} \cdot \frac{16^n}{n!}$$
$$= \frac{n+1}{16}$$

由於 $\lim_{n\to\infty} \frac{x_{n+1}}{x_n} = \infty > 1$，故由定理 8.12，原級數發散。 ■

再來，我們來看**根式試驗法**。

定理 8.14

（根式試驗法）

設 $\sum_{n=1}^{\infty} x_n$ 爲一正項級數且令

$$\lim_{n\to\infty} \sqrt[n]{x_n} = \rho$$

則

(i)若 $\rho < 1$，則原級數收斂。

(ii)若 $\rho > 1$，則原級數發散。

證明　(i)取 $\varepsilon > 0$ 使得 $\rho+\varepsilon < 1$，因為 $\lim_{n\to\infty} \sqrt[n]{x_n} = \rho$，存在一自然數 k 使得

$$\sqrt[n]{x_n} < \rho+\varepsilon, \quad n \geq k$$

因此，當 $n \geq k$ 時，

$$x_n < (\rho+\varepsilon)^n$$

因為 $\rho+\varepsilon < 1$，級數 $\sum_{n=1}^{\infty} (\rho+\varepsilon)^n$ 收斂。故由定理 8.12(i)，原級數收斂。

(ii)令 $\varepsilon > 0$ 使得 $\rho-\varepsilon > 1$。因為 $\lim_{n\to\infty} \sqrt[n]{x_n} = \rho$，仿(i)的證明我們知存在一自然數 k 使得

$$x_n > (\rho-\varepsilon)^n, \ n \geq k$$

因為 $\rho-\varepsilon > 1$，級數 $\sum_{n=1}^{\infty} (\rho-\varepsilon)^n$ 發散。故由定理 8.12 (ii)知原級數發散。 ■

在定理 8.13 中，我們仍然沒有提到 $\rho = 1$ 之情形，事實上，當 $\rho = 1$ 時，原級數可能收斂也可能發散，我們稍後會舉個例子來說明。

例 4　試判斷下列級數是否收斂或發散。

(i) $\sum_{n=1}^{\infty} \frac{n^2}{3^n}$

(ii) $\sum_{n=1}^{\infty} \frac{2^n}{n^2}$

解　(i)由 8–1 節例 10 知 $\lim_{n\to\infty} \sqrt[n]{n} = 1$。所以 $\lim_{n\to\infty} \sqrt[n]{\frac{n^2}{3^n}} = \lim_{n\to\infty} \frac{(\sqrt[n]{n})^2}{3} = \frac{1}{3} < 1$。故由定理 8.14(i)知原級數收斂。

(ii) $\sum_{n=1}^{\infty} \frac{2^n}{n^2}$ 發散，因為 $\lim_{n\to\infty} \sqrt[n]{\frac{2^n}{n^2}} = \lim_{n\to\infty} \frac{2}{(\sqrt[n]{n})^2} = 2 > 1$。

■

接下來，我們來看**積分試驗法**。

定理 8.15

（積分試驗法）

設 $f:[1,\infty)\longrightarrow(0,\infty)$ 爲一連續之減函數，令 $x_n=f(n)$，則級數 $\sum\limits_{n=1}^{\infty}x_n$ 與瑕積分 $\int_1^{\infty}f(x)dx$ 同時收斂或同時發散，亦即若 $\int_1^{\infty}f(x)dx$ 收斂，則 $\sum\limits_{n=1}^{\infty}x_n$ 收斂；若 $\int_1^{\infty}f(x)dx$ 發散則 $\sum\limits_{n=1}^{\infty}x_n$ 發散。

證明　因爲 f 爲一正的減函數，如果 $x_n=f(n)$，那麼對任意自然數 n，f 在區間 $[1,\ n+1]$ 上之圖形與 $x=1,\ x=n+1,\ y=0$ 所包圍出來的區域其面積爲 $\int_1^{n+1}f(x)dx$，很明顯地，此區域面積小於下圖所有矩形之面積和。

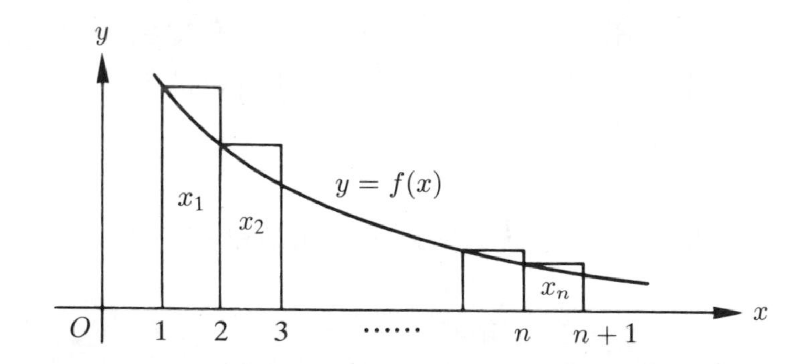

由於這些矩形的面積分別是 $x_1,\ x_2,\ \cdots,\ x_n$，我們有

$$\int_1^{n+1}f(x)dx\le x_1+x_2+\cdots+x_n \tag{1}$$

另一方面，f 在區間 $[1,n]$ 上之圖形與 $x=1,\ x=n,\ y=0$ 所包圍出來之區域其面積爲 $\int_1^{n}f(x)dx$，很明顯地，此區域面積大於下圖中各矩形面積之和。

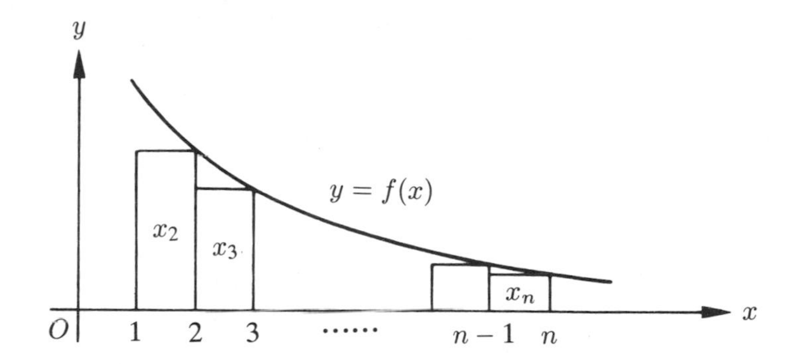

由於這些矩形的面積分別是x_2, x_3, $\cdots$, x_n，我們有

$$\int_1^n f(x)dx \geq x_2 + x_3 + \cdots + x_n$$

兩邊各加x_1，我們有

$$x_1 + x_2 + \cdots + x_n \leq x_1 + \int_1^n f(x)dx \tag{2}$$

結合(1)及(2)式，我們有對任意自然數n，

$$\int_1^{n+1} f(x)dx \leq x_1 + x_2 + \cdots + x_n \leq x_1 + \int_1^n f(x)dx \tag{3}$$

如果$\int_1^{\infty} f(x)dx$收斂，那麼由(3)式右邊不等式，我們得到級數$\sum_{n=1}^{\infty} x_n$之n項部分和數列有上界，因此$\sum_{n=1}^{\infty} x_n$收斂。如果$\sum_{n=1}^{\infty} x_n$收斂，則由(3)式左邊不等式，得$\int_1^{n+1} f(x)dx \leq \sum_{n=1}^{\infty} x_n$。故$\lim_{n\to\infty}\int_1^{n+1} f(x)dx$存在且$\int_1^{\infty} f(x)dx$收斂。因此級數$\sum_{n=1}^{\infty} x_n$與瑕積分$\int_1^{\infty} f(x)dx$同時收斂。同理我們可以證明級數$\sum_{n=1}^{\infty} x_n$與瑕積分$\int_1^{\infty} f(x)dx$同時發散。　■

例 5　考慮下列p級數，其中p爲一實數

$$\sum_{n=1}^{\infty}\frac{1}{n^p}=\frac{1}{1^p}+\frac{1}{2^p}+\cdots+\frac{1}{n^p}+\cdots$$

如果，$p>1$，那麼函數 $f(x)=\dfrac{1}{x^p}$ 爲一連續減函數。因爲

$$\begin{aligned}\int_1^{\infty}\frac{1}{x^p}dx&=\int_1^{\infty}x^{-p}dx\\&=\lim_{t\to\infty}\int_1^{t}x^{-p}dx\\&=\lim_{t\to\infty}\left(\frac{x^{-p+1}}{-p+1}\bigg|_1^t\right)\\&=\lim_{t\to\infty}\frac{1}{1-p}\left(\frac{1}{t^{p-1}}-1\right)\\&=\frac{1}{1-p}\lim_{t\to\infty}\left(\frac{1}{t^{p-1}}-1\right)\\&=\frac{1}{p-1}\qquad（因爲 p>1，所以 p-1>0）\end{aligned}$$

所以 $\displaystyle\int_1^{\infty}\frac{1}{x^p}dx$ 收斂，因此，由定理8.15，級數 $\displaystyle\sum_{n=1}^{\infty}\frac{1}{n^p}$ 收斂。

設 $p=1$，則我們有下列之**調和級數**。

$$\sum_{n=1}^{\infty}\frac{1}{n}=1+\frac{1}{2}+\frac{1}{3}+\frac{1}{4}+\cdots$$

因爲

$$1+\frac{1}{2}+\underbrace{\left(\frac{1}{3}+\frac{1}{4}\right)}_{2項>\frac{2}{4}=\frac{1}{2}}+\underbrace{\left(\frac{1}{5}+\frac{1}{6}+\frac{1}{7}+\frac{1}{8}\right)}_{4項>\frac{4}{8}=\frac{1}{2}}$$

$$+\underbrace{\left(\frac{1}{9}+\frac{1}{10}+\cdots+\frac{1}{16}\right)}_{8=2^3項>\frac{8}{16}=\frac{1}{2}}+\cdots+\underbrace{\left(\frac{1}{2^n+1}+\cdots+\frac{1}{2^{n+1}}\right)}_{2^n項>\frac{2^n}{2^{n+1}}=\frac{1}{2}}$$

$$> 1 + \underbrace{\frac{1}{2} + \frac{1}{2} + \frac{1}{2} + \cdots + \frac{1}{2}}_{(n+1)\text{項}}$$

所以，$s_{2^{n+1}} > 1 + \dfrac{n+1}{2}$。因為 $\lim\limits_{n\to\infty} \dfrac{n+1}{2} = \infty$，所以 $\lim\limits_{n\to\infty} s_{2^{n+1}} = \infty$。因此，級數 $\sum\limits_{n=1}^{\infty} \dfrac{1}{n}$ 發散。

如果 $p < 1$，那麼因為 $\dfrac{1}{n^p} > \dfrac{1}{n}$ 而且 $\sum\limits_{n=1}^{\infty} \dfrac{1}{n} = \infty$。因此，$\sum\limits_{n=1}^{\infty} \dfrac{1}{n^p}$ 發散。

綜合以上討論，我們有下列結論

$$\sum_{n=1}^{\infty} \frac{1}{n^p} \begin{cases} \text{收斂，若 } p > 1 \\ \text{發散，若 } p \le 1 \end{cases}$$ ■

例 6　試證明級數 $\sum\limits_{n=2}^{\infty} \dfrac{1}{n(\ln n)^2}$ 收斂。

解　令 $f(x) = \dfrac{1}{x(\ln x)^2}$，$x \geq 2$，則 f 為一連續減函數，今

$$\begin{aligned}
\int_2^{\infty} f(x)dx &= \int_2^{\infty} \frac{1}{x(\ln x)^2} dx \\
&= \lim_{t\to\infty} \int_2^t \frac{1}{x(\ln x)^2} dx \\
&= \lim_{t\to\infty} \int_2^t \frac{1}{(\ln x)^2} d(\ln x) \\
&= \lim_{t\to\infty} \left(-\frac{1}{\ln x}\Big|_2^t \right) \\
&= \lim_{t\to\infty} \left(-\frac{1}{\ln t} + \frac{1}{\ln 2} \right) \\
&= \frac{1}{\ln 2}
\end{aligned}$$

因此，$\int_2^{\infty} f(x)dx$ 收斂，故由定理 8.14，級數 $\sum\limits_{n=2}^{\infty} \dfrac{1}{n(\ln n)^2}$ 收斂。

■

現在，我們回過頭來討論比值試驗法及根式試驗法在 $\rho = 1$ 的情形。由例 5，我們知道級數 $\sum\limits_{n=1}^{\infty} \frac{1}{n}$ 發散且 $\sum\limits_{n=1}^{\infty} \frac{1}{n^2}$ 收斂，但在利用比值試驗法及根式試驗法時，兩個級數的 ρ 值都等於 1。因此，在使用這種試驗法時，若 $\rho = 1$ 那麼我們沒有任何結論。

接著，我們再來看很有用的**極限試驗法**。

定理 8.16

（極限試驗法）
設 $\sum\limits_{n=1}^{\infty} x_n$ 及 $\sum\limits_{n=1}^{\infty} y_n$ 爲兩正項級數，如果 $\lim\limits_{n\to\infty} \frac{x_n}{y_n} = \rho$ 且 $0 < \rho < \infty$，那麼 $\sum\limits_{n=1}^{\infty} x_n$ 與 $\sum\limits_{n=1}^{\infty} y_n$ 同時收斂或同時發散。

證明　令 $\varepsilon = \frac{\rho}{2} > 0$，由 $\lim\limits_{n\to\infty} \frac{x_n}{y_n} = \rho$，我們知道存在一自然數 k 使得

$$\text{若 } n \geq k, \quad \left| \frac{x_n}{y_n} - \rho \right| < \varepsilon$$

亦即

$$\text{對任意 } n \geq k, \quad \rho - \varepsilon = \frac{\rho}{2} < \frac{x_n}{y_n} < \rho + \varepsilon = \frac{3}{2}\rho$$

因此

$$\frac{\rho}{2} \sum_{n=k+1}^{\infty} y_n < \sum_{n=k+1}^{\infty} x_n < \frac{3\rho}{2} \sum_{n=k+1}^{\infty} y_n$$

由上式，我們立刻得到級數 $\sum\limits_{n=1}^{\infty} x_n$ 與 $\sum\limits_{n=1}^{\infty} y_n$ 同時收斂或同時發散。 ■

例 7　試判斷下列級數是否收斂或發散。

(i) $\sum\limits_{n=1}^{\infty} \frac{\sqrt{n}}{n^2+5}$　　　(ii) $\sum\limits_{n=1}^{\infty} \frac{9n+5}{n(n+1)(n+2)}$

(iii) $\sum_{n=1}^{\infty} \frac{n}{n^2+10}$　　　(iv) $\sum_{n=1}^{\infty} \frac{1}{3^n-2}$

解　(i)因爲

$$\lim_{n\to\infty} \frac{\frac{\sqrt{n}}{n^2+5}}{\frac{1}{n^{\frac{3}{2}}}} = \lim_{n\to\infty} \frac{n^2}{n^2+5} = 1$$

而且 $\sum_{n=1}^{\infty} \frac{1}{n^{\frac{3}{2}}}$ 收斂（p 級數，$p = \frac{3}{2} > 1$），故由定理8.16，原級數收斂。

(ii)因爲

$$\lim_{n\to\infty} \frac{\frac{9n+5}{n(n+1)(n+2)}}{\frac{1}{n^2}} = \lim_{n\to\infty} \frac{n(9n+5)}{(n+1)(n+2)} = 9$$

而且 $\sum_{n=1}^{\infty} \frac{1}{n^2}$ 收斂，所以 $\sum_{n=1}^{\infty} \frac{9n+5}{n(n+1)(n+2)}$ 收斂。

(iii)因爲

$$\lim_{n\to\infty} \frac{\frac{n}{n^2+10}}{\frac{1}{n}} = \lim_{n\to\infty} \frac{n^2}{n^2+10} = 1$$

而且 $\sum_{n=1}^{\infty} \frac{1}{n}$ 發散，所以 $\sum_{n=1}^{\infty} \frac{n}{n^2+10}$ 發散。

(iv)因爲

$$\lim_{n\to\infty} \frac{\frac{1}{3^n-2}}{\frac{1}{3^n}} = \lim_{n\to\infty} \frac{3^n}{3^n-2} = 1$$

而且 $\sum_{n=1}^{\infty} \frac{1}{3^n}$ 收斂（等比級數，公比 $= \frac{1}{3} < 1$），因此 $\sum_{n=1}^{\infty} \frac{1}{3^n-2}$ 收斂。 ■

習 題 8–3

在下列各題（1～35）中，試判斷所給定之級數是否收斂或發散。

1. $\sum_{n=1}^{\infty} \frac{2n}{n^2+n+1}$

2. $\sum_{n=1}^{\infty} \frac{n+90}{n^3+1}$

3. $\sum_{n=1}^{\infty} \frac{1}{9^n}$

4. $\sum_{n=1}^{\infty} e^{-n}$

5. $\sum_{n=1}^{\infty} \frac{4}{n+1}$

6. $\sum_{n=1}^{\infty} \frac{2}{\sqrt{n}}$

7. $\sum_{n=1}^{\infty} \frac{2}{n\sqrt{n}}$

8. $\sum_{n=3}^{\infty} \frac{1}{3^n-10}$

9. $\sum_{n=1}^{\infty} \frac{4^n}{5^n}$

10. $\sum_{n=1}^{\infty} \frac{1+\sin n}{n^2}$

11. $\sum_{n=1}^{\infty} \frac{1}{\sqrt[3]{n}}$

12. $\sum_{n=1}^{\infty} \frac{1+\cos n}{n^{\frac{3}{2}}}$

13. $\sum_{n=1}^{\infty} \frac{\sin^2 n}{n^2}$

14. $\sum_{n=1}^{\infty} -\frac{1}{7^n}$

15. $\sum_{n=1}^{\infty} \frac{1}{2n+1}$

16. $\sum_{n=1}^{\infty} \frac{3^n}{n+1}$

17. $\sum_{n=1}^{\infty} \frac{1}{\sqrt{n^3+5}}$

18. $\sum_{n=1}^{\infty} (\ln 2)^n \quad (\ln 2 = 0.6931)$

19. $\sum_{n=1}^{\infty} \frac{n^2+1}{n(2n+1)(2n+3)}$

20. $\sum_{n=2}^{\infty} \frac{1}{n(\ln n)^{\frac{3}{2}}}$

21. $\sum_{n=1}^{\infty} \frac{1}{1+e^n}$

22. $\sum_{n=2}^{\infty} \frac{1}{n\ln n}$

23. $\sum_{n=2}^{\infty} \frac{1}{n(\ln n)^3}$

24. $\sum_{n=1}^{\infty} \frac{n!n!}{(2n)!}$

25. $\sum_{n=1}^{\infty} \left(\frac{1}{n} - \frac{1}{n^3}\right)$

26. $\sum_{n=1}^{\infty} \frac{n!}{(2n+1)!}$

27. $\sum_{n=1}^{\infty} \frac{3^n}{n^2 2^n}$

28. $\sum_{n=1}^{\infty} \frac{2^n(n+1)!}{3^n n!}$

29. $\sum_{n=1}^{\infty} \frac{n^8}{8^n}$

30. $\sum_{n=1}^{\infty} \frac{n^2}{4^n}$

31. $\sum_{n=1}^{\infty} \frac{3^n}{n^3}$

32. $\sum_{n=1}^{\infty} \frac{n!}{10^n}$

33. $\sum_{n=1}^{\infty} \frac{(n+3)(n+5)}{n!}$

34. $\sum_{n=1}^{\infty} \frac{\cos \frac{1}{n}}{n}$

35. $\sum_{n=1}^{\infty} \frac{\sin \frac{1}{n}}{n^2}$

8–4 交錯級數

一個級數如果它的項是正負相間的話，那麼我們就叫它是**交錯級數**。例如下列級數都是交錯級數

$$1-\frac{1}{4}+\frac{1}{9}-\frac{1}{16}+\frac{1}{25}-\cdots+\frac{(-1)^{n+1}}{n^2}+\cdots$$

$$-2+4-8+16-32+\cdots+(-1)^n 2^n+\cdots$$

由於交錯級數不是正項級數，因此，我們無法用上一節判斷正項級數收斂的方法來判定一給定之交錯級數是否收斂，不過，對於交錯級數的收斂與否，我們還是有下列結果。

定理 8.17

（交錯級數判斷法）

設一交錯級數

$$\sum_{n=1}^{\infty}(-1)^{n+1}x_n=x_1-x_2+x_3-x_4+\cdots$$

滿足下列條件

(i)對每一 n，$x_n>0$

(ii) $\{x_n\}$ 爲減數列，亦即對任意 n，$x_n\geq x_{n+1}$

(iii) $\lim\limits_{n\to\infty} x_n=0$

則此交錯級數收斂。

證明 設 n 爲一個偶數，令 $n=2k$ 且 s_n 爲此級數之前 n 項部分和，則

$$s_n=s_{2k}=(x_1-x_2)+(x_3-x_4)+\cdots+(x_{2k-1}-x_{2k})$$

由條件(ii)，我們知上式中的每一個括弧內都是非負數，因此 $s_{2k+2}\geq s_{2k}$，亦即 $\{s_{2k}\}$ 爲一增數列，另一方面，由

$$s_{2k}=x_1-(x_2-x_3)-(x_4-x_5)-\cdots-(x_{2k-2}-x_{2k-1})-x_{2k}$$
$$\leq x_1$$

得到 $\{s_{2k}\}$ 爲一有上界之數列，因此它的極限存在，設 L 爲其極限，亦即

$$\lim_{k\to\infty} s_{2k}=L \tag{1}$$

如果 n 爲奇數，令 $n=2k+1$，則

$$s_{2k+1}=s_{2k}+x_{2k+1}$$

由條件(iii)，我們有 $\lim\limits_{k\to\infty} x_{2k+1}=0$，因此

$$\begin{aligned}\lim_{k\to\infty} s_{2k+1}&=\lim_{k\to\infty}(s_{2k}+x_{2k+1})\\&=\lim_{k\to\infty} s_{2k}+\lim_{k\to\infty} x_{2k+1}\\&=L\end{aligned} \tag{2}$$

結合(1)及(2)式，最後，我們得 $\lim\limits_{n\to\infty} s_n=L$，因此原交錯級數收斂。 ■

例 1　交錯級數

$$\sum_{n=1}^{\infty}(-1)^{n+1}\frac{1}{n^2}=1-\frac{1}{4}+\frac{1}{9}-\frac{1}{16}+\cdots$$

滿足定理 8.17 之所有條件，所以此交錯級數收斂。 ■

例 2　交錯級數

$$\sum_{n=1}^{\infty}(-1)^{n+1}\frac{1}{n}=1-\frac{1}{2}+\frac{1}{3}-\frac{1}{4}+\cdots$$

亦滿足定理 8.17 之所有條件，所以此交錯級數亦收斂。 ■

例 3　試判斷級數 $\sum\limits_{n=1}^{\infty}(-1)^{n+1}\frac{\ln n}{n}$ 是否收斂。

解　原級數爲一交錯級數，所以我們利用定理 8.17 來判斷其是否收斂，令 $x_n=\frac{\ln n}{n}$，則 $x_n\geq 0$。利用羅比達法則，我們有

$$\lim_{n\to\infty} x_n = \lim_{n\to\infty} \frac{\ln n}{n} = \lim_{n\to\infty} \frac{\frac{1}{n}}{1} = 0$$

再來，令 $f(x) = \dfrac{\ln x}{x}$，$x \geq 1$，我們計算 f 的導函數如下

$$f'(x) = \frac{\frac{1}{x} \cdot x - \ln x}{x^2} = \frac{1 - \ln x}{x^2},\ x \geq 1$$

因此

$$f'(x) \leq 0$$

之解爲 $1 - \ln x \leq 0$ 之解，亦即 $x > e$。也就是說 f 在區間 $(e,\ \infty)$ 上爲減函數。因此，當 $n > e$ 時，$\left\{\dfrac{\ln n}{n}\right\}$ 爲一減數列。由於 $e \doteqdot 2.7$，所以交錯級數

$$\sum_{n=3}^{\infty} (-1)^{n+1} \frac{\ln n}{n} \tag{3}$$

滿足定理 8.17 之所有條件，故級數(3)收斂。因爲

$$\sum_{n=1}^{\infty} (-1)^{n+1} \frac{\ln n}{n} = 0 - \frac{\ln 2}{2} + \sum_{n=3}^{\infty} (-1)^{n+1} \frac{\ln n}{n}$$

所以，原級數收斂。 ■

設交錯級數 $\sum\limits_{n=1}^{\infty} (-1)^{n+1} x_n$ 滿足定理 8.17 之三個條件，那麼由定理 8.17，我們知道 $\sum\limits_{n=1}^{\infty} (-1)^{n+1} x_n$ 收斂。令

$$\sum_{n=1}^{\infty} (-1)^{n+1} x_n = L$$

而且令 s_n 爲此級數之 n 項部分和，亦即

$$s_n = \sum_{k=1}^{n} (-1)^{k+1} x_k$$

我們現在要來看看 L 與 s_n 之間相差有多大。首先，我們有

$$
\begin{aligned}
L - s_n &= \sum_{n=1}^{\infty}(-1)^{n+1}x_n - \sum_{k=1}^{n}(-1)^{k+1}x_k \\
&= \sum_{k=n+1}^{\infty}(-1)^{k+1}x_k \\
&=(-1)^{n+2}x_{n+1}+(-1)^{n+3}x_{n+2}+(-1)^{n+4}x_{n+3}+\cdots \\
&=(-1)^{n}(-1)^{2}x_{n+1}+(-1)^{n}(-1)^{3}x_{n+2}+(-1)^{n}(-1)^{4}x_{n+3}+\cdots \\
&=(-1)^{n}(x_{n+1}-x_{n+2}+x_{n+3}-\cdots) \\
&=(-1)^{n}[x_{n+1}-(x_{n+2}-x_{n+3})-(x_{n+4}-x_{n+5})-\cdots]
\end{aligned}
$$

因爲 $\{x_k\}$ 爲減數列，所以由上式，我們得

$$
\begin{aligned}
|L - s_n| &= |x_{n+1}-(x_{n+2}-x_{n+3})-(x_{n+4}-x_{n+5})-\cdots| \\
&< x_{n+1}
\end{aligned}
$$

我們把上面所討論的結果列在下面。

定理 8.18

設交錯級數 $\sum_{n=1}^{\infty}(-1)^{n+1}x_n$ 滿足定理 8.17 之所有條件且令

$$s_n = \sum_{k=1}^{n}(-1)^{k+1}x_k, \qquad L = \sum_{n=1}^{\infty}(-1)^{n+1}x_n$$

則

$$|L - s_n| \le x_{n+1}$$

定理 8.18 告訴我們，如果交錯級數 $\sum_{n=1}^{\infty}(-1)^{n+1}x_n$ 滿足定理 8.17 之所有條件，那麼以其 n 項部分和 s_n 來估計 $\sum_{n=1}^{\infty}(-1)^{n+1}x_n$ 時之誤差會小於第 $n+1$ 項之絕對值，即 x_{n+1}，由於 $\lim_{n\to\infty} x_n = 0$，只要項數 n 取得夠大，那麼 s_n 估計 $\sum_{n=1}^{\infty}(-1)^{n+1}x_n$ 之誤差就會小於任何所事先給定的誤差標準。

例 4 考慮下列級數

$$\sum_{n=1}^{\infty}(-1)^{n+1}\frac{1}{n}=1-\frac{1}{2}+\frac{1}{3}-\frac{1}{4}+\frac{1}{5}-\frac{1}{6}+\frac{1}{7}-\frac{1}{8}+\cdots$$

如果我們取此級數之前6項之和來估計級數 $\sum_{n=1}^{\infty}(-1)^{n+1}\frac{1}{n}$ 的話，那麼利用定理8.18，我們有

$$\left|\sum_{n=1}^{\infty}(-1)^{n+1}\frac{1}{n}-\left(1-\frac{1}{2}+\frac{1}{3}-\frac{1}{4}+\frac{1}{5}-\frac{1}{6}\right)\right|<\frac{1}{7}$$

$$\doteqdot 0.1428571$$

而

$$1-\frac{1}{2}+\frac{1}{3}-\frac{1}{4}+\frac{1}{5}-\frac{1}{6}=\frac{37}{60}\doteqdot 0.6166667$$

因此

$$\sum_{n=1}^{\infty}\frac{(-1)^{n+1}}{n}\doteqdot 0.6166667$$

且誤差為0.1428571。 ■

例 5 試求下列收斂級數

$$\sum_{n=1}^{\infty}\frac{(-1)^{n+1}}{n!}=1-\frac{1}{2!}+\frac{1}{3!}-\frac{1}{4!}+\cdots$$

其和之近似值至小數第三位。

解 令 s_k 為此級數之前 k 項部分和，則由定理8.18，我們有

$$\left|\sum_{n=1}^{\infty}\frac{(-1)^{n+1}}{n!}-s_k\right|<\frac{1}{(k+1)!} \tag{4}$$

由於我們希望求此級數其和之近似值至小數第三位，誤差應小於 0.5×10^{-3}。因此我們需要

$$\frac{1}{(k+1)!}<0.0005$$

因為

$$\frac{1}{2!}=\frac{1}{2}=0.5$$

$$\frac{1}{3!}=\frac{1}{6}\doteqdot 0.16667$$

$$\frac{1}{4!}=\frac{1}{24}\doteqdot 0.04167$$

$$\frac{1}{5!}=\frac{1}{120}\doteqdot 0.00833$$

$$\frac{1}{6!}=\frac{1}{720}\doteqdot 0.00139$$

$$\frac{1}{7!}=\frac{1}{5040}\doteqdot 0.0002$$

因此，取 $k=6$ 此時

$$\begin{aligned} s_6 &= 1-\frac{1}{2!}+\frac{1}{3!}-\frac{1}{4!}+\frac{1}{5!}-\frac{1}{6!} \\ &= 1-\frac{1}{2}+\frac{1}{6}-\frac{1}{24}+\frac{1}{120}-\frac{1}{720} \\ &= \frac{455}{720}\doteqdot 0.6319 \end{aligned}$$

由(4)我們有

$$s_6-\frac{1}{7!}<\sum_{n=1}^{\infty}\frac{(-1)^{n+1}}{n!}<s_6+\frac{1}{7!}$$

亦即

$$0.6317<\sum_{n=1}^{\infty}\frac{(-1)^{n+1}}{n!}<0.6321$$

因此

$$\sum_{n=1}^{\infty}\frac{(-1)^{n+1}}{n!}\doteqdot 0.632 \quad ■$$

習題 8–4

在下列各題（1～15）中，試判斷給定之交錯級數是否收斂。

1. $\sum_{n=1}^{\infty} \frac{(-1)^{n+1}}{n^3}$

2. $\sum_{n=1}^{\infty} \frac{(-1)^{n+1}}{n^{\frac{3}{2}}}$

3. $\sum_{n=1}^{\infty} (-1)^{n+1} \left(\frac{n}{9}\right)^n$

4. $\sum_{n=2}^{\infty} \frac{(-1)^{n+1}}{\ln n}$

5. $\sum_{n=1}^{\infty} \frac{(-1)^{n+1} n}{n^2+1}$

6. $\sum_{n=1}^{\infty} \frac{(-1)^n}{\sqrt{n}}$

（提示：證明 $\left\{\frac{n}{n^2+1}\right\}$ 為減數列）

7. $\sum_{n=1}^{\infty} \frac{(-1)^{n+1}}{3^n}$

8. $\sum_{n=1}^{\infty} (-1)^{n+1} 2^n$

9. $\sum_{n=1}^{\infty} (-1)^{n+1} \left(\frac{n+1}{n}\right)^n$

10. $\sum_{n=1}^{\infty} (-1)^{n+1} \frac{n}{\ln n}$

11. $\sum_{n=2}^{\infty} \frac{(-1)^{n+1}}{\ln(n^2)}$

12. $\sum_{n=1}^{\infty} (-1)^{n+1} \frac{n-1}{n+1}$

13. $\sum_{n=1}^{\infty} (-1)^{n+1} \frac{1}{n+2^n}$

14. $\sum_{n=2}^{\infty} (-1)^{n+1} \left[\frac{\ln n}{\ln(n^3)}\right]^n$

15. $\sum_{n=1}^{\infty} (-1)^{n+1} \left(\sqrt{n+1}-\sqrt{n}\right)$

下列各題（16～17）中，試仿例5之方法求各收斂級數之和的近似值至小數第三位。

16. $\sum_{n=1}^{\infty} \frac{(-1)^{n+1}}{(2n)!} = \frac{1}{2!} - \frac{1}{4!} + \frac{1}{6!} - \frac{1}{8!} + \cdots$

17. $\sum_{n=1}^{\infty} \frac{(-1)^{n+1}}{n^6} = 1 - \frac{1}{2^6} + \frac{1}{3^6} - \frac{1}{4^6} + \cdots$

8–5 冪級數

在本節裡，我們要討論所謂的**冪級數**，亦即無限多次的多項式，例如下列所示的都是冪級數的例子。

$$1 + x + x^2 + x^3 + \cdots + x^n + \cdots$$

$$1 + x + \frac{x^2}{2!} + \frac{x^3}{3!} + \cdots + \frac{x^n}{n!} + \cdots$$

$$x - \frac{x^3}{3} + \frac{x^5}{5} - \cdots + \frac{(-1)^{n+1}x^{2n-1}}{2n-1}$$

我們在這節中將要討論冪級數的收斂範圍，以及在收斂範圍內如何求冪級數的微分和積分。

首先，我們對冪級數給個明確的定義。

定義 8.19

形如下列之級數稱爲冪級數

$$\sum_{n=0}^{\infty} c_n(x-a)^n = c_0 + c_1(x-a) + c_2(x-a)^2 + \cdots + c_n(x-a)^n + \cdots$$

其中 a 及各係數 c_0, c_1, $\cdots$, c_n, $\cdots$ 等都是常數。

利用上一節所介紹的比值試驗法或根式試驗法，我們可以求出一給定冪級數之收斂範圍，我們舉一些例子來做說明。

例 1　試求冪級數 $\sum_{n=1}^{\infty} (-1)^{n+1}\frac{x^n}{n} = x - \frac{x^2}{2} + \frac{x^3}{3} - \cdots$ 之收斂範圍。

解　我們對級數 $\sum_{n=1}^{\infty} \left|(-1)^{n+1}\frac{x^n}{n}\right|$ 施以比值試驗法，令

$$u_n = \left|(-1)^{n+1}\frac{x^n}{n}\right| = \frac{|x|^n}{n}$$

則

$$\lim_{n\to\infty}\frac{u_{n+1}}{u_n} = \lim_{n\to\infty}\frac{\dfrac{|x|^{n+1}}{n+1}}{\dfrac{|x|^n}{n}} = \lim_{n\to\infty}\frac{n}{n+1}|x| = |x|$$

如果 $|x| < 1$，那麼級數 $\sum\limits_{n=1}^{\infty} u_n$ 收斂，亦即級數

$$\sum_{n=1}^{\infty}\left|(-1)^{n+1}\frac{x^n}{n}\right|$$

收斂，因此級數 $\sum\limits_{n=1}^{\infty}(-1)^{n+1}\dfrac{x^n}{n}$ 收斂（見習題第 1 題）。

當 $|x| > 1$ 時，因爲

$$\lim_{n\to\infty}\frac{|x^n|}{n} = \infty$$

所以，原級數發散。

若 $x = 1$，那麼 $\sum\limits_{n=1}^{\infty}(-1)^{n+1}\dfrac{x^n}{n} = \sum\limits_{n=1}^{\infty}\dfrac{(-1)^{n+1}}{n}$ 爲一交錯級數，利用定理 8.17，$\sum\limits_{n=1}^{\infty}\dfrac{(-1)^{n+1}}{n}$ 收斂。另外，若 $x = -1$，則 $\sum\limits_{n=1}^{\infty}(-1)^{n+1}\dfrac{x^n}{n} = \sum\limits_{n=1}^{\infty}\dfrac{-1}{n}$ 爲發散。

綜合以上討論，我們得

$$\sum_{n=1}^{\infty}\frac{(-1)^{n+1}x^n}{n}\begin{cases}\text{收斂}, & -1 < x \le 1\\ \text{發散}, & |x| > 1 \quad \text{或} \quad x = -1\end{cases}$$ ■

例 2 試求冪級數 $\sum\limits_{n=0}^{\infty}\dfrac{(-1)^{n+1}x^n}{n!}$ 之收斂範圍。

解 對級數 $\sum\limits_{n=0}^{\infty}\left|(-1)^{n+1}\dfrac{x^n}{n!}\right| = \sum\limits_{n=0}^{\infty}\dfrac{|x|^n}{n!}$ 施以比值試驗法，我們

有

$$\lim_{n\to\infty}\frac{\frac{|x|^{n+1}}{(n+1)!}}{\frac{|x|^n}{n!}}=\lim_{n\to\infty}\frac{|x|}{n+1}=0$$

因此對任意實數 x，級數 $\sum_{n=0}^{\infty}\left|(-1)^{n+1}\frac{x^n}{n!}\right|$ 收斂，所以，對任意實數 x，級數 $\sum_{n=0}^{\infty}(-1)^{n+1}\frac{x^n}{n!}$ 收斂，故級數 $\sum_{n=0}^{\infty}\frac{(-1)^{n+1}x^n}{n!}$ 之收斂範圍爲 $(-\infty,\ \infty)$。 ■

例 3　試求級數 $\sum_{n=0}^{\infty}(-1)^{n+1}n!x^n$ 之收斂範圍。

解　由

$$\lim_{n\to\infty}\left|\frac{(-1)^{n+2}(n+1)!x^{n+1}}{(-1)^{n+1}n!x^n}\right|=\lim_{n\to\infty}(n+1)|x|=\begin{cases}0, & x=0\\ \infty, & x\neq 0\end{cases}$$

因此，級數 $\sum_{n=0}^{\infty}(-1)^{n+1}n!x^n$ 僅當 $x=0$ 時收斂。 ■

由上面三個例子我們可以得出求冪級數收斂範圍之方法。假設 $\sum_{n=0}^{\infty}c_n(x-a)^n$ 爲一給定之冪級數，利用比值試驗法或根式試驗法求出級數 $\sum_{n=0}^{\infty}|c_n(x-a)^n|$ 收斂之區間，一般而言，此區間爲一有限之開區間如下

$$|x-a|<h，亦即 a-h<x<a+h$$

如果此時級數 $\sum_{n=0}^{\infty}|c_n(x-a)^n|$ 收斂的區間不是 $(-\infty,\ \infty)$ 時，再檢查級數 $\sum_{n=0}^{\infty}c_n(x-a)^n$ 在 $x=a-h$ 或 $x=a+h$ 是否會收斂，如此，我們便能求出級數 $\sum_{n=0}^{\infty}c_n(x-a)^n$ 之收斂範圍。

由上面的討論我們知道給定一冪級數 $\sum_{n=0}^{\infty} c_n(x-a)^n$，我們有下列三種情形:

(i)級數 $\sum_{n=0}^{\infty} |c_n(x-a)^n|$ 在 $|x-a|<h$ 中收斂，而且在 $|x-a|>h$ 中發散，此時原級數 $\sum_{n=0}^{\infty} c_n(x-a)^n$ 在 $x=a+h$ 或$x=a-h$ 可能收斂也可能發散。

(ii)級數 $\sum_{n=0}^{\infty} |c_n(x-a)^n|$ 在 $(-\infty,\ \infty)$ 中收斂（此時 $h=\infty$）。

(iii)原級數只在 $x=a$ 時收斂（此時 $h=0$）。

上面三種情形中之 h 稱爲冪級數 $\sum_{n=0}^{\infty} c_n(x-a)^n$ 之**收斂半徑**。在情形(i)中之收斂半徑爲有限數，而在情形(ii)及(iii)中之收斂半徑則分別爲 ∞ 及 0。

例 4 試求下列冪級數之收斂半徑。

(i) $\sum_{n=1}^{\infty} \frac{(x-1)^n}{n}$

(ii) $\sum_{n=0}^{\infty} \frac{x^n}{n!}$

(iii) $\sum_{n=0}^{\infty} n^n x^n$

解 (i)由

$$\lim_{n\to\infty} \sqrt[n]{\left|\frac{(x-1)^n}{n}\right|} = \lim_{n\to\infty} \frac{|x-1|}{\sqrt[n]{n}} = |x-1|$$

我們知

$$\sum_{n=1}^{\infty} \left|\frac{(x-1)^n}{n}\right| = \begin{cases} \text{收斂} & |x-1|<1 \\ \text{發散} & |x-1|>1 \end{cases}$$

因此，級數 $\sum\limits_{n=1}^{\infty} \dfrac{(x-1)^n}{n}$ 之收斂半徑爲1。

(ii)由

$$\lim_{n\to\infty} \frac{\left|\dfrac{x^{n+1}}{(n+1)!}\right|}{\left|\dfrac{x^n}{n!}\right|} = \lim_{n\to\infty} \frac{|x|}{n+1} = 0, \quad x \in (-\infty,\ \infty)$$

所以，級數 $\sum\limits_{n=0}^{\infty} \left|\dfrac{x^n}{n!}\right|$ 在$(-\infty,\ \infty)$ 中收斂，因此級數 $\sum\limits_{n=0}^{\infty} \dfrac{x^n}{n!}$ 之收斂半徑爲 ∞。

(iii)由

$$\lim_{n\to\infty} \sqrt[n]{|n^n x^n|} = \lim_{n\to\infty} n|x| = \begin{cases} 0, & x = 0 \\ \infty, & x \neq 0 \end{cases}$$

我們得級數 $\sum\limits_{n=0}^{\infty} n^n x^n$ 只在 $x = 0$ 時收斂，因此，原級數之收斂半徑爲 0。 ■

現在，我們來看冪級數的微分與積分問題。假設冪級數 $\sum\limits_{n=0}^{\infty} c_n(x-a)^n$ 的收斂半徑爲 $h > 0$，那麼對每一點$x \in (a-h,\ a+h)$，級數 $\sum\limits_{n=0}^{\infty} c_n(x-a)^n$ 收斂。因此，我們可以定義一函數

$$f(x) = \sum_{n=0}^{\infty} c_n(x-a)^n, \quad a-h < x < a+h$$

此函數在區間 $(a-h,\ a+h)$ 上有很好的性質，我們將之列在下面的結果中，因爲證明超出本書之範圍，因此將予以省略。

定理 8.20

設冪級數 $\sum\limits_{n=0}^{\infty} c_n(x-a)^n$ 之收斂半徑爲 $h > 0$。定義

$$f(x) = \sum_{n=0}^{\infty} c_n(x-a)^n, \quad a-h < x < a+h$$

則

(i) f 在區間 $(a-h,\ a+h)$ 上爲無限階可微，而且

$$f'(x)=\sum_{n=1}^{\infty} nc_n(x-a)^{n-1}$$

$$f''(x)=\sum_{n=2}^{\infty} n(n-1)c_n(x-a)^{n-2}$$

$$f'''(x)=\sum_{n=3}^{\infty} n(n-1)(n-2)c_n(x-a)^{n-3}$$

等等。

(ii) f 在區間 $(a-h,\ a+h)$ 上的不定積分存在而且

$$\int f(x)dx=\sum_{n=0}^{\infty}\int c_n(x-a)^n dx$$

$$=\sum_{n=0}^{\infty} c_n\frac{(x-a)^{n+1}}{n+1}+C,\quad a-h<x<a+h$$

定理 8.20 告訴我們一冪級數在由它收斂半徑所定出來之收斂區間上可以逐項微分及逐項積分而得到的新函數。

例 5 考慮冪級數 $\sum\limits_{n=0}^{\infty} x^n=1+x+x^2+\cdots+x^n+\cdots$，我們利用根式試驗法可以得到此級數之收斂半徑爲 1，由於此級數爲等比級數（公比爲 x），因此

$$f(x)=\frac{1}{1-x}=\sum_{n=0}^{\infty} x^n,\ -1<x<1$$

利用定理 8.20，我們有

$$f'(x)=\frac{1}{(1-x)^2}=\sum_{n=1}^{\infty} nx^{n-1}$$

$$=1+2x+3x^2+4x^3+\cdots+nx^{n-1}+\cdots,\ -1<x<1$$

而且

$$\int f(x)dx = \int \frac{1}{1-x}dx = \sum_{n=0}^{\infty} \int x^n dx \tag{1}$$

令 t 滿足 $-1<t<1$，由 (1) 式，我們有

$$\int_0^t \frac{1}{1-x}dx = \sum_{n=0}^{\infty} \int_0^t x^n dx$$

所以

$$\begin{aligned} -\ln(1-t) &= \int_0^t \frac{dx}{1-x} \\ &= \sum_{n=0}^{\infty} \int_0^t x^n dx \\ &= \sum_{n=0}^{\infty} \frac{t^{n+1}}{n+1} \\ &= t + \frac{t^2}{2} + \frac{t^3}{3} + \cdots, \quad -1<t<1 \end{aligned}$$

因此

$$\ln(1-t) = -\sum_{n=0}^{\infty} \frac{t^{n+1}}{n+1} = -\left(t + \frac{t^2}{2} + \cdots\right), \ -1<t<1 \tag{2}$$

在(2)式中，如果我們令 $t=-x$，則 $-1<x<1$ 且

$$\begin{aligned} \ln(1+x) &= -\sum_{n=0}^{\infty} \frac{(-x)^{n+1}}{n+1} \\ &= \sum_{n=0}^{\infty} \frac{(-1)^n x^{n+1}}{n+1} \\ &= x - \frac{x^2}{2} + \frac{x^3}{3} - \frac{x^4}{4} + \cdots, \quad -1<x<1 \end{aligned}$$ ■

例 6　證明下列等式

$$\tan^{-1} x = \sum_{n=0}^{\infty} \frac{(-1)^n x^{2n+1}}{2n+1} = x - \frac{x^3}{3} + \frac{x^5}{5} - \frac{x^7}{7} + \cdots, \ |x|<1$$

解　由於幾何級數

$$\frac{1}{1+x^2} = \frac{1}{1-(-x^2)} = \sum_{n=0}^{\infty} (-x^2)^n = \sum_{n=0}^{\infty} (-1)^n x^{2n}$$

$$=1-x^2+x^4-x^6+\cdots$$

的收斂半徑為 1，故我們可以利用定理 8.20 對此級數逐項積分得

$$\tan^{-1}x=\int_0^x \frac{dt}{1+t^2}=\sum_{n=0}^{\infty}\int_0^x (-1)^n t^{2n}dt$$

$$=\sum_{n=0}^{\infty}(-1)^n \left.\frac{t^{2n+1}}{2n+1}\right|_0^x=\sum_{n=0}^{\infty}\frac{(-1)^n x^{2n+1}}{2n+1}$$

本題之另外一種解法如下，令

$$f(x)=\sum_{n=0}^{\infty}\frac{(-1)^n x^{2n+1}}{2n+1}$$

則我們利用比值試驗法得知 $f(x)$ 有意義之區間 $(-1,1)$，利用定理8.20，我們有

$$f'(x)=\sum_{n=0}^{\infty}\frac{(2n+1)(-1)^n x^{2n}}{2n+1}$$

$$=\sum_{n=0}^{\infty}(-1)^n x^{2n}=1-x^2+x^4-x^6+\cdots$$

$$=\frac{1}{1-(-x^2)}=\frac{1}{1+x^2} \qquad |x|<1$$

再對 $f'(x)$ 做積分得

$$f(x)=\int f'(x)dx=\int \frac{1}{1+x^2}dx$$

$$=\tan^{-1}x+C$$

因為 $f(0)=0$，所以 $C=0$，故

$$f(x)=\tan^{-1}x, \qquad |x|<1 \quad ■$$

習 題 8–5

1.設級數 $\sum_{n=1}^{\infty}|a_n|$ 收斂，證明級數 $\sum_{n=1}^{\infty}a_n$ 必收斂。

（提示：由 $-|a_n| \le a_n \le |a_n|$ 得 $0 \le a_n + |a_n| \le 2|a_n|$，所以

$\sum_{n=1}^{\infty}(a_n + |a_n|)$ 收斂，再利用 $a_n = (a_n + |a_n|) - |a_n|$

以及收斂級數之減運算。）

在下列各題中 (2～17) 求各冪級數之收斂半徑及收斂範圍。

2. $\sum_{n=0}^{\infty} nx^n$

3. $\sum_{n=0}^{\infty} n!x^n \quad (0! = 1)$

4. $\sum_{n=0}^{\infty} x^n$

5. $\sum_{n=0}^{\infty} \frac{nx^n}{n+1}$

6. $\sum_{n=0}^{\infty} \frac{(x-1)^n}{n!}$

7. $\sum_{n=0}^{\infty} \frac{nx^n}{2^n(n^2+1)}$

8. $\sum_{n=0}^{\infty} \frac{x^n}{n^n}$

9. $\sum_{n=0}^{\infty} \frac{x^n}{3^n}$

10. $\sum_{n=0}^{\infty} n!(x-2)^n$

11. $\sum_{n=0}^{\infty} \frac{x^{2n}}{n!}$

12. $\sum_{n=0}^{\infty} \frac{(x+1)^{2n+1}}{n!}$

13. $\sum_{n=1}^{\infty} n^n(x+2)^n$

14. $\sum_{n=1}^{\infty} \frac{x^n}{n}$

15. $\sum_{n=0}^{\infty} \frac{(3x)^n}{4^{n+1}}$

16. $\sum_{n=0}^{\infty} \frac{n!x^n}{9^n}$

17. $\sum_{n=0}^{\infty} \frac{x^n}{(n+1)2^n}$

18.試證明

$$\frac{2}{(1+x)^3} = 1\cdot 2 - 2\cdot 3x + 3\cdot 4x^2 - 4\cdot 5x^3 + \cdots,\ |x| < 1$$

（提示：利用 $\frac{1}{1+x} = 1 - x + x^2 - x^3 + x^4 - \cdots \quad |x| < 1$ 及定理 8.20）

19.試求冪級數 $\sum_{n=0}^{\infty} \frac{(x-1)^{2n}}{3^n}$ 之收斂範圍並求此級數之和函數。

（提示：將此級數寫成 $\sum_{n=0}^{\infty} \left[\frac{(x-1)^2}{3}\right]^n$ 並利用幾何級數之和的公式）

20.試求冪級數 $\sum_{n=0}^{\infty} \left(\frac{x^2+1}{4}\right)^n$ 之收斂範圍並求此級數之和函數。

8–6 泰勒公式與級數

在前面幾節裡，我們討論了冪級數的收斂範圍及冪級數的一些重要性質，在這一節裡，我們要考慮的則是給定一函數 f，我們是否可以把函數 f 展開成冪級數。

我們先看底下的定義

定義 8.21

設函數 f 在 a 點的任何一階導數都存在，則 f 在 a 點的泰勒級數爲下列級數

$$\sum_{n=0}^{\infty} \frac{f^{(n)}(a)}{n!}(x-a)^n = f(a) + f'(a)(x-a) + \frac{f''(a)}{2!}(x-a)^2 + \cdots + \frac{f^{(n)}(a)}{n!}(x-a)^n + \cdots$$

我們要提醒大家注意的是在定義 8.21 中，f 在 a 點的泰勒級數一般來說不一定會收斂到 $f(x)$，我們以下列二個例子來說明。

例 1 設 $f(x) = \dfrac{1}{x}$，求 f 在 $x = 1$ 的泰勒級數。

解 我們必須先要求出 $f^{(n)}(1)$ 之值，我們有

$$f(x) = x^{-1} \qquad f(1) = 1$$

$$f'(x) = -x^{-2} \qquad f'(1) = -1$$

$$f''(x) = 2!x^{-3} \qquad \frac{f''(1)}{2!} = 1$$

$$f'''(x) = -3!x^{-4} \qquad \frac{f'''(1)}{3!} = -1$$

$$f^{(4)}(x) = 4!x^{-5} \qquad \frac{f^{(4)}(1)}{4!} = 1$$

$$\vdots \qquad \vdots$$

$$f^{(n)}(x) = (-1)^n n! x^{-(n+1)} \qquad \frac{f^{(n)}(1)}{n!} = (-1)^n$$

因此，f 在 $x = 1$ 之泰勒級數為

$$\sum_{n=0}^{\infty} \frac{f^{(n)}(1)}{n!}(x-1)^n = 1 - (x-1) + (x-1)^2 - (x-1)^3 + (x-1)^4 - \cdots + (-1)^n (x-1)^n + \cdots$$

上列級數為一幾何級數，公比為 $-(x-1)$ 且首項為 1。其收斂之範圍為 $|x-1| < 1$，而且在此範圍中，此級數之和為

$$\frac{1}{1+(x-1)} = \frac{1}{x}$$

因此，在本例中，$f(x) = \sum_{n=0}^{\infty} \frac{f^{(n)}(1)}{n!}(x-1)^n, 0 < x < 2$ ■

例 2　設 $f(x) = \ln x$，求 f 在 $x = 2$ 之泰勒級數。

解

$$f(x) = \ln x \qquad f(2) = \ln 2$$

$$f'(x) = x^{-1} \qquad f'(2) = \frac{1}{2}$$

$$f''(x) = -x^{-2} \qquad \frac{f''(2)}{2!} = -\frac{1}{2^2 \cdot 2}$$

$$f'''(x) = 2!x^{-3} \qquad \frac{f'''(2)}{3!} = \frac{1}{3 \cdot 2^3}$$

$$f^{(4)}(x) = -3!x^{-4} \qquad \frac{f^{(4)}(2)}{4!} = -\frac{1}{4 \cdot 2^4}$$

$$\vdots \qquad \vdots$$

$$f^{(n)}(x) = (-1)^{n+1}(n-1)!x^{-n} \qquad \frac{f^n(2)}{n!} = (-1)^{n+1}\frac{1}{n \cdot 2^n}$$

因此，$f(x) = \ln x$在$x = 2$ 之泰勒級數為

$$\sum_{n=0}^{\infty}\frac{f^{(n)}(2)}{n!}(x-2)^n$$

$$=\ln 2+\frac{1}{2}(x-2)-\frac{1}{2^2\cdot 2}(x-2)^2+\frac{1}{3\cdot 2^3}(x-2)^3$$

$$-\frac{1}{4\cdot 2^4}(x-2)^4+\cdots+(-1)^{n+1}\frac{1}{n\cdot 2^n}(x-2)^n+\cdots \tag{1}$$

利用根式試驗法，我們可求出上列級數之收斂半徑如下

$$\lim_{n\to\infty}\sqrt[n]{\left|(-1)^{n+1}\frac{1}{n\cdot 2^n}(x-2)^n\right|}=\lim_{n\to\infty}\frac{|x-2|}{2\sqrt[n]{n}}=\frac{|x-2|}{2}$$

由 $\frac{|x-2|}{2}<1$ 得$|x-2|<2$，即上列級數之收斂半徑爲2。至於級數(1)之收斂範圍除了 $|x-2|<2$，即$0<x<4$ 之外，我們仍須測試當 $x=0$ 或4 時，級數(1)是否會收斂。當 $x=0$ 時，(1)變成

$$\sum_{n=0}^{\infty}\frac{f^{(n)}(2)}{n!}(-2)^n=\ln 2-1-\frac{1}{2}-\frac{1}{3}-\cdots-\frac{1}{n}-\cdots$$

$$=\ln 2-\sum_{n=1}^{\infty}\frac{1}{n} \tag{2}$$

由於級數(2)發散，因此級數(1)在 $x=0$ 時不收斂，當 $x=4$ 時，級數(1)變成

$$\sum_{n=0}^{\infty}\frac{f^{(n)}(2)}{n!}2^n=\ln 2+1-\frac{1}{2}+\frac{1}{3}-\frac{1}{4}+\cdots+\frac{(-1)^{n+1}}{n}+\cdots$$

$$=\ln 2+\sum_{n=1}^{\infty}\frac{(-1)^{n+1}}{n} \tag{3}$$

由交錯級數判斷法，我們知道級數(3)收斂，因此，級數(1)之收斂範圍爲 $(0,4]$ 但是 $\ln x$ 之定義域爲 $x>0$，因此當$x>4$ 時，

$$f(x)=\ln x\neq\sum_{n=0}^{\infty}\frac{f^{(n)}(2)}{n!}(x-2)^n$$ ■

由上面的兩個例子看來，函數f 在 $x=a$ 的泰勒級數不一定會收斂到函數 f 本身。我們要問什麼時候，函數 f 在 $x=a$

之泰勒級數才會收斂到 f 呢? 底下的泰勒公式可以幫助我們回答這一個問題，由於其證明甚為複雜我們將予以省略。

定理 8.22

（泰勒公式）

設 I 為包含 a 之某一個開區間且 f 在 I 上任何一階導函數均存在，則

$$f(x) = f(a) + f'(a)(x-a) + \frac{f''(a)}{2!}(x-a)^2 + \cdots + \frac{f^{(n)}(a)}{n!}(x-a)^n + R_n(x)$$

其中

$$R_n(x) = \frac{f^{(n+1)}(c)}{(n+1)!}(x-a)^{n+1}, \quad c \text{ 為介於 } x \text{ 與 } a \text{ 之間的某一數}$$

如果令 P_n 為下列 n 次多項式

$$P_n(x) = f(a) + f'(a)(x-a) + \frac{f''(a)}{2!}(x-a)^2 + \cdots + \frac{f^{(n)}(a)}{n!}(x-a)^n$$

那麼，定理 8.21 告訴我們

$$f(x) = P_n(x) + R_n(x)$$

也就是說，我們可以把 $P_n(x)$ 看成是估計函數 f 之多項式而 $R_n(x)$ 正是估計的誤差。另外，如果 $\lim\limits_{n\to\infty} R_n(x) = 0$, 那麼，

$$f(x) = \sum_{n=0}^{\infty} \frac{f^{(n)}(a)}{n!}(x-a)^n$$

也就是說，如果誤差 $R_n(x)$ 趨近於 0 的話，那麼函數 f 在 $x = a$ 的泰勒級數在區間 I 上就會收斂到函數 f 本身。

我們現在來看一些例子。

例 3　設 $f(x) = e^x$，試求 f 在 $x = 0$ 之泰勒級數並證明對任意 x，此泰勒級數收斂至 $f(x)$。

解　由於 $f^{(n)}(x)=e^x$,　$n=1,2,3,\cdots$，利用泰勒公式（定理 8.21），我們有 $f^{(n)}(0)=1$ 且對任意 x,

$$e^x=1+x+\frac{x^2}{2!}+\frac{x^3}{3!}+\cdots+\frac{x^n}{n!}+R_n(x)$$

其中

$$R_n(x)=\frac{e^c}{(n+1)!}x^{n+1}$$

而且 c 爲介於 0 與 x 之間的某一數，若 $x>0$，則 $1<e^c<e^x$。若 $x<0$，則 $e^x<e^c<1$。由 8–1 節例 14，我們有

$$\lim_{n\to\infty}\frac{x^{n+1}}{(n+1)!}=0$$

故由夾擠定理得

$$\lim_{n\to\infty}R_n(x)=0$$

因此，最後，我們得對任意實數 x,

$$\begin{aligned}e^x&=\sum_{n=0}^{\infty}\frac{x^n}{n!}\\&=1+x+\frac{x^2}{2!}+\frac{x^3}{3!}+\cdots+\frac{x^n}{n!}+\cdots\end{aligned}\qquad(1)$$

■

例 4　設 $f(x)=\cos x$。試求 f 在 $x=0$ 之泰勒級數並證明對任意實數 x，此級數收斂至 $f(x)$。

解　由於 $(\cos x)'=-\sin x$ 且 $(\sin x)'=\cos x$，我們有

$$\begin{aligned}&f(x)=\cos x &&f'(x)=-\sin x\\&f''(x)=-\cos x &&f'''(x)=\sin x\\&\quad\vdots &&\quad\vdots\\&f^{(2n)}(x)=(-1)^n\cos x &&f^{(2n+1)}(x)=(-1)^{n+1}\sin x\end{aligned}$$

因此，$f^{2n}(0)=(-1)^n$，$f^{(2n+1)}(0)=0$。所以對於任意實數 x 由泰

勒公式，得

$$\cos x = 1 - \frac{x^2}{2!} + \frac{x^4}{4!} - \cdots + (-1)^n \frac{x^{2n}}{(2n)!} + R_{2n}(x)$$

其中

$$R_{2n}(x) = \frac{(-1)^{n+1}}{(2n+1)!}(\sin c)x^{2n+1}, \quad c \text{ 介於 } 0 \text{ 與 } x \text{ 之間}$$

由 8–1 節例 14，我們有

$$\lim_{n\to\infty} \frac{|x|^{2n+1}}{(2n+1)!} = 0$$

再由

$$-\frac{|\sin c|}{(2n+1)!}|x|^{2n+1} \le R_{2n}(x) \le \frac{|\sin c|\,|x|^{2n+1}}{(2n+1)!}$$

及夾擠定理，我們得

$$\lim_{n\to\infty} R_{2n}(x) = 0$$

因此，對任意實數 x，

$$\cos x = \sum_{n=0}^{\infty} \frac{(-1)^n x^{2n}}{(2n)!} = 1 - \frac{x^2}{2!} + \frac{x^4}{4!} - \frac{x^6}{6!} + \cdots \tag{2}$$ ■

例 5　設 $f(x) = \sin x$。試求 f 在 $x = 0$ 之泰勒級數並證明對任意實數 x，此級數收斂至 $f(x)$。

解　由

$$f(x) = \sin x \qquad f'(x) = \cos x$$

$$f''(x) = -\sin x \qquad f'''(x) = -\cos x$$

$$\vdots \qquad\qquad \vdots$$

$$f^{(2n)}(x) = (-1)^n \sin x \qquad f^{(2n+1)}(x) = (-1)^n \cos x$$

我們得 $f^{2n}(0) = 0$ 而且 $f^{(2n+1)}(0) = (-1)^n$。由泰勒公式，對任意實數 x 我們得

$$\sin x = x - \frac{x^3}{3!} + \frac{x^5}{5!} - \cdots + \frac{(-1)^n x^{2n+1}}{(2n+1)!} + R_{2n+1}(x)$$

其中

$$R_{2n+1}(x) = \frac{(-1)^{n+1}(\sin c)}{(2n+2)!} x^{2n+2}, \quad c \text{ 介於 } 0 \text{ 與 } x \text{ 之間}$$

仿例 4 的方法，我們可以證明 $\lim_{n\to\infty} R_{2n+1}(x) = 0$，因此，對任意實數 x

$$\sin x = \sum_{n=0}^{\infty} \frac{(-1)^n x^{2n+1}}{(2n+1)!} = x - \frac{x^3}{3!} + \frac{x^5}{5!} - \frac{x^7}{7!} + \cdots \qquad (3)$$ ■

一函數之泰勒級數展開可以用來估計函數值或是定積分值。我們舉一些例子來說明。

例 6 試求誤差小於 0.001 之 e^{-1} 的近似值。

解 在(1)式中，令 $x = -1$，我們有

$$e^{-1} = 1 - 1 + \frac{1}{2!} - \frac{1}{3!} + \frac{1}{4!} - \frac{1}{5!} + \cdots + \frac{(-1)^n}{n!} + \cdots \qquad (4)$$

由於

$$\frac{1}{2!} = \frac{1}{2} = 0.5$$

$$\frac{1}{3!} = \frac{1}{6} \doteqdot 0.16667$$

$$\frac{1}{4!} = \frac{1}{24} \doteqdot 0.04167$$

$$\frac{1}{5!} = \frac{1}{120} \doteqdot 0.00833$$

$$\frac{1}{6!} = \frac{1}{720} \doteqdot 0.00139$$

$$\frac{1}{7!} = \frac{1}{5040} \doteqdot 0.000198 < 0.001$$

我們知道在(4)式交錯級數中第 7 項之絕對值爲小於 0.001 之第一項，因此由定理8.18，我們得

$$e^{-1} \doteqdot 1-1+\frac{1}{2!}-\frac{1}{3!}+\frac{1}{4!}-\frac{1}{5!}+\frac{1}{6!}$$

$$=\frac{1}{2}-\frac{1}{6}+\frac{1}{24}-\frac{1}{120}+\frac{1}{720}$$

$$=\frac{265}{720} \doteqdot 0.3681 \qquad \text{（誤差小於0.001）}$$

■

例 7　試求誤差小於 0.001 之 $\int_0^1 \sin x^3 dx$ 的近似值。

解　在(3)式中，以 x^3 代 x，我們有

$$\sin x^3 = x^3 - \frac{x^9}{3!} + \frac{x^{15}}{5!} - \frac{x^{21}}{7!} + \cdots$$

因此，由定理 8.20

$$\int_0^1 \sin x^3 dx = \int_0^1 x^3 dx - \int_0^1 \frac{x^9}{3!} dx + \int_0^1 \frac{x^{15}}{5!} dx - \int_0^1 \frac{x^{21}}{7!} dx + \cdots$$

$$= \frac{1}{4} - \frac{1}{10 \cdot 3!} + \frac{1}{16 \cdot 5!} - \frac{1}{22 \cdot 7!} + \cdots$$

由計算器，我們發現

$$\frac{1}{16 \cdot 5!} \doteqdot 0.00052$$

為第一項小於 0.001 之數值，所以由定理 8.18，得

$$\int_0^1 \sin x^3 dx \doteqdot \frac{1}{4} - \frac{1}{60} = \frac{14}{60} \doteqdot 0.2333$$

■

例 8　試求誤差小於 0.001 之 $\int_0^1 e^{-x^2} dx$ 的近似值。

解　由 (1) 式，我們有（以 $-x^2$ 代入）

$$e^{-x^2} = 1 - x^2 + \frac{x^4}{2!} - \frac{x^6}{3!} + \cdots + \frac{(-1)^n x^{2n}}{n!} + \cdots$$

因此，由定理 8.20，我們可逐項積分而得

$$\int_0^1 e^{-x^2}dx = 1 - \frac{1}{3} + \frac{1}{10} - \frac{1}{42} + \frac{1}{9\cdot 4!} - \frac{1}{11\cdot 5!} + \cdots$$

由於 $\frac{1}{11\cdot 5!} \doteqdot 0.00076$ 爲小於 0.001 之第一項數值，所以利用定理 8.18，我們得

$$\int_0^1 e^{-x^2}dx \doteqdot 1 - \frac{1}{3} + \frac{1}{10} - \frac{1}{42} + \frac{1}{216}$$

$$\doteqdot 0.747 \quad ■$$

常見之泰勒級數

$$e^x = \sum_{n=0}^{\infty} \frac{x^n}{n!}$$

$$= 1 + x + \frac{x^2}{2!} + \frac{x^3}{3!} + \cdots + \frac{x^n}{n!} + \cdots, \quad |x| < \infty$$

$$\sin x = \sum_{n=0}^{\infty} \frac{(-1)^n x^{2n+1}}{(2n+1)!}$$

$$= x - \frac{x^3}{3!} + \frac{x^5}{5!} - \cdots + (-1)^n \frac{x^{2n+1}}{(2n+1)!} + \cdots, \quad |x| < \infty$$

$$\cos x = \sum_{n=0}^{\infty} \frac{(-1)^n x^{2n}}{(2n)!}$$

$$= 1 - \frac{x^2}{2!} + \frac{x^4}{4!} - \cdots + \frac{(-1)^n x^{2n}}{(2n)!} + \cdots, \quad |x| < \infty$$

$$\ln(1+x) = \sum_{n=1}^{\infty} \frac{(-1)^{n+1} x^n}{n}$$

$$= x - \frac{x^2}{2} + \frac{x^3}{3} - \cdots + (-1)^{n+1} \frac{x^n}{n} + \cdots, \quad -1 < x \le 1$$

$$\ln\left(\frac{1+x}{1-x}\right) = 2\sum_{n=0}^{\infty} \frac{x^{2n+1}}{2n+1}$$

$$= 2\left(x + \frac{x^3}{3} + \frac{x^5}{5} + \cdots + \frac{x^{2n+1}}{2n+1} + \cdots\right), \quad |x| < 1$$

$$\frac{1}{1-x}=\sum_{n=0}^{\infty} x^n$$
$$=1+x+x^2+\cdots+x^n+\cdots, \quad |x|<1$$

$$\frac{1}{1+x}=\sum_{n=0}^{\infty} (-1)^n x^n$$
$$=1-x+x^2-\cdots+(-1)^n x^n+\cdots, \quad |x|<1$$

$$\tan^{-1} x=\sum_{n=0}^{\infty} \frac{(-1)^n x^{2n+1}}{2n+1}$$
$$=x-\frac{x^3}{3}+\frac{x^5}{5}-\cdots+(-1)^n\frac{x^{2n+1}}{2n+1}+\cdots, \quad |x|\leq 1$$

$$(1+x)^m=1+\sum_{n=1}^{\infty} \binom{m}{n} x^n$$
$$=1+mx+\frac{m(m-1)}{2!}x^2+\cdots$$
$$+\frac{m(m-1)\cdots(m-n+1)}{n!}x^n+\cdots, \quad |x|<1$$

其中

$$\binom{m}{1}=m,\ \binom{m}{2}=\frac{m(m-1)}{2!},$$

$$\binom{m}{n}=\frac{m(m-1)\cdots(m-n+1)}{n!}, \quad n\geq 3$$

習 題 8–6

在下列各題中，試求誤差小於 0.001 之各數值的近似值。

1. $e^{-\frac{1}{2}}$

2. $\int_0^1 e^{-x^3}dx$

3. $\int_0^{\frac{1}{2}} \cos\sqrt{x}dx$

4. $\int_0^1 \sin x^2 dx$

5. $\sin\dfrac{1}{4}$　　　　6. $\cos\dfrac{1}{10}$

7. $\displaystyle\int_0^1 \frac{1-e^{-x^3}}{x}dx$

(提示 $\displaystyle\frac{1-e^{-x^3}}{x}=\frac{1}{x}\left[1-\left(1-x^3+\frac{x^6}{2!}+\cdots+\frac{(-1)^n x^{3n}}{n!}+\cdots\right)\right]$

$\displaystyle=x^2-\frac{x^5}{2!}+\frac{x^8}{3!}-\cdots+\frac{(-1)^{n+1}x^{3n-1}}{n!}+\cdots$)

8. $\displaystyle\int_0^1 \cos x^2 dx$

8–7　二項級數

大家在國中時常常看到下列展開式

$$(x+y)^2=x^2+2xy+y^2$$

$$(x+y)^3=x^3+3x^2y+3xy^2+y^3$$

$$(x+y)^4=x^4+4x^3y+6x^2y^2+4xy^3+y^4$$

對於任意的正整數 m，我們還有下列的**二項式定理**

$$(x+y)^m=x^m+mx^{m-1}y+\frac{m(m-1)}{2!}x^{m-2}y^2+\cdots$$

$$+\frac{m(m-1)\cdots(m-k+1)}{k!}x^{m-k}y^k+\cdots+y^m$$

在這一節裡，我們要把二項式定理，推廣到 m 是任意實數的情形，首先，設 m 爲任意實數並令

$$f(x)=(1+x)^m$$

則 f 的任何一階導函數都存在，而且

$$f'(x)=m(1+x)^{m-1}$$

$$f''(x)=m(m-1)(1+x)^{m-2}$$

$$f'''(x)=m(m-1)(m-2)(1+x)^{m-3}$$

$$\vdots$$

$$f^{(n)}(x)=m(m-1)(m-2)\cdots(m-n+1)(1+x)^{m-n}$$

如果 m 爲一正整數，那麼 $f^{(m+1)}(x)=0$，否則的話，f 有無限多階非零的導函數，令 $x=0$，我們有

$$f(0)=1$$

$$f'(0)=m$$

$$f''(0)=m(m-1)$$

$$f'''(0)=m(m-1)(m-2)$$

$$\vdots$$

$$f^{(n)}(0)=m(m-1)(m-2)\cdots(m-n+1)$$

考慮下列級數

$$\sum_{n=0}^{\infty}\frac{f^{(n)}(0)}{n!}x^n$$

$$=1+mx+\frac{m(m-1)}{2!}x^2+\frac{m(m-1)(m-2)}{3!}x^3+\cdots$$

$$+\frac{m(m-1)(m-2)\cdots(m-n+1)}{n!}x^n+\cdots \qquad (1)$$

對於級數(1)用比值試驗法，我們有

$$\lim_{n\to\infty}\left|\frac{\dfrac{f^{(n+1)}(0)}{(n+1)!}x^{n+1}}{\dfrac{f^{(n)}(0)}{n!}x^n}\right|=\lim_{n\to\infty}\left|\frac{m-n}{n+1}x\right|=|x|<1$$

因此，由比值試驗法，級數(1)之收斂範圍爲 $(-1, 1)$。我們可以證明級數(1)其實就是 $f(x)=(1+x)^m$, $|x|<1$，不過我們將省略其證明。

令符號 $\binom{m}{n}$ 表示下列實數，其中 m 爲任意實數而 n 爲一正整數:

$$\binom{m}{1}=m, \qquad \binom{m}{2}=\frac{m(m-1)}{2!}$$

$$\binom{m}{n}=\frac{m(m-1)(m-2)\cdots(m-n+1)}{n!}, \quad n\geq 3$$

我們把上面所討論的寫成下列結果

定理 8.23

（二項級數）

設 m 為任意實數且 $m \neq 0$，則

$$(1+x)^m = 1 + \sum_{n=1}^{\infty} \binom{m}{n} x^n, \qquad -1 < x < 1$$

我們要提醒大家的是如果 m 不是正整數，那麼定理 8.23 中的級數為一無窮級數。

例 1　試求 $(1+x)^{\frac{1}{2}}$ 的冪級數展開。

解　利用二項級數之展開式（定理 8.23），取 $m = \dfrac{1}{2}$，我們有

$$\binom{\frac{1}{2}}{1} = \frac{1}{2}$$

$$\binom{\frac{1}{2}}{2} = \frac{\frac{1}{2}\left(\frac{1}{2}-1\right)}{2!} = -\frac{1}{2^2 2!}$$

$$\binom{\frac{1}{2}}{n} = \frac{\frac{1}{2}\left(\frac{1}{2}-1\right)\cdots\left(\frac{1}{2}-n+1\right)}{n!}$$

$$= \frac{(-1)^{n+1} 1 \cdot 3 \cdots (2n-3)}{2^n n!}$$

因此

$$(1+x)^{\frac{1}{2}} = 1 + \sum_{n=1}^{\infty} \binom{\frac{1}{2}}{n} x^n$$

$$= 1 + \frac{1}{2}x - \frac{1}{2^2 2!}x^2 + \cdots$$

$$+ \frac{(-1)^{n+1} 1 \cdot 3 \cdots (2n-3)}{2^n n!} x^n + \cdots, \qquad |x| < 1$$

■

如果，我們要求函數 $(a+x)^m$ 之冪級數展開，我們可以先提出 a 使之變成 $(1+x)^m$ 之形式，再利用定理8.23，我們舉一個例子來說明。

例 2 求函數 $\sqrt{4+x}$ 之冪級數展開。

解 $\sqrt{4+x} = \sqrt{4\left(1+\frac{x}{4}\right)} = 2\sqrt{1+\frac{x}{4}} = 2\left(1+\frac{x}{4}\right)^{\frac{1}{2}}$，利用例1，我們有 $\left(\text{以}\frac{x}{4}\text{代替}x\right)$

$$\begin{aligned}\sqrt{4+x} &= 2\left(1+\frac{x}{4}\right)^{\frac{1}{2}}\\ &= 2\left[1+\frac{1}{2}\left(\frac{x}{4}\right)-\frac{1}{2^2 2!}\left(\frac{x}{4}\right)^2+\cdots\right.\\ &\quad \left.+\frac{(-1)^{n+1}1\cdot 3\cdots(2n-3)}{2^n n!}\left(\frac{x}{4}\right)^n+\cdots\right], \left|\frac{x}{4}\right|<1\\ &= 2+\frac{1}{4}x-\frac{1}{2^1 4^2 2!}x^2+\cdots\\ &\quad +\frac{(-1)^{n+1}1\cdot 3\cdots(2n-3)}{2^{n-1}4^n n!}x^n+\cdots, \quad |x|<4\end{aligned}$$

■

例 3 試求函數 $\sin^{-1}x$ 之冪級數展開式。

解 令 $f(x)=\sin^{-1}x$，則

$$f'(x)=\frac{1}{\sqrt{1-x^2}}=(1-x^2)^{-\frac{1}{2}}$$

因此，爲了求 $f(x)$ 的冪級數展開式，我們只需先求 $(1-t^2)^{-\frac{1}{2}}$ 的冪級數展開式，然後再逐項積分即可。利用定理8.23，如果 $t^2<1$ 即 $|t|<1$，我們有

$$(1-t^2)^{-\frac{1}{2}}=1+\sum_{n=1}^{\infty}\binom{-\frac{1}{2}}{n}(-t^2)^n=1+\sum_{n=1}^{\infty}\binom{-\frac{1}{2}}{n}(-1)^n t^{2n}$$

因爲

$$\binom{-\frac{1}{2}}{1}=-\frac{1}{2},\ \binom{-\frac{1}{2}}{2}=\frac{\left(-\frac{1}{2}\right)\left(-\frac{1}{2}-1\right)}{2!}=\frac{1\cdot 3}{2^2 2!}$$

$$\binom{-\frac{1}{2}}{n}=\frac{\left(-\frac{1}{2}\right)\left(-\frac{1}{2}-1\right)\cdots\left(-\frac{1}{2}-n+1\right)}{n!}$$

$$=\frac{(-1)^n 1\cdot 3\cdots(2n-1)}{2^n n!}\qquad n\geq 3$$

所以

$$(1-t^2)^{-\frac{1}{2}}=1+\sum_{n=1}^{\infty}\frac{(-1)^n 1\cdot 3\cdots(2n-1)}{2^n n!}(-1)^n t^{2n}$$

$$=1+\sum_{n=1}^{\infty}\frac{1\cdot 3\cdots(2n-1)}{2^n n!}t^{2n}\qquad |t|<1$$

利用定理 8.20，我們有

$$\sin^{-1}x=f(x)=\int_0^x f'(t)dt$$

$$=\int_0^x dt+\sum_{n=1}^{\infty}\frac{1\cdot 3\cdots(2n-1)}{2^n n!}\int_0^x t^{2n}dt$$

$$=x+\sum_{n=1}^{\infty}\frac{1\cdot 3\cdots(2n-1)}{2^n n!(2n+1)}x^{2n+1}$$

$$=x+\frac{1}{2\cdot 3}x^3+\frac{1\cdot 3}{2^2\cdot 5\cdot 2!}x^5+\cdots$$

$$+\frac{1\cdot 3\cdots(2n-1)}{2^n(2n+1)n!}x^{2n+1}+\cdots\qquad |x|<1$$

■

習題 8–7

利用定理 8.23 求下列各函數之冪級數展開之前 5 項。

1. $(1-x)^{\frac{1}{2}}$
2. $(1+x)^{\frac{1}{3}}$
3. $(1+2x)^{\frac{1}{3}}$
4. $\left(1-\frac{x}{2}\right)^{\frac{1}{2}}$

5. $(9+x)^{\frac{1}{2}}$

6. $(1+x^2)^{-\frac{1}{2}}$

7. $\left(1-\frac{x}{2}\right)^{10}$

8. $(1+x)^{-2}$

9. $(1+x)^{\frac{3}{2}}$

10. 試仿照例3之方法求函數 $\ln(x+\sqrt{1+x^2})$ 的冪級數展開式。

附錄一　常用積分表

1. $\int (f(x)+g(x))dx = \int f(x)dx + \int g(x)dx$

2. $\int (f(x)-g(x))dx = \int f(x)dx - \int g(x)dx$

3. $\int f(x)dg(x) = f(x)g(x) - \int g(x)df(x)$

4. $\int a^x dx = \frac{a^x}{\ln a} + C,\quad a \neq 1,\ a > 0$

5. $\int x^n dx = \frac{x^{n+1}}{n+1} + C,\quad n \neq -1$

6. $\int \frac{1}{x} dx = \ln|x| + C$

7. $\int e^x dx = e^x + C$

8. $\int \sin x dx = -\cos x + C$

9. $\int \cos x dx = \sin x + C$

10. $\int \sec^2 x dx = \tan x + C$

11. $\int \csc^2 x dx = -\cot x + C$

12. $\int \sec x \tan x dx = \sec x + C$

13. $\int \csc x \cot x dx = -\csc x + C$

14. $\int (ax+b)^n dx = \frac{(ax+b)^{n+1}}{a(n+1)} + C,\quad n \neq -1,\ a \neq 0$

15. $\int (ax+b)^{-1} dx = \frac{1}{a} \ln|ax+b| + C,\quad a \neq 0$

16. $\int x(ax+b)^n dx = \frac{(ax+b)^{n+1}}{a^2}\left(\frac{ax+b}{n+2} - \frac{b}{n+1}\right) + C,$

$n \neq -1, -2,\ a \neq 0$

17. $\int x(ax+b)^{-1} dx = \frac{x}{a} - \frac{b}{a^2}\ln|ax+b| + C, \quad a \neq 0$

18. $\int x(ax+b)^{-2} dx = \frac{1}{a^2}\left(\ln|ax+b| + \frac{b}{ax+b}\right) + C, \quad a \neq 0$

19. $\int \frac{dx}{x(ax+b)} = \frac{1}{b}\ln\left|\frac{x}{ax+b}\right| + C, \quad b \neq 0$

20. $\int (\sqrt{ax+b})^n dx = \frac{2}{a}\frac{(\sqrt{ax+b})^{n+2}}{n+2} + C, \quad n \neq -2,\ a \neq 0$

21. $\int \frac{\sqrt{ax+b}}{x} dx = 2\sqrt{ax+b} + b\int \frac{dx}{x\sqrt{ax+b}}$

22. $\int \frac{dx}{x\sqrt{ax+b}} = \frac{2}{\sqrt{|b|}}\tan^{-1}\sqrt{\frac{ax+b}{|b|}} + C, \quad b < 0$

23. $\int \frac{dx}{x\sqrt{ax+b}} = \frac{1}{\sqrt{b}}\ln\left|\frac{\sqrt{ax+b}-\sqrt{b}}{\sqrt{ax+b}+\sqrt{b}}\right| + C, \quad b > 0$

24. $\int \frac{\sqrt{ax+b}}{x^2} dx = -\frac{\sqrt{ax+b}}{x} + \frac{a}{2}\int \frac{dx}{x\sqrt{ax+b}} + C$

25. $\int \frac{dx}{x^2\sqrt{ax+b}} = -\frac{\sqrt{ax+b}}{bx} - \frac{a}{2b}\int \frac{dx}{x\sqrt{ax+b}} + C, \quad b \neq 0$

26. $\int \frac{dx}{a^2+x^2} = \frac{1}{a}\tan^{-1}\frac{x}{a} + C, \quad a \neq 0$

27. $\int \frac{dx}{(a^2+x^2)^2} = \frac{x}{2a^2(a^2+x^2)} + \frac{1}{2a^3}\tan^{-1}\frac{x}{a} + C, \quad a \neq 0$

28. $\int \frac{dx}{a^2-x^2} = \frac{1}{2a}\ln\left|\frac{x+a}{x-a}\right| + C, \quad a \neq 0$

29. $\int \frac{dx}{(a^2-x^2)^2} = \frac{x}{2a^2(a^2-x^2)} + \frac{1}{2a^2}\int \frac{dx}{a^2-x^2}, \quad a \neq 0$

30. $\displaystyle\int \frac{dx}{\sqrt{a^2+x^2}} = \ln(x+\sqrt{a^2+x^2})+C$

31. $\displaystyle\int \sqrt{a^2+x^2}dx = \frac{x}{2}\sqrt{a^2+x^2}+\frac{a^2}{2}\ln(x+\sqrt{a^2+x^2})+C$

32. $\displaystyle\int x^2\sqrt{a^2+x^2}dx = \frac{x}{8}(a^2+2x^2)\sqrt{a^2+x^2}-\frac{a^4}{8}\ln(x+\sqrt{a^2+x^2})+C$

33. $\displaystyle\int \frac{\sqrt{a^2+x^2}}{x}dx = \sqrt{a^2+x^2}-a\ln\left|\frac{a+\sqrt{a^2+x^2}}{x}\right|+C$

34. $\displaystyle\int \frac{\sqrt{a^2+x^2}}{x^2}dx = \ln(x+\sqrt{a^2+x^2})-\frac{\sqrt{a^2+x^2}}{x}+C$

35. $\displaystyle\int \frac{x^2}{\sqrt{a^2+x^2}}dx = -\frac{a^2}{2}\ln(x+\sqrt{a^2+x^2})+\frac{x\sqrt{a^2+x^2}}{2}+C$

36. $\displaystyle\int \frac{dx}{x\sqrt{a^2+x^2}} = -\frac{1}{a}\ln|\frac{a+\sqrt{a^2+x^2}}{x}|+C$

37. $\displaystyle\int \frac{dx}{x^2\sqrt{a^2+x^2}} = -\frac{\sqrt{a^2+x^2}}{a^2x}+C,\quad a\neq 0$

38. $\displaystyle\int \frac{dx}{\sqrt{a^2-x^2}} = \sin^{-1}\frac{x}{a}+C,\quad a\neq 0$

39. $\displaystyle\int \sqrt{a^2-x^2}dx = \frac{x}{2}\sqrt{a^2-x^2}+\frac{a^2}{2}\sin^{-1}\frac{x}{a}+C,\quad a\neq 0$

40. $\displaystyle\int x^2\sqrt{a^2-x^2}dx = \frac{a^4}{8}\sin^{-1}\frac{x}{a}-\frac{1}{8}x\sqrt{a^2-x^2}(a^2-2x^2)+C,\quad a\neq 0$

41. $\displaystyle\int \frac{\sqrt{a^2-x^2}}{x}dx = \sqrt{a^2-x^2}-a\ln\left|\frac{a+\sqrt{a^2-x^2}}{x}\right|+C$

42. $\displaystyle\int \frac{\sqrt{a^2-x^2}}{x^2}dx = -\sin^{-1}\frac{x}{a}-\frac{\sqrt{a^2-x^2}}{x}+C,\quad a\neq 0$

43. $\displaystyle\int \frac{x^2}{\sqrt{a^2-x^2}}dx = \frac{a^2}{2}\sin^{-1}\frac{x}{a}-\frac{1}{2}x\sqrt{a^2-x^2}+C,\quad a\neq 0$

44. $\displaystyle\int \frac{dx}{x\sqrt{a^2-x^2}} = -\frac{1}{a}\ln\left|\frac{a+\sqrt{a^2-x^2}}{x}\right|+C,\quad a\neq 0$

45. $\displaystyle\int \frac{dx}{x^2\sqrt{a^2-x^2}} = -\frac{\sqrt{a^2-x^2}}{a^2x} + C, \quad a \neq 0$

46. $\displaystyle\int \frac{dx}{\sqrt{x^2-a^2}} = \ln\left|x+\sqrt{x^2-a^2}\right| + C$

47. $\displaystyle\int \sqrt{x^2-a^2}dx = \frac{x}{2}\sqrt{x^2-a^2} - \frac{a^2}{2}\ln\left|x+\sqrt{x^2-a^2}\right| + C$

48. $\displaystyle\int (\sqrt{x^2-a^2})^n dx = \frac{x(\sqrt{x^2-a^2})^n}{n+1} - \frac{na^2}{n+1}\int (\sqrt{x^2-a^2})^{n-2}dx, \quad n \neq 1$

49. $\displaystyle\int \frac{dx}{(\sqrt{x^2-a^2})^n} = \frac{x(\sqrt{x^2-a^2})^{2-n}}{(2-n)a^2} - \frac{n-3}{(n-2)a^2}\int \frac{dx}{(\sqrt{x^2-a^2})^{n-2}}, \ n \neq 2$

50. $\displaystyle\int x(\sqrt{x^2-a^2})^n dx = \frac{(\sqrt{x^2-a^2})^{n+2}}{n+2} + C, \quad n \neq -2$

51. $\displaystyle\int x^2\sqrt{x^2-a^2}dx = \frac{x}{8}(2x^2-a^2)\sqrt{x^2-a^2} - \frac{a^4}{8}\ln\left|x+\sqrt{x^2-a^2}\right| + C$

52. $\displaystyle\int \frac{\sqrt{x^2-a^2}}{x}dx = \sqrt{x^2-a^2} - a\sec^{-1}\left|\frac{x}{a}\right| + C, \quad a \neq 0$

53. $\displaystyle\int \frac{x^2}{\sqrt{x^2-a^2}}dx = \frac{a^2}{2}\ln\left|x+\sqrt{x^2-a^2}\right| + \frac{x}{2}\sqrt{x^2-a^2} + C$

54. $\displaystyle\int \frac{\sqrt{x^2-a^2}}{x^2}dx = \ln\left|x+\sqrt{x^2-a^2}\right| - \frac{\sqrt{x^2-a^2}}{x} + C$

55. $\displaystyle\int \frac{dx}{x\sqrt{x^2-a^2}} = \frac{1}{a}\sec^{-1}\left|\frac{x}{a}\right| + C, \quad a \neq 0$

56. $\displaystyle\int \frac{dx}{x^2\sqrt{x^2-a^2}} = \frac{\sqrt{x^2-a^2}}{a^2x} + C, \quad a \neq 0$

57. $\displaystyle\int \sin^2 x dx = \frac{x}{2} - \frac{\sin 2x}{4} + C$

58. $\displaystyle\int \sin^n x dx = -\frac{\sin^{n-1} x\cos x}{n} + \frac{n-1}{n}\int \sin^{n-2} x dx$

59. $\displaystyle\int \cos^2 x dx = \frac{x}{2} + \frac{\sin 2x}{4} + C$

60. $\int \sin ax \sin bx dx = \frac{\sin(a-b)x}{2(a-b)} - \frac{\sin(a+b)x}{2(a+b)} + C, \quad a^2 - b^2 \neq 0$

61. $\int \sin ax \cos bx dx = -\frac{\cos(a+b)x}{2(a+b)} - \frac{\cos(a-b)x}{2(a-b)} + C, \quad a^2 - b^2 \neq 0$

62. $\int \cos ax \cos bx dx = \frac{\sin(a-b)x}{2(a-b)} + \frac{\sin(a+b)x}{2(a+b)} + C, \quad a^2 - b^2 \neq 0$

63. $\int \sin ax \cos ax dx = -\frac{\cos 2ax}{4a} + C, \quad a \neq 0$

64. $\int \sin^n ax \cos ax dx = \frac{\sin^{n+1} ax}{(n+1)a} + C, \quad n \neq -1, \quad a \neq 0$

65. $\int \cos^n ax \sin ax dx = -\frac{\cos^{n+1} ax}{(n+1)a} + C, \quad n \neq -1, \quad a \neq 0$

66. $\int \frac{\sin ax}{\cos ax} dx = -\frac{1}{a} \ln|\cos ax| + C, \quad a \neq 0$

67. $\int \frac{\cos ax}{\sin ax} dx = \frac{1}{a} \ln|\sin ax| + C, \quad a \neq 0$

68. $\int \sin^n ax \cos^m ax dx$

$$= -\frac{\sin^{n-1} ax \cos^{m+1} ax}{a(m+n)} + \frac{n-1}{m+n} \int \sin^{n-2} ax \cos^m ax dx, n+m \neq 0$$

69. $\int \frac{dx}{b + c\sin ax} = \frac{-2}{a\sqrt{b^2-c^2}} \tan^{-1} \left| \sqrt{\frac{b-c}{b+c}} \tan\left(\frac{\pi}{4} - \frac{ax}{2}\right) \right| + C,$

$b^2 > c^2$

70. $\int \frac{dx}{b + c\sin ax} = \frac{-1}{a\sqrt{c^2-b^2}} \ln \left| \frac{c + b\sin ax + \sqrt{c^2-b^2}\cos ax}{b + c\sin ax} \right| + C,$

$b^2 < c^2$

71. $\int \frac{dx}{1 + \sin ax} = -\frac{1}{a} \tan\left(\frac{\pi}{4} - \frac{ax}{2}\right) + C, \quad a \neq 0$

72. $\int \frac{dx}{1-\sin ax} = \frac{1}{a}\tan\left(\frac{\pi}{4}+\frac{ax}{2}\right)+C, \quad a \neq 0$

73. $\int \frac{dx}{b+c\cos ax} = \frac{2}{a\sqrt{b^2-c^2}}\tan^{-1}\left|\sqrt{\frac{b-c}{b+c}}\tan\frac{ax}{2}\right|+C, \quad b^2 > c^2$

74. $\int \frac{dx}{b+c\cos ax} = \frac{1}{a\sqrt{c^2-b^2}}\ln\left|\frac{c+b\cos ax+\sqrt{c^2-b^2}\sin ax}{b+c\cos ax}\right|+C,$

$b^2 < c^2$

75. $\int \frac{dx}{1+\cos ax} = \frac{1}{a}\tan\frac{ax}{2}+C, \quad a \neq 0$

76. $\int \frac{dx}{1-\cos ax} = -\frac{1}{a}\cot\frac{ax}{2}+C, \quad a \neq 0$

77. $\int x^n \sin ax dx = -\frac{x^n}{a}\cos ax + \frac{n}{a}\int x^{n-1}\cos ax dx, \quad a \neq 0$

78. $\int x \sin ax dx = \frac{1}{a^2}\sin ax - \frac{x}{a}\cos ax + C, \quad a \neq 0$

79. $\int x^n \cos ax dx = \frac{x^n}{a}\sin ax - \frac{n}{a}\int x^{n-1}\sin ax dx, \quad a \neq 0$

80. $\int \tan ax dx = -\frac{1}{a}\ln|\cos ax| + C, \quad a \neq 0$

81. $\int \cot ax dx = \frac{1}{a}\ln|\sin ax| + C, \quad a \neq 0$

82. $\int \tan^2 ax dx = \frac{1}{a}\tan ax - x + C, \quad a \neq 0$

83. $\int \cot^2 ax dx = -\frac{1}{a}\cot ax - x + C, \quad a \neq 0$

84. $\int \tan^n ax dx = \frac{\tan^{n-1} ax}{a(n-1)} - \int \tan^{n-2} ax dx, \quad n \neq 1, \quad a \neq 0$

85. $\int \cot^n ax dx = -\frac{\cot^{n-1} ax}{a(n-1)} - \int \cot^{n-2} ax dx, \quad n \neq 1, \quad a \neq 0$

86. $\int \sec ax dx = \frac{1}{a} \ln |\sec ax + \tan ax| + C, \quad a \neq 0$

87. $\int \csc ax dx = -\frac{1}{a} \ln |\csc ax + \cot ax| + C, \quad a \neq 0$

88. $\int \sec^n ax dx = \frac{\sec^{n-2} ax \tan ax}{a(n-1)} + \frac{n-2}{n-1} \int \sec^{n-2} ax dx,$

$n \neq 1, \quad a \neq 0$

89. $\int \csc^n ax dx = -\frac{\csc^{n-2} ax \cot ax}{a(n-1)} + \frac{n-2}{n-1} \int \csc^{n-2} ax dx,$

$n \neq 1, \quad a \neq 0$

90. $\int \sec^n ax \tan ax dx = \frac{\sec^n ax}{na} + C, \quad n \neq 0, \quad a \neq 0$

91. $\int \csc^n ax \cot ax dx = -\frac{\csc^n ax}{na} + C, \quad n \neq 0, \quad a \neq 0$

92. $\int \sin^{-1} ax dx = x \sin^{-1} ax + \frac{1}{a} \sqrt{1 - a^2 x^2} + C, \quad a \neq 0$

93. $\int \cos^{-1} ax dx = x \cos^{-1} ax - \frac{1}{a} \sqrt{1 - a^2 x^2} + C, \quad a \neq 0$

94. $\int \tan^{-1} ax dx = x \tan^{-1} ax - \frac{1}{2a} \ln(1 + a^2 x^2) + C, \quad a \neq 0$

95. $\int x e^{ax} dx = \frac{e^{ax}}{a^2}(ax - 1) + C, \quad a \neq 0$

96. $\int b^{ax} dx = \frac{1}{a} \frac{b^{ax}}{\ln b} + C, \quad a \neq 0, \quad b > 0, \quad b \neq 1$

97. $\int x^n e^{ax} dx = \frac{1}{a} x^n e^{ax} - \frac{n}{a} \int x^{n-1} e^{ax} dx, \quad a \neq 0$

98. $\int e^{ax} \sin bx dx = \frac{e^{ax}}{a^2 + b^2}(a \sin bx - b \cos bx) + C$

99. $\int e^{ax}\cos bx dx=\frac{e^{ax}}{a^2+b^2}(a\cos bx+b\sin bx)+C$

100. $\int \ln ax dx = x\ln ax - x + C$

101. $\int x^n(\ln ax)^m dx=\frac{x^{n+1}(\ln ax)^m}{n+1}-\frac{m}{n+1}\int x^n(\ln ax)^{m-1}dx,\quad n\neq -1$

102. $\int \frac{(\ln ax)^m}{x}dx=\frac{(\ln ax)^{m+1}}{m+1}+C,\quad m\neq -1$

103. $\int \frac{dx}{x\ln ax}=\ln|\ln ax|+C$

附錄二　書中繁雜定理之證明

定理 2.9

設 $\lim_{x \to a} f(x) = L$, $\lim_{x \to a} g(x) = M$，則

(i) $\lim_{x \to a} (f(x) + g(x)) = L + M = \lim_{x \to a} f(x) + \lim_{x \to a} g(x)$

(ii) $\lim_{x \to a} (f(x) - g(x)) = L - M = \lim_{x \to a} f(x) - \lim_{x \to a} g(x)$

(iii) $\lim_{x \to a} f(x) \cdot g(x) = L \cdot M = \left(\lim_{x \to a} f(x)\right)\left(\lim_{x \to a} g(x)\right)$

(iv)當 $M \neq 0$ 時

$$\lim_{x \to a} \frac{f(x)}{g(x)} = \frac{L}{M} = \frac{\lim_{x \to a} f(x)}{\lim_{x \to a} g(x)}$$

證明　(i)設 $\varepsilon > 0$ 爲一任意給定的正數，由 $\lim_{x \to a} f(x) = L$，我們知道存在一正數 δ_1，使得

$$\text{當 } 0 < |x - a| < \delta_1 \text{ 時，} |f(x) - L| < \frac{\varepsilon}{2} \tag{1}$$

另一方面，由 $\lim_{x \to a} g(x) = M$，我們知道存在有一正數 δ_2，使得

$$\text{當 } 0 < |x - a| < \delta_2 \text{ 時，} |g(x) - M| < \frac{\varepsilon}{2} \tag{2}$$

令 $\delta = \min\{\delta_1, \delta_2\}$，則 $\delta > 0$ 且由(1)及(2)式，我們有當 $0 < |x - a| < \delta$ 時，

$$\begin{aligned} |f(x) + g(x) - (L + M)| &= |(f(x) - L) + (g(x) - M)| \\ &\leq |f(x) - L| + |g(x) - M| \\ &< \frac{\varepsilon}{2} + \frac{\varepsilon}{2} = \varepsilon \end{aligned}$$

故得證

$$\lim_{x \to a}(f(x)+g(x)) = L+M$$

(ii)首先我們證明 $\lim_{x \to a}(-g(x)) = -M$。令 ε 爲任意給定之正數，由於 $\lim_{x \to a} g(x) = M$，存在有一 $\delta > 0$，使得當 $0 < |x-a| < \delta$ 時，$|g(x)-M| < \varepsilon$。因此當 $0 < |x-a| < \delta$ 時，

$$|-g(x)-(-M)| = |-(g(x)-M)| = |g(x)-M| < \varepsilon$$

因此，$\lim_{x \to a}(-g(x)) = -M$。

現在利用(i)及上式，我們有

$$\begin{aligned}\lim_{x \to a}(f(x)-g(x)) &= \lim_{x \to a}(f(x)+(-g(x))) \\ &= \lim_{x \to a} f(x) + \lim_{x \to a}(-g(x)) \\ &= L-M\end{aligned}$$

(iii)首先我們觀察到下列式子

$$\begin{aligned}|f(x)g(x)-LM| &= |f(x)(g(x)-M)+M(f(x)-L)| \\ &\le |f(x)(g(x)-M)| + |M(f(x)-L)| \\ &= |f(x)|\,|g(x)-M| + |M|\,|f(x)-L| \qquad (3)\end{aligned}$$

我們現在分成下面二種情形討論:

(a) $M=0$，任給 $\varepsilon > 0$，由 $\lim_{x \to a} f(x) = L$，我們知存在 $-\delta_1 > 0$，使得當 $0 < |x-a| < \delta_1$ 時，$|f(x)-L| < \varepsilon$，所以，當 $0 < |x-a| < \delta_1$ 時，

$$\begin{aligned}|f(x)| &= |(f(x)-L)+L| \\ &\le |f(x)-L| + |L| \\ &< \varepsilon + |L| \qquad (4)\end{aligned}$$

又由 $\lim_{x \to a} g(x) = 0$，存在 $-\delta_2 > 0$ 使得當 $0 < |x-a| < \delta_2$ 時，

$$|g(x)| < \frac{\varepsilon}{\varepsilon + |L|} \qquad (5)$$

令 $\delta = \min\{\delta_1, \delta_2\}$，則 $\delta > 0$ 且由(4)及(5)式，我們有當 $0 < |x-a| < \delta$ 時，

$$\begin{aligned} |f(x)g(x)| &\leq |f(x)|\,|g(x)| \\ &< (\varepsilon + |L|) \cdot \frac{\varepsilon}{\varepsilon + |L|} = \varepsilon \end{aligned}$$

故　$$\lim_{x \to a} f(x)g(x) = 0 = LM$$

(b) $M \neq 0$，任給 $\varepsilon > 0$，由上面的證明過程得知 f 及 g 在 $x = a$ 點附近的函數值是有界的，亦即，存在 $\delta_1 > 0$ 及 $\delta_2 > 0$，使得

當 $0 < |x-a| < \delta_1$ 時，$|f(x)| < \varepsilon + |L|$

當 $0 < |x-a| < \delta_2$ 時，$|g(x)| < \varepsilon + |M|$

令 $\alpha = \varepsilon + |L| + |M|$，且 $\delta_3 = \min\{\delta_1, \delta_2\}$，則由上式知

當 $0 < |x-a| < \delta_3$ 時，$|f(x)| < \alpha$ 且 $|g(x)| < \alpha$　(6)

今對正數 $\dfrac{\varepsilon}{2\alpha}$ 而言，再由 $\lim\limits_{x \to a} f(x) = L$ 及 $\lim\limits_{x \to a} g(x) = M$，得知存在 $\delta_4 > 0$ 及 $\delta_5 > 0$，使得

當 $0 < |x-a| < \delta_4$ 時，$|f(x) - L| < \dfrac{\varepsilon}{2\alpha}$　(7)

當 $0 < |x-a| < \delta_5$ 時，$|g(x) - M| < \dfrac{\varepsilon}{2\alpha}$　(8)

最後令 $\delta = \min\{\delta_3, \delta_4, \delta_5\}$，則 $\delta > 0$ 且由(3)，(6)，(7)，及(8)式得知當 $0 < |x-a| < \delta$ 時，

$$\begin{aligned} |f(x)g(x) - LM| &\leq |f(x)|\,|g(x) - M| + |M|\,|f(x) - L| \\ &< \alpha \cdot \frac{5}{2\alpha} + |M| \cdot \frac{\varepsilon}{2\alpha} \\ &< \frac{\varepsilon}{2} + \frac{\varepsilon}{2} \qquad (\because |M| < \alpha) \\ &= \varepsilon \end{aligned}$$

故　$$\lim_{x \to a} f(x)g(x) = LM$$

(iv)我們先證 $\lim_{x \to a} \frac{1}{g(x)} = \frac{1}{M}$。對 $\varepsilon_0 = \frac{|M|}{2} > 0$ 而言，由 $\lim_{x \to a} g(x) = M$，存在一 $\delta_1 > 0$ 使得

當 $0 < |x-a| < \delta_1$ 時，$|g(x) - M| < \varepsilon_0$

利用三角不等式，我們有

當 $0 < |x-a| < \delta_1$ 時，$||g(x)| - |M|| \leq |g(x) - M| < \varepsilon_0$

亦即

$$-\varepsilon_0 < |g(x)| - |M| < \varepsilon_0$$

而上式又等價於

$$\frac{|M|}{2} = |M| - \varepsilon_0 < |g(x)| < |M| + \varepsilon_0 = \frac{3}{2}|M|$$

故

當 $0 < |x-a| < \delta_1$ 時，$\frac{1}{|g(x)|} < \frac{2}{|M|}$ (9)

又由 $\lim_{x \to a} g(x) = M$ 知任給 $\varepsilon > 0$，存在 $\delta_2 > 0$，使得

當 $0 < |x-a| < \delta_2$ 時，$|g(x) - M| < \frac{M^2}{2}\varepsilon$ (10)

令 $\delta = \min\{\delta_1, \delta_2\}$，則 $\delta > 0$ 且當 $0 < |x-a| < \delta$ 時，由(9)及(10)式我們有

$$\begin{aligned}\left|\frac{1}{g(x)} - \frac{1}{M}\right| &= \left|\frac{M - g(x)}{g(x)M}\right| \\ &= \frac{|g(x) - M|}{|g(x)|\,|M|} \\ &< \frac{M^2}{2}\varepsilon \cdot \frac{2}{|M|} \cdot \frac{1}{|M|} = \varepsilon\end{aligned}$$

所以，$\lim_{x \to a} \frac{1}{g(x)} = \frac{1}{M}$ 得證。

最後利用(iii)以及上面所證得的結果，我們有

$$\lim_{x \to a} \frac{f(x)}{g(x)} = \lim_{x \to a} f(x) \cdot \frac{1}{g(x)}$$

$$=\left(\lim_{x\to a} f(x)\right)\left(\lim_{x\to a}\frac{1}{g(x)}\right)$$

$$=L\cdot\frac{1}{M}$$

$$=\frac{L}{M} \quad ■$$

定理 4.2

（均值定理）

設函數 f 在閉區間 $[a,b]$ 上連續且在開區間 (a,b) 上可微分，則在 (a,b) 中存在一數 c 使得

$$f(b)-f(a)=(b-a)f'(c)$$

證明　設 g 爲閉區間 $[a,b]$ 上之函數，定義爲

$$g(x)=f(x)-f(a)-\frac{f(b)-f(a)}{b-a}(x-a)$$

則易知 g 在 $[a,b]$ 上連續且在 (a,b) 上可微分。利用定理 4.1，g 在 $[a,b]$ 上有最大值及最小值。設 x_0 及 y_0 在 $[a,b]$ 之中且 $g(x_0)$ 爲最大值，$g(y_0)$ 爲最小值。則 x_0 或 y_0 可能爲下列三種情形之一:

(i) x_0 或 $y_0\in(a,b)$ 使得 $g'(x_0)=0$ 或 $g'(y_0)=0$。

(ii) x_0 或 $y_0\in(a,b)$ 但 $g'(x_0)$ 不存在或 $g'(y_0)$ 不存在。

(iii) x_0 或 y_0 等於 a 或 b。

由於 g 在 (a,b) 上爲可微分函數，因此情況(ii)不可能發生。若是情況(iii)的話，由於

$$g(a)=g(b)=0$$

我們得到 g 爲一常數函數，因此，對任意 $c\in(a,b)$，$g'(c)=0$。因此不論是情況(i)或(iii)，都存在有一 $c\in(a,b)$ 使得 $g'(c)=0$。但是因爲

$$g'(x)=f'(x)-\frac{f(b)-f(a)}{b-a}$$

故存在一 $c \in (a, b)$ 使得

$$g'(c) = f'(c) - \frac{f(b) - f(a)}{b - a} = 0$$

即

$$f(b) - f(a) = (b - a)f'(c) \quad \blacksquare$$

參考書目

1.楊維哲，《微積分（上）》，三民書局，中華民國 71 年。

2.楊維哲，《微積分（下）》，三民書局，中華民國 71 年。

3.何典恭，《商用微積分》，三民書局，中華民國 69 年。

4.R. L. Finney, and G. B. Thomas, Jr., *Calculus*, Addison-Wesley Publishing Company, Inc., New York, 1994.

5.G. L. Bradley, and K. J. Smith, *Calculus*, Prentice Hall, New Jersey, 1995.

6.M. H. Protter, and P. E. Protter, *Calculus with Analytic Geometry*, Jones and Bartlett Publishers, Boston, 1988.

7.S. I. Grossman, *Calculus*, Saunders College Publishing, New York, 1992.

8.J. W. Burgmeier, M. B. Boisen Jr., and M. D. Larsen, *Calculus with Applications*, McGraw-Hill Publishing Company, New York, 1990.

索　引

一　畫

二　畫

三　畫

四　畫

五　畫

六　畫

七　畫

八　畫

九　畫

十　畫

十一畫

十二畫

十三畫

十四畫

十五畫

十六畫

十七畫

十九畫